福建省精品课程

大学物理实验 【第四版】

第一册

主 编：骆万发 黄钟英 吴志明 李丽美

厦门大学出版社
XIAMEN UNIVERSITY PRESS
国家一级出版社
全国百佳图书出版单位

图书在版编目（CIP）数据

大学物理实验. 第一册 / 骆万发，黄钟英，吴志明，李丽美主编. -- 4 版
. -- 厦门：厦门大学出版社，2022.1（2025.1 重印）
ISBN 978-7-5615-8472-9

Ⅰ. ①大… Ⅱ. ①骆… ②黄… ③吴… ④李… Ⅲ. ①物理学-实验-高等学
校-教材 Ⅳ. ①O4-33

中国版本图书馆CIP数据核字(2021)第275086号

责任编辑 陈进才
封面设计 夏　林
技术编辑 许克华

出版发行 *厦门大学出版社*
社　　址 厦门市软件园二期望海路 39 号
邮政编码 361008
总　　机 0592-2181111　0592-2181406(传真)
营销中心 0592-2184458　0592-2181365
网　　址 http://www.xmupress.com
邮　　箱 xmup@xmupress.com
印　　刷 厦门市明亮彩印有限公司

开本　787 mm×1 092 mm　1/16
印张　15.75
字数　400 千字
印数　6 501~8 000 册
版次　2010 年 8 月第 1 版　2022 年 1 月第 4 版
印次　2025 年 1 月第 3 次印刷
定价　38.00 元

本书如有印装质量问题请直接寄承印厂调换

厦门大学出版社
微信二维码

厦门大学出版社
微博二维码

前　言

　　大学物理实验是理工农医院校的必修基础实验课程,是学生进入大学后进行科学实验训练的第一关,也是培养学生实验能力和创新能力的重要环节,有助于学生掌握逻辑缜密的思维方式、科学严谨的求学态度和正确的世界观、价值观。

　　本书根据理工类大学物理实验课程教学基本要求,结合厦门大学教学、科研工作经验及成果,打破传统的力、热、电、光教学模式,按基础性、综合提高性、研究性和创新性的结构模式进行编写。在编写过程中,本着培养新时代创新人才的初心,融入自然人文情怀,力求在质与量、科学与艺术、线上与线下、学习与创新上做到和谐、统一。

　　全书共分五章。第一章为实验测量不确定度评定与数据处理,本章从概率入手,按照国际计量局(BIPM)和国际标准化(ISO)等国际组织制定的《实验不确定度的规定建议书INC-1(1980)》及《测量不确定度表示指南(1993)》,深入浅出地描述本部分内容,并将该评定方法运用于全书。第二章为物理实验基本知识和基本测量方法,遵循培养学生实验认知能力和科学素养的规律性,分模块对常用仪器和测量基本知识进行了详细介绍;第三章为基本、基础性实验;第四章为提高、综合性实验;第五章为设计、研究性实验。第一章至第三章为第一册,第四章和第五章为第二册。本书为第一册,可用作各理工专业学生的普通实验教材或参考书。

　　考虑到大学物理实验的自成体系及其以低年级学生为主要教学对象的特点,本书基础部分的每个实验均以介绍其历史背景、现实意义和应用前景开篇,以拓展学生知识面、激发学习兴趣。同时,在实验原理的叙述上力求清晰易懂,在计算公式的推导上力求完整,在具体实验项目的描述上,尽量图文相配,使学生有身临其境的感觉,以取得更好的实验效果。另外,实验还设置了思考题,引导学生探索钻研、积极思辨。

　　物理实验教学体系的改革、实验室建设和实验教材的编写是一项集体的活动,是一项承前启后、继往开来的工作,反映着本实验室不同时期基础课实验教师和实验工程技术人员集体的劳动和集体的智慧。本书的编写,参考了本校和兄弟院校不同时期、不同层次的讲义或教材,引用了本院李文裕、林坤英、潘庄成、许乔蓁、许淑恋等老师编写的部分实验内容,由骆万发、黄钟英老师组织编写并进行最后的统稿。本实验室郑士忠、陈真、沈桂平、孔丽晶、郑垣丽、姚真瑜、赖志南、程唤龄、陈晓航、徐广海、陈小红、陈婷、林伟、吴雅苹等老师参与了本教材建设工作,在此表示衷心的感谢!同时,本书编写过程中得到厦门大学校领导、院系领导和出版社的积极鼓励和支持,在此一并表示感谢!

　　由于我们的水平有限,书中难免有错误和不妥之处,我们真诚希望各位读者提出宝贵意见和建议。

编　者

2021 年 12 月 12 日

目　录

第一章　实验测量不确定度评定与数据处理

§1-1　实验测量的基本知识

一、物理测量的基本概念

物理实验是以物理量来表征物质运动的内在联系，揭示物质运动的自然规律，因此需要定量地测量这些物理量的大小。物理测量就是运用各种物理仪器和物理方法把待测量与已知标准单位同类量作比较，即待测量是该计量单位的多少倍。大多数的测量结果不但有数值，而且有单位。比如一铜棒的直径是被选为标准单位毫米的 16.688 倍，则直径的测量值为 16.688 mm。

1. 直接测量与间接测量

凡是可以直接用计量仪器和待测量进行比较，便可获得测量结果的，该测量属于直接测量。比如用米尺测量长度，用天平称衡质量，用温度计测量温度等。

凡是通过测量与待测量有函数关系的其他量，才能得到测量结果的测量（必须通过公式计算才能得到的数据），称为间接测量。如通过测量电压、电流计算电阻或电功率等。

一个物理量能否直接测量不是绝对的。随着科学技术的发展，测量仪器的改进，很多原来只能间接测量的物理量，现在可以直接测量了。比如，电能的测量本来是间接测量，现在也可以用电度表直接测量。

2. 等精度测量和不等精度测量

任何物理量的测量，由同一观察者用同一仪器、同一方法、同一环境测量 n 次，所得测量值为 x_1、x_2、$\cdots$、x_n，我们没有理由认为其中的某个值更准确或更不准确，把这样在同一种条件下的重复测量称为等精度测量，这里重复测量是指重复整个操作过程。

如果测量条件（观察者、仪器、方法、环境）不同，则不同条件的测量值是不同的，我们称这样的测量为不等精度测量。如用七级天平（物理天平，最小分度值 0.05 g）和三级天平（分析天平，最小分度值 0.1 mg）同时称衡一物体质量，由于两仪器的精度不同，故该测量为不等精度测量。

3. 重复测量和单次测量

重复测量指在等精度的条件下对待测量进行多次直接测量，每一次测量是测量全过程的重新调节。单次测量则只对待测量进行一次测量，通常在出现下面几种情况时采用：

（1）测量结果的准确度要求不高，允许粗略地估计误差的大小。

（2）在安排实验时，已作过分析，认为测量误差远小于仪器误差。

（3）受条件的限制，如在动态测量中，无法对待测量做重复测量。

某些实验是在变化过程中对待测量进行测量的，只能测量一次；或仪器的灵敏度较低，多次测量结果相同等。这时可用单次测量值作为测量结果，近似表示待测量的值。单次测量结果的误差一般用仪器的出厂公差表示。

当测量仪器灵敏度下降，应先进行仪器校正实测其灵敏度，而后根据测量的实际情况和仪器误差进行估计。如用钢卷尺测量杨氏模量测定仪钢丝的长度，由于钢卷尺不能紧靠钢丝，上下两端误差可各取 2.5 mm，则钢丝长度的测量误差为 5.0 mm。

4. 测量的精密度、准确度、精确度

测量的精密度高是指测量结果的数据比较集中，偶然误差较小但系统误差还不能确定；测量的准确度高是指测量结果的系统误差较小，但测量结果的数据分布还不能确定；测量的精确度高是指测量结果的数据比较集中，偶然误差较小，系统误差也较小。以打靶为例，图 1-1-1（a）表示精密度高，准确度低；图 1-1-1（b）表示准确度高，精密度低；图 1-1-1（c）表示准确度高，精密度也高；图 1-1-1（d）表示准确度低，精密度也低。

不确定度存在于一切测量当中，测量数据的精确程度与所使用的仪器设备和实验方法息息相关。

5. 仪器的准确度等级与仪器的公差

测量时是以仪器为标准与待测量进行比较。因此，在实际测量中

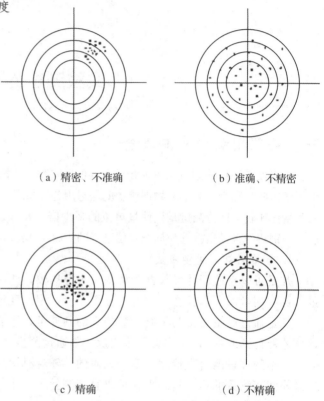

（a）精密、不准确　　　　　（b）准确、不精密

（c）精确　　　　　　　（d）不精确

图 1-1-1　不同精密度、准确度、精确度的靶图

进行仪器选择时，不仅要考虑仪器的准确度等级，还要考虑仪器的测量范围、实际待测量对精度的要求等方面的问题。

仪器的精密度指的是仪器的最小读数。比如米尺的最小分度值是 1 mm，当我们读数时，读到该位的数字都是可靠数字。测量时，我们可再往下估读一位，即读到 0.1 mm 位，估读的那位是可疑数字。仪器最小读数的数值越小，表示仪器的精密度越高，而仪器的精密度越高，测量的误差将越小。当仪器使用正确，实验条件正常，不含有附加误差时，测量所能达到的准确度就高。米尺的精密度是 0.1 mm，如果米尺刻度不均匀、不准确，尽管读数时估读到 0.1 mm，但实际的准确度并没有达到 0.1 mm。测量结果的精密度和准确度与测量仪器的精密度等级是密切相关的。当用某种级别的仪器进行测量时，我们要注意到该级别仪器的额定误差，即国家计量局规定的该项仪器的出厂公差或最大允差，是指厂家所制造的同规格的仪器有可能产生的最大误差，并不表明每一台仪器的每个测量值都有这样大的误差。公差是一种系统误差，人们通常以 $\Delta_{仪}$ 来表示仪器公差。额定误差通常标明在仪器或测量工具上。比如游标卡尺的额定误差就是该类游标卡尺的精密度，通常是 0.02 mm 和 0.05 mm 两种。指针式电表的额定误差为 $A_m \alpha \%$，其中 A_m 为 m 档的量程，α 为该电表的准确度等

级，其含义为：$\alpha\% = \dfrac{\text{最大绝对误差}}{\text{仪器满刻度值}} \times 100\%$，一般分为 0.05、0.1、0.2、0.3、0.5、1.0、1.5、2.0、2.5、3.0、5.0 十一个级别，准确度等级数值越大，精确度越低，数值越小，精确度越高。对于数字式仪表的公差，可表示为：$\Delta_{仪} = K\%V + ND$，其中 V 为仪表读数，D 为读数的最后一位，N 为最后一位单位读数的倍数，如 1，2，…数字，K 表示准确度等级，$K\%V$ 体现的是 A/D 转换器和功能转换器产生的综合误差，而 ND 是由于数字化处理而带来的误差，N 和 K 取值与仪表量程和测量功能有关（N 和 K 需查仪器说明书）。

测量中，系统误差总是使测量结果向一个方向偏离，其数值一定（如仪表的零点误差）或按一定的规律变化（如刻度圆盘偏心差的周期性变化），用相同的方法在相同的条件下进行重复测量，求其平均并不能消除系统误差。在测量方面，系统误差来源于仪器不准确（未经校准或校准条件和使用条件不同，制造上的缺陷等）、测量条件偏离公式成立的某些条件以及观测者固有的习惯等；测量方法、公式的不完善或公式的近似性也是系统误差的来源之一。在物理实验中往往要做许多工作来发现并消除系统误差，或者根据系统误差的大小对测量结果进行修正。在某些重要的精密实验中，系统误差的分析处理甚至对整个工作的科学意义和水平起决定作用。表 1-1-1 列出了常用仪器的主要技术条件和仪器的最大公差，供在测量不确定度时对系统误差作综合考虑。

表 1-1-1　常用仪器的主要技术条件和仪器的最大公差

量具（仪器）	量程	最小分度值	出厂公差
米尺（竹尺）	30～50 cm 60～100 cm	1 mm 1 mm	±1.0 mm ±1.5 mm
钢板尺	150 mm 500 mm 1000 mm	1 mm 1 mm 1 mm	±1.0 mm ±1.5 mm ±2.0 mm
钢卷尺	1 m 2 m	1 mm 1 mm	±0.8 mm ±1.2 mm
游标卡尺	125 mm 300 mm	0.02 mm 0.05 mm	±0.02 mm ±0.05 mm
螺旋测微计（千分尺）	0～25 mm	0.01 mm	±0.004 mm
七级天平（物理天平）	500 g	0.05 g	0.08 g（接近满量程） 0.06 g（1/2 量程附近） 0.04 g（1/3 量程以下）
三级天平（分析天平）	200 g	0.1 mg	1.3 mg（接近满量程） 1.0 mg（1/2 量程附近） 0.7 mg（1/3 量程以下）
普通温度计（水银或有机溶剂）	0～100 ℃	1 ℃	±1 ℃
精密温度计（水银）	0～100 ℃	0.1 ℃	±0.2 ℃
电阻箱			$\alpha\% \times$ 读数
指针式电表			$\alpha\% \times$ 满量程
数字式仪表			$K\% \times$ 读数 + ND

二、直接测量与随机误差的估计

1. 多次等精度测量结果的估算

（1）算术平均值与数学期望

在实验中，我们经常计算测量量的算术平均值。如一个测量量的 n 个实验结果：x_1，x_2，…，x_n，其算术平均值等于所有实验结果之和再除以实验次数 n，即

$$\bar{x}=\frac{1}{n}\sum_{i=1}^{n}x_i \qquad (1\text{-}1\text{-}1)$$

算术平均值在某种意义上能表示随机变量 x 的某些特征，是很重要的指标。那么怎样确定随机变量 x 的这一数学特征呢？下面举例说明。

例：设有一批零件共一万件，从中任抽取 100 件，称得它们的重量如下

零件重量	x	99	100	101
件数	m	25	50	25
频率	f	$\frac{25}{100}$	$\frac{50}{100}$	$\frac{25}{100}$

求零件的平均重量。

$$\bar{x}=99\times\frac{25}{100}+100\times\frac{50}{100}+101\times\frac{25}{100}=100\ \text{公斤}$$

从上式可以看出，随机变量的 n 个实验结果的算术平均值，等于"实验结果的各个可能值与其相应的频率 $f(x=x_i)$ 乘积之和"，由于频率 $f(x=x_i)$ 要实验后才能确定，因而算术平均值也必须到实验后才求出，而且各次实验后，所得到算术平均值也不一定相同，具有随机性。但在大量实验下，频率 $f(x=x_i)$ 稳定于概率 $p(x=x_i)$，$\sum_{i=1}^{\infty}p_i=1$，因此随机变量 x 的算术平均值也一定稳定于"随机变量 x 的各个可能值与其相应概率 $p(x=x_i)$ 乘积的总和"，这个"总和"是一个常数，它是算术平均值的稳定值，我们称它为随机变量 x 的数学期望或均值。

定义：设离散型随机变量 x 的分布律为 $p(x=x_i)=p_i$，$i=1$，2，…，若级数 $\sum_{i=1}^{\infty}x_ip_i$ 绝对收敛，则称级数 $\sum_{i=1}^{\infty}x_ip_i$ 为 x 的数学期望，记为

$$u=\sum_{i=1}^{\infty}x_ip_i \qquad (1\text{-}1\text{-}2)$$

数学期望 u 与算术平均值有紧密联系，它们都是反映随机变量 x 的"平均特征"这一统计特征，但它们又有质的差别。u 是一个客观存在的理论值，而算术平均值是一个实验值，具有随机性，通常算术平均值作为 u 的近似值，而数学期望是一个可正、可负、也可为零的数值。对于连续型随机变量 x，设 x 的概率密度为 $f(x)$，如果积分绝对收敛，则称随机变量 x 的数学期望存在，并称积分 $\int_{-\infty}^{\infty}xf(x)\mathrm{d}x$ 的值为 x 的数学期望，记为

$$u=\int_{-\infty}^{\infty}xf(x)\mathrm{d}x \qquad (1\text{-}1\text{-}3)$$

（2）测量列算术平均值的标准误差

数学期望 u 反映了随机变量 x 的所有可能值的平均位置，但仅有这个指标还不能反映

随机变量 x 的所有可能值分散程度的大小。描述随机变量可能值离散程度的统计特征很多，这里给出残差、方差和标准误差的基本概念。

残差 v_i 是各测量值与测量列算术平均值的差值，定义为 $v_i = x_i - \overline{x}$（$i = 1, 2, \cdots, n$）。

方差为
$$\sigma^2 = \frac{\sum_{i=1}^{n}(x_i - \overline{x})^2}{n - 1} \tag{1-1-4}$$

方差的平方根 σ_x 称为随机变量的根方差或标准误差

$$\sigma_x = \sqrt{\frac{\sum_{i=1}^{n}(x_i - \overline{x})^2}{n - 1}} = \sqrt{\frac{\sum_{i=1}^{n}v_i^2}{n - 1}} \tag{1-1-5}$$

上式也称为贝塞尔公式。

（3）正态分布

由于影响随机变量的因素较多，因此随机变量的概率分布规律多种多样。其中有些直接来源于物理量本身的统计性质。这里我们仅介绍在物理量测量及数据分析处理中最常见的分布，即正态分布，其又称为高斯（Gauss）分布，概率密度函数形式为

$$n(x, \mu, \sigma) = \frac{1}{\sigma\sqrt{2\pi}} e^{-\frac{(x-\mu)^2}{2\sigma^2}} \tag{1-1-6}$$

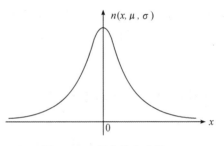

图 1-1-2　正态分布曲线

式中 x 为随机变量，μ 为测量列的算术平均值，σ 为表征随机变量离散程度的分布参数，且 $\sigma > 0$，曲线如图 1-1-2 所示。通常用 $N(x, \mu, \sigma)$ 表示正态分布的累积分布函数，即

$$N(x, \mu, \sigma) = \int_{-\infty}^{x} n(x, \mu, \sigma)\mathrm{d}x = \frac{1}{\sigma\sqrt{2\pi}} \int_{-\infty}^{x} e^{-\frac{(x-\mu)^2}{2\sigma^2}}\mathrm{d}x \tag{1-1-7}$$

它是指随机变量小于或等于 x 的概率。u 为数学期望或期待值，可表示为

$$u = \int_{-\infty}^{+\infty} x n(x, \mu, \sigma)\mathrm{d}x \tag{1-1-8}$$

如果消除了测量的系统误差，其物理意义就是概率理论下待测物理量的真值。

在期待值附近一个标准差范围内的置信概率为

$$p(|x - \mu| \leqslant \sigma) = \int_{\mu-\sigma}^{\mu+\sigma} n(x, \mu, \sigma)\mathrm{d}x = 68.3\%$$

在期待值附近三个标准差范围内的置信概率为

$$p(|x - \mu| \leqslant 3\sigma) = \int_{\mu-3\sigma}^{\mu+3\sigma} n(x, \mu, \sigma)\mathrm{d}x = 99.7\%$$

平均值 $\mu = 0$、方差 $\sigma^2 = 1$ 的正态分布称为标准正态分布，其概率密度函数和分布函数分别为

$$n(x, 0, 1) = \frac{1}{\sqrt{2\pi}} e^{-\frac{x^2}{2}} \tag{1-1-9}$$

$$N(x, 0, 1) = \frac{1}{\sqrt{2\pi}} \int_{-\infty}^{x} e^{-\frac{x^2}{2}}\mathrm{d}x \tag{1-1-10}$$

根据大量的观察和实验，发现正态分布有以下几条规律：

a. 单峰性：数值小的误差出现的几率比数值大的误差出现的几率大。

b. 对称性：数值相同的正负误差出现的几率相同。

c. 有界性：数值很大的误差出现的几率趋于零。

d. 抵偿性：偶然误差的算术平均值随着测量次数 $n \to \infty$ 而趋于零。

2. 标准误差 σ 在物理实验上的应用举例

（1）核衰变统计规律

核衰变统计规律的统计性通常用标准误差 σ 来描述。在重复的放射性测量中，即使保持完全相同的实验条件，每次测量的结果也不会完全相同，观测的随机性除了来自测量的偶然误差以外，有时还来自核衰变固有的随机性质。这种随机性质使物理量本身的实际数值围绕着平均值起伏变化，有时甚至有很大的差别。通常把起伏带来的误差称为统计误差，其大小由标准误差 σ 来描述。核探测的统计误差是由核衰变的随机性使被测值本身有涨落造成的。

放射性原子核衰变的过程是一个独立的、彼此无关的过程。设 $t=0$ 时，放射性原子核的总数为 N_0，由于任一原子核在时间 t 内衰变的概率为 $p=1-e^{-\lambda t}$，不衰变的概率为 $q=1-p=e^{-\lambda t}$，其中 λ 为放射性原子核的衰变常量，它与放射源的半衰期 T 之间满足公式 $\lambda = \ln(2/T)$，利用以下二项式分布可得到时间 t 内有 n 个核发生衰变的概率为

$$p(n) = \frac{N_0!}{n!(N_0-n)!}(1-e^{-\lambda t})^n (e^{-\lambda t})^{N_0-n} \qquad (1\text{-}1\text{-}11)$$

在时间 t 内衰变掉的粒子平均数为

$$m = N_0 p = N_0(1-e^{-\lambda t}) \qquad (1\text{-}1\text{-}12)$$

N_0 是一个很大的数目，当 $\lambda t \ll 1$ 时，二项式分布可简化为泊松分布：$p(n)=\dfrac{m^n}{n!}e^{-m}$。在泊松分布中，当 $n > 20$ 时，泊松分布一般就可以用高斯分布来代替，其表达式为

$$p(n) = \frac{1}{\sqrt{2\pi}\sigma}e^{-(n-m)^2/2\sigma^2} \qquad (1\text{-}1\text{-}13)$$

原子核衰变的统计现象服从的泊松分布和高斯分布相对应于计数的统计分布，如果我们对某一放射源进行多次测量，得到一组数据，N 为计数值，M 为计数平均值，N 计数的统计分布可写为

$$p(N) = \frac{M^N}{N!}e^{-M^2}$$

$$p(N) = \frac{1}{\sqrt{2\pi}\sigma}e^{-(N-M)^2/2\sigma^2} \qquad (1\text{-}1\text{-}14)$$

当 M 值较大时，计数值 N 出现在计数平均值 M 周围的概率较大，并在 M 的周围有一个涨落，若涨落大小用 $\sigma \approx \sqrt{M}$ 表示，那么计数值 N 处于 $(M \pm \sigma)$ 内的概率为

$$\int_{M-\sigma}^{M+\sigma} p(N)\mathrm{d}N = \int_{M-\sigma}^{M+\sigma} \frac{1}{\sqrt{2\pi}\sigma}e^{-(N-M)^2/2\sigma^2}\,\mathrm{d}N = 0.683 \qquad (1\text{-}1\text{-}15)$$

（2）核衰变统计规律的 χ^2 检验法（χ^2 读作卡埃平方）

χ^2 检验法是一种能较精确判断放射性衰变是否符合高斯分布的方法，它的基本思想是比较被测对象理论分布和实测数据分布之间的差异。然后从某种概率意义上来说明这种差异是否显著。若差异显著，说明测量数据有问题，反之，则认为差异在某种概率意义上不显著，测量数据正常。对某一放射源进行重复测量得到 N 个数值，将它们进行分组，j 为分组数，$j=1$，

2，3，⋯，h，f_j 为各组的实际观测次数，f'_j 为根据理论分布得到的各组理论次数。χ^2 检验式为

$$\chi^2 = \sum_{j=1}^{h} \frac{(f_j - f'_j)^2}{f'_j} \qquad (1\text{-}1\text{-}16)$$

图 1-1-3 为原子核衰变计算机辅助教学 CAI 构图，图 1-1-4 是核衰变统计规律实验中为进行 χ^2 检验，对某一时间段放射性衰变计数的实测频率直方图。

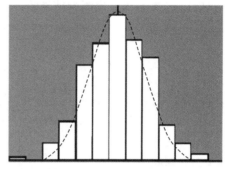

图 1-1-3　原子核衰变 CAI 图　　　　　图 1-1-4　原子核衰变计数频率直方图

§1-2　实验测量不确定度的评定

一、不确定度的定义与物理意义

为了更加科学地表示测量结果，国际计量局（BIPM）和国际标准化（ISO）等国际组织制定了《实验不确定度的规定建议书 INC-1（1980）》及《测量不确定度表示指南（1993）》，规定采用不确定度来评定测量结果的质量。测量不确定度是指由于测量误差的存在而对测量值不能肯定的程度，是与测量结果相联系的一个参数。不确定度包含了各种不同来源的误差对测量结果的影响，它不再将测量误差分为系统误差和随机误差，而是把可修正的系统误差修正以后，将剩下的全部误差分为可以用概率统计方法计算的 A 类评定和用其他非统计方法估算的 B 类评定。测量结果的不确定度表示为

$$x = \bar{x} \pm U(p)$$

其中 $\bar{x}$ 为测量的算术平均值，$\bar{x} = \dfrac{1}{n}\sum_{i=1}^{n} x_i$，$i = 1，2，\cdots，n$，$U(p)$ 表示在一定置信概率 p 下的不确定度。不确定度更科学地表示了测量结果的可靠性。

二、直接测量标准不确定度的 A 类评定

A 类标准不确定度用概率统计的方法来评定，方法如下：

1. 求残差 v_i：在等精度条件下，对同一待测量进行 n 次测量得到测量结果 x_i（$i = 1$，2，⋯，n），求 n 次测量结果的算术平均值 $\bar{x}$，求出残差 v_i：$v_i = x_i - \bar{x}$，$i = 1，2，\cdots，n$。

2. 求标准误差：应用前述的标准误差公式

$$\sigma_x = \sqrt{\frac{\sum_{i=1}^{n}(x_i - \overline{x})^2}{n-1}} \tag{1-2-1}$$

求出标准误差。

3. 剔除坏点：剔除不符合统计规律的坏点，如 $\pm 4\sigma_x$ 以外的数据点。

4. 求算术平均值的标准误差

通常我们以 $\sigma_{\overline{x}}$ 来表示 n 次测量结果的算术平均值 $\overline{x}$ 的标准误差

$$\sigma_{\overline{x}} = \frac{\sigma_x}{\sqrt{n}} = \sqrt{\frac{\sum_{i=1}^{n}(x_i - \overline{x})^2}{n(n-1)}} = \sqrt{\frac{\sum_{i=1}^{n}v_i^2}{n(n-1)}} \tag{1-2-2}$$

算术平均值的标准误差就用 $\sigma_{\overline{x}} = \frac{\sigma_x}{\sqrt{n}}$ 来表示。待测量的 A 类标准不确定度必须先求出 $\sigma_{\overline{x}}$。

5. 作 t 分布修正

一般说来，实际测量次数是有限的，测量结果不遵从正态分布，而是遵从 t 分布。t 分布的峰值要低于正态分布峰值，这就意味着标准误差对某一置信概率，误差的估计相应偏小。也可以理解为测量次数少了，数据的离散程度变大，为了达到同样的置信水平，需把测量误差的范围扩大，于是标准误差应该乘上一个因子 t_{vp}，t_{vp} 的取值与置信概率和自由度 v 有关。置信概率 p 和自由度 v 不同时，t_{vp} 的取值也不同。自由度 v 定义为 $v=n-1$，表示当测量次数有限时，n 次测量中只有 $n-1$ 次是独立的。表 1-2-1 列出了几种不同置信水平和自由度 v 下的 t_{vp} 值。

表 1-2-1　三种置信概率下不同自由度 v 的 t_{vp} 值

t_{vp} ＼ v ／ p	2	3	4	5	6	7	8	9	14	19	∞
0.683	1.32	1.20	1.14	1.11	1.09	1.08	1.07	1.06	1.04	1.03	1
0.950	4.30	3.18	2.78	2.57	2.46	2.37	2.31	2.26	2.15	2.09	1.96
0.990	9.93	5.84	4.60	4.03	3.71	3.50	3.36	3.25	2.98	2.86	2.58

6. 求 A 类不确定度表示

由上所述，n 次等精度测量的 A 类不确定度可由下式求得

$$U_A = t_{vp}\sigma_{\overline{x}} = t_{vp}\frac{\sigma_x}{\sqrt{n}} \tag{1-2-3}$$

三、直接测量标准不确定度的 B 类评定

在测量范围内无法按统计规律作统计评定的则采用 B 类不确定度评定，以 U_B 表示。有时由于仪器的精度较低，多次测量的结果可能完全相同，多次测量便失去意义。在实际实验中，很多测量都是单次测量。对一般有刻度的量具和仪表，估计误差在最小刻度的 $1/10 \sim 1/5$ 之间，通常小于仪器的公差 $\Delta_{仪}$。实际上，仪器的误差在 $[-\Delta_{仪}, \Delta_{仪}]$ 范围内是按一定的概率分布的，通常有正态分布、均匀分布和三角分布等，其置信系数 C 可分别对应取

3、$\sqrt{3}$ 和 $\sqrt{6}$。多数仪器误差分布，服从均匀分布，例如游标卡尺的误差，安装调整不垂直、不水平、未对准的误差，回程误差、频率误差、数值凑整误差等。由上述可知，不管不确定度采用何种分布，测量值的 B 类标准不确定度可表示为

$$U_B = k_p \frac{\Delta_{仪}}{C} \tag{1-2-4}$$

其中 k_p 称为置信因子，C 为置信系数。置信概率 p 与置信因子 k_p 的关系见表 1-2-2。

表 1-2-2　置信概率 p 与置信因子 k_p 的关系

p	0.500	0.683	0.900	0.950	0.955	0.990	0.997
k_p	0.675	1	1.65	1.96	2	2.58	3

表 1-2-3 列出几种常见仪器在公差内的误差分布与置信系数 C 的关系。

表 1-2-3　误差分布与置信系数 C 的关系

仪器名称	米尺	游标卡尺	螺旋测微计	物理天平	秒表
误差分布	正态分布	均匀分布	正态分布	正态分布	正态分布
C	3	$\sqrt{3}$	3	3	3

四、标准不确定度的合成

当使用准确度较高的仪器进行测量时，常采用标准误差估算误差。由于仪器与其他原因产生的随机误差相互独立、互不相关，因此要用"方和根"合成法计算测量结果的总不确定度，表示式为

$$U = \sqrt{U_A^2 + U_B^2} \quad (p_A = p_B) \tag{1-2-5}$$

其中 U_A 表示 A 类不确定度，U_B 表示 B 类不确定度，U 表示对 A、B 类不确定度的合成，称总不确定度或合成不确定度，注意 A、B 类不确定度的合成时，两者置信概率需一致。当置信概率为 68.3%，那么可将测量结果写为

$$x = \overline{x} \pm U \quad (p = 68.3\%) \tag{1-2-6}$$

测量时，一般都要考虑 A、B 类不确定度的合成。对于以偶然误差为主的测量情况，可以只计算 A 类不确定度作为总不确定度，略去 B 类不确定度；对于以系统误差为主的测量情况，可以只计算 B 类不确定度作为总不确定度。

五、不同概率下的不确定度

扩大置信度（概率）的不确定度称为展伸不确定度，它是由合成不确定度 U 乘以置信因子 k_p（k_p 由表 1-2-2 可得），即 $k_p U$，测量结果表示为

$$x = \overline{x} \pm U \quad (p = 68.3\%)$$
$$x = \overline{x} \pm 2U \quad (p = 95.5\%)$$
$$x = \overline{x} \pm 3U \quad (p = 99.7\%)$$

六、间接测量结果不确定度的估算

物理实验中较多的情况是间接测量，间接测量结果是由直接测量结果通过一定的函数式计算出来的。由于直接测量量存在误差，因此由直接测量量计算得到的间接测量量也必定存

在着不确定性。表示间接测量不确定度与各直接测量不确定度之间的关系式，被称为不确定度传递公式。

1. 常用函数的不确定度算术合成

设间接测量量　　　　　　　$N = f(x_1, x_2, \cdots, x_n)$　　　　　　(1-2-7)

式中的 $x_1, x_2, \cdots, x_n$ 为相互独立的直接测量量。当 $x_1, x_2, \cdots, x_n$ 有微小的改变 dx_1, $dx_2, \cdots, dx_n$ 时，便会引起间接测量量 N 的微小变化量 dN。对式（1-2-7）进行全微分，可得

$$dN = \frac{\partial f}{\partial x_1} dx_1 + \frac{\partial f}{\partial x_2} dx_2 + \cdots + \frac{\partial f}{\partial x_n} dx_n \qquad (1-2-8)$$

上式中的 $\dfrac{\partial f}{\partial x_i}$ （$i = 1, 2, \cdots, n$）称为偏导数，它们都是 x_i 的函数。若把微分符号"d"改为不确定度的符号"U"，从最不利的情况考虑，取各直接测量量的绝对值，就得到算术合成法不确定度传递公式，表示为

绝对不确定度的传递公式 $U_N = \left| \dfrac{\partial f}{\partial x_1} \right| U_{x_1} + \left| \dfrac{\partial f}{\partial x_2} \right| U_{x_2} + \cdots + \left| \dfrac{\partial f}{\partial x_n} \right| U_{x_n}$ 　(1-2-9)

相对不确定度的传递公式 $\dfrac{U_N}{|N|} = \left| \dfrac{\partial \ln f}{\partial x_1} \right| U_{x_1} + \left| \dfrac{\partial \ln f}{\partial x_2} \right| U_{x_2} + \cdots + \left| \dfrac{\partial \ln f}{\partial x_n} \right| U_{x_n}$ 　(1-2-10)

下面列出一些常用函数的不确定度算术合成传递公式（表1-2-4）。

表 1-2-4　一些常用函数的不确定度算术合成传递公式

物理公式	不确定度传递公式	相对不确定度传递公式
$N = A + B + C$	$U_A + U_B + U_C$	$\dfrac{U_A + U_B + U_C}{|A + B + C|}$
$N = A - B$	$U_A + U_B$	$\dfrac{U_A + U_B}{|A - B|}$
$N = AB$	$|B| U_A + |A| U_B$	$\dfrac{U_A}{|A|} + \dfrac{U_B}{|B|}$
$N = ABC$	$|BC| U_A + |CA| U_B + |AB| U_C$	$\dfrac{U_A}{|A|} + \dfrac{U_B}{|B|} + \dfrac{U_C}{|C|}$
$N = A^n$	$|nA^{n-1}| U_A$	$|n| \dfrac{U_A}{|A|}$
$N = \sqrt[n]{A}$	$\left\| \dfrac{1}{n} A^{\frac{1}{n} - 1} \right\| U_A$	$\left\| \dfrac{1}{n} \right\| \dfrac{U_A}{|A|}$
$N = \dfrac{A}{B}$	$\dfrac{|B| U_A + |A| U_B}{B^2}$	$\dfrac{U_A}{|A|} + \dfrac{U_B}{|B|}$
$N = \left(\dfrac{A}{B}\right)^2$	$2\left\| \dfrac{A}{B} \right\| \left(\dfrac{|B| U_A + |A| U_B}{B^2} \right)$	$2\left(\dfrac{U_A}{|A|} + \dfrac{U_B}{|B|} \right)$
$N = \sin A$	$|\cos A| U_A$	$|\operatorname{ctg} A| U_A$
$N = \operatorname{tg} A$	$\dfrac{U_A}{\cos^2 A}$	$\dfrac{2U_A}{|\sin 2A|}$
$N = \ln A$	$\dfrac{U_A}{|A|}$	$\dfrac{U_A}{|A \ln A|}$
$N = \cos A$	$|\sin A| U_A$	$|\operatorname{tg} A| U_A$
$N = \lg A$	$\dfrac{U_A}{|A \ln 10|}$	$\dfrac{U_A}{|A \ln A|}$

如前所述，用算术合成的不确定度传递公式计算间接测量量的不确定度，比较简单。由

于各项都取绝对值，得到的是可能的最大误差。

2. 运算顺序的选择

选择适当的运算顺序，可节省时间，减少数字运算中的舍入误差。

(1) 函数为和与差关系，先计算绝对不确定度，后计算相对不确定度

例 1：$N = 3x + 2y$　或　$N = 3x - 2y$

$$U_N = 3U_x + 2U_y$$

$$E = \frac{U_N}{|N|} = \frac{3U_x + 2Uy}{|3x + 2y|} \quad 或 \quad E = \frac{U_N}{|N|} = \frac{3U_x + 2Uy}{|3x - 2y|}$$

(2) 函数为积与商关系，先计算相对不确定度，后计算绝对不确定度

例 2：$g = 4\pi^2 \dfrac{L}{T^2}$

$$E = \frac{U_g}{|g|} = \frac{U_L}{|L|} + 2\frac{U_T}{|T|}$$

$$U_g = E|g|$$

(3) 函数为先和差后积商关系，先计算相对不确定度，后计算绝对不确定度

例 3：$V = \dfrac{1}{4}\pi(d_2^2 - d_1^2)H$

$$E = \frac{U_V}{|V|} = \frac{U_{(d_2^2 - d_1^2)}}{|d_2^2 - d_1^2|} + \frac{U_H}{|H|}$$

$$= \frac{2|d_2|U_{d_2} + 2|d_1|U_{d_1}}{|d_2^2 - d_1^2|} + \frac{U_H}{|H|}$$

$$U_V = E|V|$$

(4) 函数为先积商后和差关系，先计算绝对不确定度，后计算相对不确定度

例 4：$T = \dfrac{(w+m)(t_0 - t)}{M} - t$

令 $A = \dfrac{(w+m)(t_0 - t)}{M}$

则 $U_T = U_A + U_t$

而 $E_1 = \dfrac{U_A}{|A|} = \dfrac{U_{(w+m)}}{|w+m|} + \dfrac{U_{(t_0 - t)}}{|t_0 - t|} + \dfrac{U_M}{|M|}$

$$= \frac{U_w + U_m}{|w+m|} + \frac{U_{t_0} + U_t}{|t_0 - t|} + \frac{U_M}{|M|}$$

$$\therefore U_A = E_1|A|$$

$$E = \frac{U_T}{|T|} = \frac{U_A + U_t}{|A - t|}$$

3. 常用函数的不确定度几何合成

用算术合成的不确定度传递公式计算间接测量量的不确定度，得到的是可能的最大误差。实际上直接测量值的误差传递给间接测量量时，有可能抵消一部分。为了使间接测量值的 A 类不确定度更符合实际，通常采用几何合成。

对间接测量量 $N = f(x_1, x_2, \cdots, x_n)$，如果把各个直接测量量的不确定度用 U_{x_i} 表示，总不确定度 U_N 的传递公式为方和根合成形式，也就是几何合成

$$U_N = \sqrt{(\frac{\partial f}{\partial x_1}U_{x_1})^2 + (\frac{\partial f}{\partial x_2}U_{x_2})^2 + \cdots + (\frac{\partial f}{\partial x_n}U_{x_n})^2} = \sqrt{\sum_{i=1}^{n}(\frac{\partial f}{\partial x_i}U_{x_i})^2}$$

$$(1\text{-}2\text{-}11)$$

其相对不确定度的传递公式为

$$E_N = \frac{U_N}{|N|} = \sqrt{(\frac{\partial \ln f}{\partial x_1}U_{x_1})^2 + (\frac{\partial \ln f}{\partial x_2}U_{x_2})^2 + \cdots + (\frac{\partial \ln f}{\partial x_n}U_{x_n})^2} = \sqrt{\sum_{i=1}^{n}(\frac{\partial \ln f}{\partial x_i}U_{x_i})^2}$$

$$(1\text{-}2\text{-}12)$$

若已知 N，求出 E_N，从 $U_N = |N| \times E_N$，即可得到间接测量量的总不确定度。

表 1-2-5　一些常用函数的不确定度几何合成传递公式

函数表达式	不确定度几何合成（方和根合成）传递公式
$N = A \pm B$	$U_N = \sqrt{U_A^2 + U_B^2}$
$N = AB$	$\frac{U_N}{|N|} = \sqrt{(\frac{U_A}{A})^2 + (\frac{U_B}{B})^2}$
$N = \frac{A}{B}$	$\frac{U_N}{|N|} = \sqrt{(\frac{U_A}{A})^2 + (\frac{U_B}{B})^2}$
$N = \frac{A^k B^m}{C^n}$	$\frac{U_N}{|N|} = \sqrt{k^2(\frac{U_A}{A})^2 + m^2(\frac{U_B}{B})^2 + n^2(\frac{U_C}{C})^2}$　（k、m、n 为常数）
$N = kA$	$U_N = |k|U_A$,　$\frac{U_N}{|N|} = \frac{U_A}{|A|}$
$N = A^k$	$U_N = |kA^{k-1}|U_A$,　$\frac{U_N}{|N|} = |k|\frac{U_A}{|A|}$
$N = \sqrt[k]{A}$	$U_N = \left|\frac{1}{k}A^{\frac{1}{k}-1}\right|U_A$,　$\frac{U_N}{|N|} = \left|\frac{1}{k}\right|\frac{U_A}{|A|}$
$N = \sin A$	$U_N = |\cos A|U_A = \sqrt{1-N^2}U_A$
$N = \tan A$	$U_N = \sec^2 A \cdot U_A = (1+N^2)U_A$
$N = \ln A$	$U_N = \frac{U_A}{|A|}$

综上所述，计算间接测量量的不确定度时（包括几何合成和算术合成），若函数式为加减关系，则先计算绝对不确定度比较方便，若函数式为乘除关系，则先计算相对不确定度比较方便，且都取正号。一般的，求不确定度传递公式应按下列步骤进行：

（1）对函数求全微分（乘除时或先对函数取自然对数，再求全微分）。

（2）合并同一变量的系数。

（3）将微分号改为不确定度符号，求各项的绝对值之和（算术合成），或求各项的平方和再开方（几何合成）。

七、测量结果不确定度书写表示注意事项

1. 不确定度单位应与测量值单位保持一致。

2. 测量值 $\bar{x}$ 与不确定度 $U(p)$ 按照各自的规则先分别计算好，再综合起来，写成标准形式：$x = \bar{x} \pm U(p)$（$p = 68.3\%$）。

3. 测量值 $\bar{x}$ 的计算，遵循有效数字运算规则，对保留数字末位采用"4舍6入5凑偶"

规则。例如，若需要保留三位有效数字时，当 $\bar{x}=6.183$ cm 时，取 6.18 cm；当 $\bar{x}=6.187$ cm 时，取 6.19 cm；当 $\bar{x}=6.185$ cm 时，取 6.18 cm；当 $\bar{x}=6.175$ cm 时，取 6.18 cm。

4. 不确定度 $U(p)$ 用一位或两位有效数字表示。首位逢一、二，一般用两位有效数字表示，其他数字开头的，用一位有效数字表示；对后面的不保留数字一律采用"只进不舍"原则。例如，$U_x=0.152$ cm，取 0.16 cm；若 $U_x=0.31$ cm，取 0.4 cm。计算不确定度的一些中间结果（中间过程）取两位有效数字。

5. 测量值末位与不确定度末位相对齐。例如，测量值为 2.145 cm，其不确定度计算为 0.013 cm，则测量结果为：(2.145 ± 0.013) cm；若测量值为 2.1445 cm，其 $U(p)$ 为 0.013 cm，则测量结果为：(2.144 ± 0.013) cm；若测量值为 2.15 cm，其 $U(p)$ 为 0.013 cm，则测量结果为：(2.15 ± 0.02) cm。

6. 相对不确定度用百分数表示，没有单位。其体现了不确定度 U_x 在整个测量值 $\bar{x}$ 中所占百分比，更能反映测量结果的准确程度，用符号"E"来表示

$$E=\frac{U_x}{|\bar{x}|}\times100\%$$

当 E 在 0～10%（不含 10%）时，首位逢一、二，用两位有效数字表示，其他数字开头的，用一位有效数字表示；对后面的不保留数字一律采用"只进不舍"原则。例如，1.6%，0.029%，5%。当 E 在 10%～100%（不含 100%）时，用两位有效数字表示。例如，26%，31%。

八、不确定度均分原则

在间接测量中，各个直接物理测量值的不确定度都会对总的合成不确定度产生影响。如果已知各测量量的函数关系，可先写出不确定度传递公式，再按不确定度均分原理，确定各个物理测量值的不确定度大小，合理选择不同精度的实验仪器和采用适当的实验方法。

例 5：用单摆测量重力加速度，测得摆长 $L=1.2$ m，单摆周期 $T\approx1.8$ s，如何测量可保证重力加速度的相对不确定度小于 0.3%？

解：因 $g=4\pi^2\dfrac{L}{T^2}$，根据表 1-2-4 的不确定度算术合成传递公式计算，得出

$$\frac{U_g}{|g|}=\frac{U_L}{|L|}+2\frac{U_T}{|T|}\leqslant0.3\%$$

根据不确定度均分原则，令各物理量所占的相对不确定度相等，于是有

$$\frac{U_L}{|L|}\leqslant0.15\%,\ U_L\leqslant|L|\times0.15\%=1.2\times0.0015=1.8\text{ mm}$$

$$2\frac{U_T}{|T|}\leqslant0.15\%,\ U_T\leqslant|T|\times0.00075\approx0.002\text{ s}$$

量程 0～150 mm 的钢板尺最小分度值为 1 mm，可满足 L 的测量要求。对周期的测量，其精密度至少应达到毫秒的数量级。可采用数字毫秒计来测量，并应具备光电触发器，若用手控方式测量，由于人的反应时间约几十毫秒，周期测量的不确定度会大于 0.002 s。

九、不确定度计算实例

例 6：用螺旋测微计测量某一圆柱体直径 $D=8.566$ mm，从表 1-1-1 中查得其出厂公

差为 0.004 mm，求直径 D 单次测量结果的不确定度。

解：因对直径 D 做单次测量，着重考虑 B 类不确定度对测量结果的影响，其不确定度以螺旋测微计的出厂公差表示

$$U_D = k_P \frac{\Delta_仪}{C} = 1 \times \frac{0.004}{3} \approx 0.0014 \text{ mm}$$

$$D \pm U_D = (8.566 \pm 0.0014) \text{ mm} \approx (8.566 \pm 0.002) \text{ mm}, \quad p = 0.683$$

D 的相对不确定度表示 $E_D = \dfrac{U_D}{|D|} \times 100\% = \dfrac{0.0014}{8.566} \times 100\% \approx 0.017\%$

例 7： 用量程 $0\sim25$ mm、最小分度值 0.01 mm、最大允差为 ±0.004 mm 的螺旋测微计测量钢丝的直径 6 次，测量值如下表所示，求钢丝直径的 A、B 类不确定度，并完整表示不确定度测量结果。

次数	零点读数 Δ_i (mm)	直径读数 D_i' (mm)	直径(mm) $D_i = D_i' - \Delta_i$	残差(mm) $v_i = D_i - \overline{D}$	v_i^2 ($\times 10^{-6}$ mm^2)
1	0.015	3.968	3.953	0.0005	0.25
2	0.016	3.969	3.953	0.0005	0.25
3	0.016	3.966	3.950	−0.0025	6.25
4	0.015	3.969	3.954	0.0015	2.25
5	0.016	3.968	3.952	−0.0005	0.25
6	0.015	3.968	3.953	0.0005	0.25
平均			3.9525		

解：由于 D 测量的次数 $n=6$，$v=n-1=5$，置信概率取 $p=0.683$，又 $\sum_{i=1}^{6} v_i^2 = 9.5 \times 10^{-6}$ mm^2，则钢丝直径 D 的 A 类不确定度为

$$U_{DA} = t_{vp}\sigma_{\overline{x}} = t_{vp}\sqrt{\frac{\sum_{i=1}^{6} v_i^2}{n(n-1)}} = 1.11 \times \sqrt{\frac{9.5 \times 10^{-6}}{6 \times 5}} \approx 0.00063 \text{ mm}$$

按近似高斯分布，螺旋测微计的 B 类不确定度为

$$U_{DB} = \frac{0.004 \text{ mm}}{3} \approx 0.0014 \text{ mm}$$

钢丝直径 D 的不确定度合成

$$U_D = \sqrt{U_{DA}^2 + U_{DB}^2} = \sqrt{0.00063^2 + 0.0014^2} \approx 0.0016 \text{ mm}$$

D 测量结果的不确定度表示

$$D = \overline{D} \pm U_D = 3.952 \pm 0.0016 \approx (3.952 \pm 0.002) \text{ mm}, \quad p = 0.683$$

相对不确定度为

$$E_D = \frac{0.0016}{3.9525} \times 100\% \approx 0.05\%$$

例 8： 一个铜柱体，用分度值为 0.02 mm 的游标卡尺分别测量其直径 D 和高度 H 各 6 次，测量值如下表所示，并使用最大称量为 500 g 的物理天平称得该铜柱体的质量为 $m=50.04$ g，求该铜柱体的密度及其不确定度表示。

游标卡尺的零点读数 $\Delta_0 = 0.000$ cm

数值 次数	项目 铜柱体直径			铜柱体高度		
	直径 D_i (cm)	残差 v_{Di} (cm)	v_{Di}^2 ($\times 10^{-6}$ cm^2)	高度 H_i (cm)	残差 v_{Hi} (cm)	v_{Hi}^2 ($\times 10^{-6}$ cm^2)
1	1.374	-0.0047	22.09	4.008	0.0003	0.09
2	1.380	0.0013	1.69	4.008	0.0003	0.09
3	1.378	-0.0007	0.49	4.010	0.0023	5.29
4	1.384	0.0053	28.09	4.006	-0.0017	2.89
5	1.380	0.0013	1.69	4.004	-0.0037	13.69
6	1.376	-0.0027	7.29	4.010	0.0023	5.29
平均	1.3787			4.0077		

解：

1. 由于 D 测量的次数 $n=6$，自由度 $v=n-1=5$，置信概率取 $p=0.683$，又 $\sum\limits_{i=1}^{6}v_{Di}^2 = 62\times 10^{-6}$ cm^2，则铜柱体直径 D 的 A 类不确定度为

$$U_{DA}=t_{vp}\sigma_{\overline{x}}=t_{vp}\sqrt{\frac{\sum\limits_{i=1}^{6}v_{Di}^2}{n(n-1)}}=1.11\times\sqrt{\frac{62\times 10^{-6}}{6\times 5}}\approx 0.0016\text{ cm}$$

游标卡尺的示值误差为 0.02 mm，按近似均匀分布，铜柱体直径 D 的 B 类不确定度为

$$U_{DB}=\frac{0.02\text{ mm}}{\sqrt{3}}=\frac{0.002\text{ cm}}{\sqrt{3}}\approx 0.0012\text{ cm}$$

铜柱体直径 D 的不确定度为

$$U_D=\sqrt{U_{DA}^2+U_{DB}^2}=\sqrt{0.0016^2+0.0012^2}=0.0020\text{ cm}$$

D 测量结果的不确定度表示 $D=1.379\pm 0.0020\approx(1.379\pm 0.002)$ cm，$p=0.683$

2. 由于 H 的测量次数 $n=6$，自由度 $v=n-1=5$，置信概率取 $p=0.683$，又 $\sum\limits_{i=1}^{6}v_{Hi}^2=28\times 10^{-6}$ cm^2，则铜柱体高度 H 的 A 类不确定度为

$$U_{HA}=t_{vp}\sigma_{\overline{x}}=t_{vp}\sqrt{\frac{\sum\limits_{i=1}^{6}v_{Hi}^2}{n(n-1)}}=1.11\times\sqrt{\frac{28\times 10^{-6}}{6\times 5}}\approx 0.0011\text{ cm}$$

铜柱体高度 H 的 B 类不确定度为

$$U_{HB}=\frac{0.002\text{ cm}}{\sqrt{3}}\approx 0.0012\text{ cm}$$

铜柱体高度 H 的合成不确定度为

$$U_H=\sqrt{U_{HA}^2+U_{HB}^2}=\sqrt{0.0011^2+0.0012^2}\approx 0.0017\text{ cm}$$

H 测量结果的不确定度表示：$H=4.008\pm 0.0017\approx(4.008\pm 0.002)$ cm，$p=0.683$

3. 单次测量铜柱体的质量 $m=50.04$ g

从所用天平检定证书上查得，称量为 1/3 量程时的不确定度为 0.04 g，置信系数 $C=3$，按近似高斯分布，不确定度为

$$U_m=0.04\text{ g}/3\approx 0.014\text{ g}$$

铜柱体密度 $\rho = \dfrac{4\,m}{\pi D^2 H} = \dfrac{4 \times 50.04}{3.1416 \times 1.3787^2 \times 4.0077} \approx 8.364$ g/cm^3

铜柱体密度的相对不确定度为

$$\frac{U_\rho}{|\rho|} = \sqrt{(\frac{2U_D}{D})^2 + (\frac{U_H}{H})^2 + (\frac{U_m}{m})^2}$$

$$= \sqrt{(\frac{2 \times 0.002}{1.3787})^2 + (\frac{0.0017}{4.0077})^2 + (\frac{0.014}{50.04})^2} \times 100\% \approx 0.3\%$$

$$U_\rho = |\rho| \times 0.3\% = 8.364 \times 0.003 \approx 0.026 \text{ g/cm}^3$$

铜柱体密度的不确定度表示为

$$\rho \pm U_\rho = (8.364 \pm 0.026) \text{g/cm}^3 = (8.364 \pm 0.026) \times 10^3 \text{ kg/m}^3 , p = 0.683$$

例 9：用阿基米德原理的流体静力称衡法测量固体密度，方法如下：先称得物体在空气中的质量 m，又测得物体浸没在液体中的质量 m_1，则物体所受的浮力为：$F = mg - m_1 g$，由阿基米德原理，浮力的大小应等于物体所排开的同体积液体的重量，即有：$F = W = Vg\rho_0$，ρ_0 为所用液体的密度，由前两式可得物体的体积：$V = \dfrac{m - m_1}{\rho_0}$，由密度的定义得到待测物体的密度为 $\rho = \dfrac{m}{V} = \dfrac{m}{m - m_1}\rho_0$。

现由公式 $\rho = \dfrac{m}{m - m_1}\rho_0$，求测量结果的不确定度表达式。

解：先取对数 $\ln \dfrac{\rho}{\rho_0} = \ln \dfrac{m}{m - m_1}$

再求微分 $\dfrac{d\rho}{\rho} = \dfrac{\partial m}{m} - \dfrac{\partial(m - m_1)}{m - m_1} + \dfrac{\partial \rho_0}{\rho_0}$

合并同类项 $\dfrac{d\rho}{\rho} = -\dfrac{m_1 \partial m}{m(m - m_1)} + \dfrac{\partial m_1}{m - m_1} + \dfrac{\partial \rho_0}{\rho_0}$

系数取绝对值并将微分号改成不确定度符号，在只需粗略估计不确定度的大小，可采用较为保守的算术合成法计算，式中各不确定度符号可理解为最大误差，由于取绝对值相加，得到的不确定度最大，又称最大不确定度。

$$\frac{U\rho}{|\rho|} = \left| \frac{m_1}{m(m - m_1)} \right| U_m + \left| \frac{1}{m - m_1} \right| U_{m_1} + \left| \frac{1}{\rho_0} \right| U_{\rho_0}$$

若写成几何合成（方和根）形式，则为

$$\frac{U\rho}{|\rho|} = \sqrt{\left[\frac{m_1}{m(m - m_1)} U_m \right]^2 + \left[\frac{1}{m - m_1} U_{m_1} \right]^2 + \left[\frac{1}{\rho_0} U_{\rho_0} \right]^2}$$

十、不等精度观测结果的综合

在一定条件下观测某一物理量时，假如随机变量的方差为 σ^2，在同一条件下（同一观测者、同一套仪器、同一测量原理与方法、同样环境等）重复 n 次测量得到的一组数据尽管各不相同，但我们没有理由说哪一次的结果更好一些，它们对数学期望值的偏离都用 σ 来估计，处理数据时它们的地位是平等的，这样的一组测量结果我们认为是等精度的。

对同一个有确定数值的物理量用不同方法、不同装置或由不同人员进行测量时，由于测量的是同一物理量，因此期待值应是相同的。但由于条件不同，测量的不确定度可以是不同的。对这样测量要引入"权重"的概念，测量的"权重"越大，表示该次测量结果的可靠性越大，它在最后测量结果中所占的比重也越大。在实际工作中经常要从这些不等精度的测量结果综合出物理量的最佳估计值，综合时各个测量结果都应考虑进去。p_i 称为第 i 个观测结果的权重，或简称为权，U_i 为表示用不同仪器或不同方法测量计算得到的不确定度，它们之间的关系为

$$p_i = \frac{1}{U_i^2} \qquad\qquad (1\text{-}2\text{-}13)$$

加权平均值的最小二乘法估计值为

$$\overline{x} = \frac{\sum_{i=1}^{n} \frac{1}{U_i^2} x_i}{\sum_{i}^{n} \frac{1}{U_i^2}} = \frac{\sum_{i=1}^{n} p_i x_i}{\sum_{i=1}^{n} p_i} \qquad\qquad (1\text{-}2\text{-}14)$$

例 10： 历年来真空中光速的测量结果如下，求其权之比及光速的不确定度表示。

年份	工作者	实验方法	实验结果（千米/秒）	不确定度（千米/秒）
1949	Aslakson	雷达	299792.4	2.4
1951	Bergstant	光电测距仪	299793.10	0.26
1972	Bay 等	稳频 He-Ne 激光器	299792.462	0.018
1980	Baird	稳频 He-Ne 激光器	299792.4581	0.0019

解： 按式（1-2-13）求各权之比值

$$p_1 : p_2 : p_3 : p_4 = \frac{1}{U_1^2} : \frac{1}{U_2^2} : \frac{1}{U_3^2} : \frac{1}{U_4^2} = \frac{1}{2.4^2} : \frac{1}{0.26^2} : \frac{1}{0.018^2} : \frac{1}{0.0019^2}$$

$$\approx 0.174 : 14.8 : 3087 : 277009$$

求总权 $\sum p_i = p_1 + p_2 + p_3 + p_4 = 280110.974$

光速的加权平均值的最小二乘法估计值为

$$\overline{c} = 299790 + \left(2.4 \times \frac{p_1}{\sum\limits_{i=1}^{4} p_i} + 3.10 \times \frac{p_2}{\sum\limits_{i=1}^{4} p_i} + 2.462 \times \frac{p_3}{\sum\limits_{i=1}^{4} p_i} + 2.4581 \times \frac{p_4}{\sum\limits_{i=1}^{4} p_i} \right)$$

$$\approx 299792.458 \text{（千米/秒）}$$

总不确定度 $U_c = \sqrt{\dfrac{p_3}{\sum\limits_{i=1}^{4} p_i}} U_3 \approx 0.002 \text{（千米／秒）}$

光速的不确定度表示式为 $\overline{c} \pm U_c = (299792.458 \pm 0.002)$ 千米/秒

与 1983 年公布的国际协议光速精确值 299792.458 千米/秒相符合。

§1-3　有效数字及其运算

一、有效数字

由于不确定度的存在，实验测量得不到被测量的真值，而只是近似值。实验数据记录应

记几位数字，处理实验数据时数据运算后要保留几位数字，这是两个十分重要的问题。因为有效数字位数的多少和测量误差的大小直接相关。位数取少了不利于测量的精确度，位数取多了则夸大测量精确度，都是不允许的。

1. 有效数字的意义与表示

定义：测量数据中所有可靠数字加上一位可疑数字统称为有效数字。由实验结果的不确定度来决定有效数字，这是处理一切有效数字问题的依据。下面将要讲到的有效数字运算规则，也是以此为依据。

（1）有效数字的最后一位为可疑数字，是不准确的，是误差所在的位。它在一定程度上反映客观实际，因此它是有效的。

（2）在读数时一般要估读，估读那一位为可疑数字。

（3）估读位前面的几位数字都为可靠数字。

（4）有效数字的认定

在测量数据中 1，2，…，9 九个数字，每个数字都为有效数字，"0" 是特殊数字，其认定应注意以下几种情况：

a. 数字间的 "0" 为有效数字；

b. 数字后的 "0" 为有效数字；

c. 第一个不为零数字前的 "0" 不是有效数字，它只表示数量级的大小；

d. 在测量时，数据的有效数字位数不能任意多写或少写，即便是 "0" 也一样。

（5）有效数字的位数与十进制单位变换无关。

例 1：$1.58\ \text{cm}=15.8\ \text{mm}=0.0158\ \text{m}$

它们均为三位有效数字。用于表示小数点位置的 "0" 不是有效数字。

（6）有效数字的位数多少，在一定程度上反映测量结果的准确度。

有效数字位数越多，则相对误差越小，准确度越大。有效数字位数越少，则相对误差越大，准确度越小。

（7）运算后的有效数字——判断运算后有效数字位数的一般法则

实验后计算不确定度，不确定度只取一位或两位有效数字。测量值的有效数字和不确定度末位对齐。例如：单摆测重力加速度 g，测量值为 $981.24\ \text{cm/s}^2$，不确定度为 $1.8\ \text{cm/s}^2$，则 g 正确表示为 $(981.2\pm1.8)\ \text{cm/s}^2$。

2. 科学记数法——标准式

为计算的方便，对较大或较小的数值，常用 $\times10^{\pm n}$ 的形式来书写（n 为正整数），通常在小数点前面只写一位不为 0 的数字。

例 2：$(621000\pm1000)\ \text{m}$ 采用科学记数法记为 $(6.210\pm0.010)\times10^5\ \text{m}$

$(0.0001580\pm0.0000001)\ \text{m}$ 采用科学记数法记为 $(1.580\pm0.001)\times10^{-4}\ \text{m}$

二、有效数字的运算法则

1. 加减法则：加减运算所得结果的最后一位，保留到所有参加运算的数中末位数数量级最大的那一位为止。如：$98.32-0.9+6.5+272=375.92$。

分析：末位数数量级最大的是第四项 272，它在小数点前一位，因此正确表示为

$98.32-0.9+6.5+272\approx376$（4 舍 6 入 5 凑偶）

2. 乘除法则：积和商的位数与参与运算诸项中有效数字位数最少的那一项相同。

特殊情况：位数最少的数字，首位是"8"或"9"时，其积或商有效数字位数可多取一位。

例 3：$868 \times 6.7 = 5815.6$，由 $6.7 \Rightarrow$ 保留两位有效数字

$$\therefore 868 \times 6.7 \approx 5.8 \times 10^3$$

例 4：$\dfrac{3598}{0.1969 \times 1.26} \approx 14502.6$，由 $1.26 \Rightarrow$ 保留 3 位有效数字

$$\therefore \dfrac{3598}{0.1969 \times 1.26} \approx 1.45 \times 10^4$$

乘除运算时，参与运算诸数字中，位数最少的数字，若其首位是"8"或"9"时，计算结果可以多取一位，因为它很接近于"10"。

例 5：$9.58 \times 6.2637 = 60.006246$，由 $9.58 \Rightarrow$ 可多加一位有效数字

$$\therefore 9.58 \times 6.2637 \approx 60.01$$

3. 综合运算计算法则：从左到右，按先"乘、除"后"加、减"进行，加、减按加减法则，乘、除按乘除法则。

例 6：$\dfrac{6.0632}{5.0138 - 5.0136} + 20.863 = \dfrac{6.0632}{0.0002} + 20.863 \approx 3 \times 10^4 + 20.863 \approx 3 \times 10^4$

4. 平均值的有效数字：计算重复测量次数超过四次的测量值的平均值，当表示测量结果时，取与测量值一样的位数；如果作为其他计算的过程量时，可以多取一位有效数字。例如，测量某实验数据得 3.50 cm，3.51 cm，3.52 cm，3.54 cm，3.49 cm，它们的平均值的最后表示为：3.51 cm；若作为其他计算的过程量时，可多取一位，即为 3.512 cm。

5. 无理数运算的有效数字：取无理数的位数比参与运算中有效数字位数最少的那一位多一位（其中，常数不参与有效数字的运算）。

例 7：$V = \dfrac{4}{3} \pi R^3$，若 $R = 3.66$，因为 $\dfrac{4}{3}$ 为常数，此时 π 取 4 位

$$V = \dfrac{4}{3} \pi R^3 = \dfrac{4}{3} \times 3.142 \times (3.66)^3 \approx 205$$

6. 乘方、开方的法则：乘方、开方运算中，最后结果的有效数字位数与自变量的有效数字位数相同。

7. 函数运算的有效数字选取法则：其根据仍是不确定度决定有效数字的法则，可先用微分公式求出函数的误差表示，再由不确定度代入公式，决定运算结果的有效数字。或可以通过改变函数值末位的一个单位，由函数值的变化来决定函数的有效数字位数，现对常用函数运算的有效数字选取说明如下：

（1）常用对数法则：x 的常用对数 $\lg x$，首位不算有效数字的位数，取尾数的位数与真数 x 的位数相同或多一位。

例 8：已知 $x = 4.33$，求 $\lg x$。

解：取 x 值的最后一位变化 1 作为不确定度，观察结果的变化位在哪一位，由此决定函数的有效数字位数。当 $x = 4.33$，$\lg x = \lg 4.33 \approx 0.6364$，当 $x = 4.34$，$\lg x = \lg 4.34 \approx 0.6374$，可知：$\lg x$ 的误差在小数点后第三位，故 $\lg x$ 尾数部分的位数取与 x 的位数相同或多一位。故当 $x = 4.33$，$\lg x = \lg 4.33 \approx 0.636$（小数点后三位）或 $\lg x = \lg 4.33 \approx 0.6364$（中间计算结果可多取一位，即到小数点后四位）。

求常用对数的反对数，应注意原对数值小数点前的"首数"不是有效数字。例如：$\lg^{-1} 3.856 \approx 7.18 \times 10^3$。

（2）自然对数法则：x 的自然对数 $\ln x$，其小数部分的位数取与该数 x 的位数相同。

例 9： 已知 $x=4.33$，求 $\ln x$。

解：因 $d(\ln x)=\dfrac{dx}{x}$，若 x 是三位数，$\dfrac{U_x}{x}$ 为千分之几，$\ln x$ 的不确定度在小数点后三位。当 $x=4.33$，$\ln x=\ln 4.33\approx1.4656$，当 $x=4.34$，$\ln x=\ln 4.34\approx1.4679$，可见 $\ln x$ 的误差位在小数点后第三位，故当 $x=4.33$，$\ln x=\ln 4.33\approx1.466$（小数点后三位）。

（3）e^x 运算法则：将 e^x 的运算结果写成科学表达式（小数点前仅保留一位整数），其小数点后保留的位数与 x 值的小数点后面的位数相同。

例 10： 已知 $x=9.26$，求 e^x。

解：因 $d(e^x)=e^x dx$，当将 e^x 值写成科学表达式后，e^x 的不确定度与 x 的不确定度在同一位上。当 $x=9.26$，$e^{9.26}\approx10509$，当 $x=9.27$，$e^{9.27}\approx10614$，可见变化位在第三位，故当 $x=9.26$（小数点后两位），取 $e^{9.26}\approx1.05\times10^4$（科学表达式小数点后取两位）。

（4）10^x 运算法则：将 10^x 的运算结果写成科学表达式，则小数点后保留的位数与 x 值的小数点后的位数相同或少取一位。

例 11： 已知 $x=9.26$，求 10^x。

解：当 $x=9.26$，$10^{9.26}\approx1.82\times10^9$，当 $x=9.27$，$10^{9.27}\approx1.86\times10^9$，可见变化位在小数点后第二位，故当 $x=9.26$，取 $10^{9.26}\approx1.82\times10^9$（科学表达式小数点后取两位）。

（5）正弦、余弦函数运算法则：角度误差在 0.1° 或 $1'$ 位置的，函数值取四位；角度误差在 1° 位的，函数值取三位。

例 12： 已知 $x=38°16'$，求 $\sin x$。

解：可通过改变角度值末位的一个单位，由函数值变化来决定三角函数的有效数字位数。当 $x=38°16'$，$\sin38°16'\approx0.6178$，当 $x=38°17'$，$\sin38°17'\approx0.6179$，它们因变化 $1'$ 的角度而引起的数值变化在小数点后第四位，故当 $x=38°16'$ 时，可取四位有效数字，即 $\sin38°16'\approx0.6178$。

三、数值的修约法则——尾数的舍入法则

采用"4 舍 6 入 5 凑偶"法则。因为以前采用的"4 舍 5 入"法则使得进的概率大于舍的概率，从而引起误差。为了使得入与舍的机会均等，故采用"4 舍 6 入 5 凑偶"法则，其方法为：大于 5 进位，小于 5 舍去，等于 5 时则视前一位是奇数则进位，前一位如为偶数则不进位。

例 13：

66.51→67（大于 5 进）　　　　　　　66.49→66（小于 5 舍）

65.50→66（50 前一位为奇数则进）　　66.50→66（50 前一位为偶数则舍）

§1-4　实验测量数据的处理

物理科学实验揭示了物质运动的内在规律或检验物理理论的正确性。实验测量中产生的大量数据，需要进行整理和分析，从中得到有用的结论。处理实验数据是实验报告的重要内容，也是实验课的基本训练之一。下面介绍几种常用的实验数据的处理方法。

一、列表法

列表法是将一组有关的实验数据和计算过程的中间数据依一定的形式和顺序列成表格。它简单明了，已广泛应用于记录、处理实验数据中。列表法应注意以下几点：

1. 根据具体物理问题，列出表格的主题名称，设计条理清楚的栏目、行列的表格，以便记录原始数据，计算过程中的一些中间量和最后结果也可一并设计入内。

2. 表格栏目的设计要注意数据间的联系及计算顺序，利于记录和检查。力求简明、有条理。对重复测量的数据，可列成纵列式，便于求平均值、计算残差及检查数据等。

3. 物理量的名称（或符号）、单位组成一个项目，写在表格首栏，自定义符号应交代其代表的物理意义。若整个表格内各数字的单位相同，也可将单位写在表格的上方，不要将单位重复写在各数值后面。

二、作图法

物质运动的规律用数学来表征时比较抽象，如用画图的方法则能更形象、更直观地表示各变量之间的关系。作图法是在坐标纸上用图形描述物理量之间关系的一种方法，是处理实验数据的一种重要方法，也是实验方法研究问题的一种重要手段。

1. 作图法的作用及其优点

（1）直观形象地表示出物理量的变化规律，便于寻找实验规律和总结经验公式。

（2）可以帮助发现实验中个别的测量错误，并通过所绘图线对系统误差进行分析。

（3）若图形是依据许多测量数据描出的光滑曲线，该图线便有多次测量取平均值的作用。

（4）应用内插法、外推法可以从图形上得出没有直接测量或在一定条件下无法直接测量的某些数值。

（5）通过图形可方便地得到许多有用的参量，如最大值、最小值、直线的斜率和截距等。

2. 作图的要求

（1）作图一定要用坐标纸。按需要可选用直角坐标纸、单对数坐标纸、双对数坐标纸、极坐标纸等。

（2）画出坐标轴的方向，标明其所代表的物理量及单位。通常横轴为自变量，纵轴为因变量。

（3）坐标纸的大小及坐标轴的比例要适当。原则上由测得的有效数字和结果的需要来决定，使数据中可靠的数字在图中仍为可靠的，数据中可疑的一位，在图中仍为估读的一位。

（4）为避免图线偏于图纸的一角，图面上出现大片空白，坐标轴的标值不一定从"0"开始。

（5）数据点的标出：测量数据常用"＋"符号标出，使交叉点正好落在数据的坐标上，如果在同一张坐标纸上要同时画好几条曲线，则每条曲线上的数据点应分别用不同的符号标记，如"×"、"○"等符号，以示区别。

（6）描绘图线，可放弃偏离太远的个别点，使实验点均匀地分布在所绘直线的两侧。若为曲线，应为光滑曲线。

（7）标明图名称。可标在图中的空白处，也可标在图下边。若用物理量的符号表示图名，应按 y-x 轴顺序书写。

（8）注明作者及日期并将做好的图纸贴在实验报告上。

处理实验数据的作图，是一项技术性较高的工作，必须认真对待、细心处理。

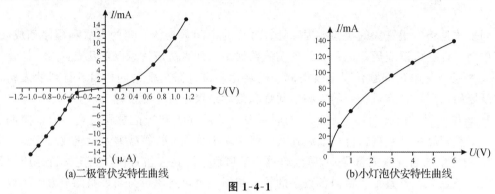

(a)二极管伏安特性曲线　　　　　　　　　　(b)小灯泡伏安特性曲线

图 1-4-1

3. 图解：根据已作好的图线，可以用解析的方法从图上求出各种参数

（1）直线图解

直线的图（如图 1-4-2 所示），相当于线性方程

$$y = a + bx$$

选取直线上的两点（不用原始数据点）$P_1(x_1、y_1)$ 及 $P_2(x_2、y_2)$，则

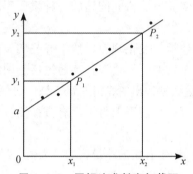

图 1-4-2　图解法求斜率与截距

斜率　　　　　　　　　　$$b = \frac{y_2 - y_1}{x_2 - x_1}$$　　　　　　　　　　(1-4-1)

截距　　　　　　　　　　$$a = \frac{x_2 y_1 - x_1 y_2}{x_2 - x_1}$$　　　　　　　　　　(1-4-2)

选定 P_1 及 P_2 点时，两点相隔应尽量远一些，否则由式（1-4-1）和式（1-4-2）计算出的值的有效数字位数将减少，误差增大。直线与 y 轴的交点与原点 O 之间的距离即为截距 a，可由式（1-4-2）求得。对于特定的物理公式，求得 a 及 b 值后，便可以方便地确定相应待测量。

（2）曲线改直

物理量之间的关系很多不是线性的，经适当变换可以使它成为线性关系。将曲线改为直线，称为曲线改直，它是一种十分重要的作图技术。

例如匀加速直线运动，$s = v_0 t + \frac{1}{2} a t^2$，$s$ 和 t 的关系图线是一条抛物线，若将它改写为

$$\frac{s}{t} = v_0 + \frac{1}{2} a t$$

作 $\frac{s}{t}$-t 图，便改为直线了，图上的斜率为 $\frac{1}{2} a$，截距为 v_0。

例 1： 阻尼振动实验每隔 $\frac{1}{2}$ 周期（$T=3.11$ s）测得振幅的绝对值的数据如下：

$t\left(\frac{T}{2}\right)$	0	1	2	3	4	5
A（格）	60.0	31.0	15.2	8.0	4.2	2.2

从测量数据可知，振幅成指数衰减（如图 1-4-3 所示），函数关系如为

$$A = A_0 e^{\beta t}$$

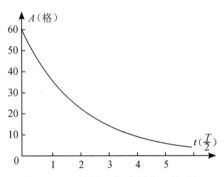

图 1-4-3　振幅 A 与半周期 t 关系图

试求出 β 及 A_0 的大小。

解： 将函数两边取对数

$$\ln A = \beta t + \ln A_0$$

采用半对数坐标纸作图。所用的半对数坐标纸，它的一个坐标为均分坐标，另一个坐标是刻度不均匀的对数坐标。作 $\ln A$-t 图，即取对数坐标为 A，等距离坐标为 t。

据测量数据描点作 $\ln A$-t 图（如图 1-4-4 所示），得一条直线，由该直线求得斜率 $\beta=-0.43/s$，$A_0=61.0$ 格。

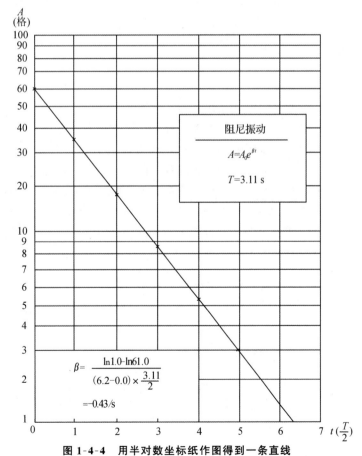

图 1-4-4　用半对数坐标纸作图得到一条直线

三、逐差法

1. 逐差法是一种处理实验数据的重要方法

只要自变量是等距离变化，它不仅可以用实验方法求一元一次方程中的常系数，而且也可以求一元二次方程及更高次方程中的系数。

逐差法是把实验测得的数

据进行逐项相减，以验证函数是否是多项式；或者将数据按前后顺序分成两半，后半部与前半部对应项相减后求其平均值，这种算法是一次逐差法。如果把一次逐差值再做逐差，然后才能计算出实验结果的算法称为二次逐差法。下面举一个例子说明逐差法的应用。

例 2：用双棱镜干涉测量光波的波长时，测得干涉条纹的位置读数如下，求条纹的宽度 d。

第 K 条纹	读数 L_K（cm）	第 $K+N$ 条纹	读数 L_{K+N}（cm）	30 条纹读数 $L_{K+N}-L_K$（cm）
1	0.0087	31	0.3665	0.3578
3	0.0325	33	0.3920	0.3595
5	0.0557	35	0.4140	0.3583
7	0.0841	37	0.4081	0.3540
9	0.1058	39	0.4627	0.3569
平均				0.3573

$\therefore$ 条纹宽度 $d=\dfrac{0.3573}{30}=0.01191$ cm

2. 逐差法的优点

（1）求得值实际上是多次测量结果的平均值，故其准确度较高。

（2）克服了大改变量多次测量与仪器设备条件限制的矛盾。如弹簧振子中四个 δy_i^2 值，每个值对应于滑块质量变化 20 克，改变了四次，相当于使用 80 克的滑块。

四、测量数据的直线拟合

在科学实验中，经常遇到二元或多元变量，这些变量之间相互关系，可以分为确定性关系和相关关系。相关关系是一种数理统计关系，变量间即存在密切关联，却又不能由一个或数个变量的数值精确地求出另一个变量的数值，即存在不确定性。运用有关误差理论的知识，求一条能最佳地描述原函数的曲线的过程，称为拟合。而以比较符合事物内部规律性的数学表达式来代表这一函数关系或拟合曲线的方法，称为回归分析。

1. 最小二乘法与直线拟合

设物理量 x 与 y 之间是直线函数关系 $y=a+bx$，测出若干组 x、y 测量值（x_i,y_i），利用这些测量值求出参数 a、b 的过程就是直线拟合，最小二乘法是直线拟合的常用方法。

最小二乘法原理：能使残差的平方和 $\sum\limits_{i=1}^{n}v_i^2$ 为最小的参数取值是参数的最佳值，即

$$\sum_{i=1}^{n}v_i^2=\sum_{i=1}^{n}[y_i-(a+bx_i)]^2=\min$$

按最小二乘法原理，参数的最佳值当满足

$$\frac{\partial \sum\limits_{i=1}^{n}v_i^2}{\partial a}=0,\quad \frac{\partial \sum\limits_{i=1}^{n}v_i^2}{\partial b}=0 \tag{1-4-3}$$

即

$$\begin{cases} -2\sum_{i=1}^{n}[y_i-(a+bx_i)]=0 \\ -2\sum_{i=1}^{n}[y_i-(a+bx_i)]x_i=0 \end{cases}$$

则

$$\begin{cases} \sum_{i=1}^{n}y_i=na+b\sum_{i=1}^{n}x_i \\ \sum_{i=1}^{n}x_iy_i=a\sum_{i=1}^{n}x_i+b\sum_{i=1}^{n}x_i^2 \end{cases} \tag{1-4-4}$$

解式（1-4-4）的两个方程得到

$$a=\frac{(\sum_{i=1}^{n}x_i^2)(\sum_{i=1}^{n}y_i)-(\sum_{i=1}^{n}x_i)(\sum_{i=1}^{n}x_iy_i)}{n(\sum_{i=1}^{n}x_i^2)-(\sum_{i=1}^{n}x_i)^2} \tag{1-4-5}$$

$$b=\frac{n\sum_{i=1}^{n}x_iy_i-(\sum_{i=1}^{n}x_i)(\sum_{i=1}^{n}y_i)}{n(\sum_{i=1}^{n}x_i^2)-(\sum_{i=1}^{n}x_i)^2} \tag{1-4-6}$$

其相关系数表示为

$$r=\frac{n\sum_{i=1}^{n}x_iy_i-(\sum_{i=1}^{n}x_i)(\sum_{i=1}^{n}y_i)}{\sqrt{\left[n\sum_{i=1}^{n}x_i^2-(\sum_{i=1}^{n}x_i)^2\right]\left[n\sum_{i=1}^{n}y_i^2-(\sum_{i=1}^{n}y_i)^2\right]}} \tag{1-4-7}$$

当 r 越趋于 1 时，表示 x 与 y 的数据相关程度越好，数据点越密集分布在回归方程图线附近。

2. 一般情况下，最小二乘法可用于线性参数，也可用于非线性参数。由于在测量技术中大量的问题是属于线性的，而非线性的有时可通过变量代换变为线性情况来处理。

回归分析时，经常采用的回归方程形式有：

（1）直线方程 $\qquad\qquad y=a_0+bx$ 或 $y=bx$

（2）多元线性模型 $\qquad\quad y=a_0+\sum_{i=1}^{m}a_ix_i$

（3）多项式模型 $\qquad\qquad y=\sum_{i=1}^{m}a_ix_i$

（4）各种特殊的非线性模型 $\qquad y=ax^b$

3. 变换法

$y=ax^b$ 左右两边求对数，可得到 $(\lg y)=(\lg a)+b(\lg x)$，在直角坐标纸上作 $\lg y$-$\lg x$ 图，或在双对数坐标纸上作 y-x 图，其直线斜率即 b，截距为 $\lg a$（或 a）。

$y=ae^{bx}$ $\qquad\qquad$ 左右两边求对数，可变为 $(\ln y)=(\ln a)+bx$

$y=ae^{b/x}$ $\qquad\qquad$ 左右两边求对数，可变为 $(\ln y)=(\ln a)+b\dfrac{1}{x}$

$y=\dfrac{1}{a+be^{-x}}$ $\qquad\qquad$ 左右两边求倒数，可变为 $(\dfrac{1}{y})=a+b(e^{-x})$

$$y = ax + bx^2 \qquad 左右两边各除以\ x,可变为\ \left(\frac{y}{x}\right) = a + bx$$

等都可依前面的方法把非线性的变为线性的情况来处理。

4. 经验公式

当 x、y 间的函数式 $y = y(x)$ 尚未知时,由 n 组测量值 (x_i, y_i) 探索得到的函数式为经验公式。大体可按如下的步骤进行。

(1) 坐标纸上绘出实验曲线;

(2) 参照已知的函数曲线,拟定实验曲线的函数;

(3) 变换坐标,将实验曲线改为直线;

(4) 最小二乘法求直线参数;

(5) 返回到原函数,即为经验公式;

(6) 和测量值比较修改经验公式。

上面举了几个例子把非线性的模型变为线性的模型,即可用直线拟合的方法加以处理。

最小二乘法拟合的一个前提条件是函数 $y = f(x_i; c_0, \cdots, c_m)$ 的形式为已知。函数的形式的选择或假设一般有两种方式:一种是通过对问题的物理知识来确定函数形式;另一种是根据实测的数据在坐标图上描出的曲线接近哪种已知曲线来确定,最好两种方法兼用。

五、计算机实验数据处理

1. 用 Excel 电子表格软件作实验数据的最小二乘法直线拟合

step1:输入数据

输入数据,用鼠标涂黑后,在插入菜单选择图表

step2:图表类型

在弹出对话框中选择XY散点图后点击下一步

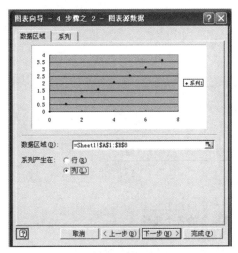

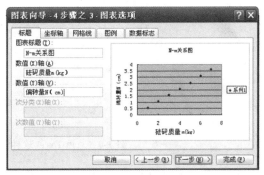

step3：图表源数据

在弹出对话框中选择**系列产生在：列**，
点击下一步

step4：图表选项

在弹出对话框中输入图表标题、X、Y轴名称，
点击下一步

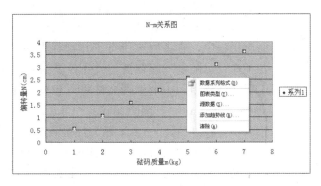

step5：图表位置

在弹出对话框中点击**完成**，即可得到
生成的散点图（如右图所示）

step6：添加趋势线

在生成的散点图中任意一点单击鼠标右键，
在弹出对话框中选择**添加趋势线**

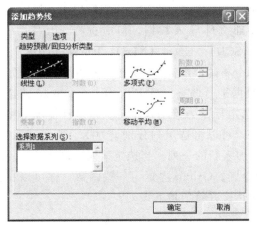

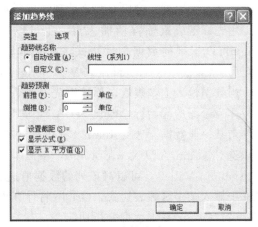

step7：趋势线类型

在弹出对话框的**类型**一栏中
选择**线性（L）**

step8：趋势线选项

在选项中的**显示公式**、**显示R平方值**
前打勾，单击确定

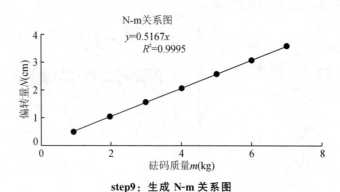

step9：生成 N-m 关系图

图 1-4-5　用 Excel 软件作直线拟合的各个步骤

附注：若需要平滑线图（如电阻元件伏安特性的测定、RLC 串联谐振特性的研究等），则在图表类型对话框中选择平滑线散点图，其他步骤相同。

2. 用 Origin 软件作实验数据的最小二乘法直线拟合

下面主要对数据分析、科技绘图的通用工具软件—Microcal Origin 作一简单介绍。

Microcal Origin 是 Windows 平台下用于数据分析、工程绘图的软件。Origin 是一个多文档界面应用程序，它将用户所有工作都保存在扩展名为.OPJ的工程文件中。保存工程文件时，各子窗口也随之一起存盘。另外各子窗口也可以单独保存（File/Save Window），以便别的工程文件调用。一个工程文件可以包括多个子窗口，可以是工作表窗口（Worksheet）、绘图窗口（Graph）、函数图窗口（Function Graph）、矩阵窗口（Matrix）、版面设计窗口（Layout Page）等。一个工程文件中各窗口相互关联，可以实现数据实时更新，即如果工作表中数据被改动之后，其变化能立即反映到其他各窗口，比如绘图窗口中所绘数据点可以立即得到更新。然而，正因为它功能强大，其菜单界面也就较为繁复。

（1）工作表（Worksheet）窗口

当 Origin 启动或建立一个新的工程文件时，其默认设置是打开一个 Worksheet 窗口，该窗口缺省为两列，分别为 A(x)、B(y)，代表自变量和因变量。A 和 B 是列的名称，将影响到绘图时的图例。可以双击列的顶部进行更改。此时你可以在该工作表窗口中直接输入数据；用光标键或鼠标移动插入点。也可以以外部文件导入数据，但应选择 File/Import。Origin可以识别的数据文件格式，如文本型（ASCII）、Excel（XLS）、Dbase（DBF）等，甚至可以导入一个声音文件（WAV），Origin 可以分析这个声音文件并绘出其声波的波形图。

当数据输入工作表后，你可以先对输入的数据进行调整。选 Edit/Set As Begin 使选定的行作为绘图的起始行，Edit/Set As End 则将选定行作为绘图终止行。在这种情况下可以只绘出某一段数据。选 Column/Set as X、Y、Z，可以将选定列分别设为 X、Y、Z 轴。也可以选 Column/Add New Column，在工作表中加入新的一列。当选定某列后再选 Column/Set Column Values，可以对该列的数据值进行设置。Origin 内置了一些函数，你可以在文本框中输入某个函数表达式，Origin 将计算该表达式并将值填入该列。

（2）Origin 基本数据分析功能

选 Analysis/Statistics on Columns，将弹出一个新的工作表窗口，里面给出了选定各列数据的各项统计参数，包括平均值（Mean）、标准偏差（Standard Deviation，SD）、标准误差（Standard Error，SE）、总和（Sum）以及数据组数 N。Recalculate 按钮可表示当原始工作表中的数据改动以后，点一下这个按钮，就可以重新计算。Analysis/Statics on Rows 则可以对行进行统计，统计结果直接附在原工作表右边，不另新建窗口。Analysis/Extract Worksheet Data 则用于从工作表窗口中提取符合一定条件的数据。例如它给定的缺省条件为：Col(B)>0，表示从选定工作表中提取所有 B 列大于零的数据，并在新建的工作表窗口中显示。选 Analysis/t-Test 可以对数据进行 t 检验，判断所选数据在给定置信概率下是否存在显著性差异，结果在弹出的 Script Window 中显示。在 Analysis 菜单下还可对数据排序（Sort）、快速傅立叶变换（FFT）、多重回归（Multiple Regression）等。

（3）Origin 的绘图功能

先在工作表窗口中选好要用的数据，点 Plot 菜单，将显示 Origin 可以制作的各种图形，包括直线图、描点图像、向量图、柱状图、饼图、区域图、极坐标图以及各种 3D 图表、统计用图表等等。在 Tools 菜单下选择 Linear Fit、Ploynomial Fit 或 Sigmoidal Fit，将分别调出线性拟合、多项式拟合、S 形曲线拟合的工具箱。例如要对数据进行线性拟合，在 Linear Fit 工具箱上设置好各个选项后，点 Fit 键，则弹出一个绘图窗口，给出拟合出来的曲线，同时在弹出的 Script 窗口中给出拟合参数，如回归系数、直线斜率、截距等。

Origin 还可进行数据平滑、积分、微分、平移等，在 Analysis 菜单下的 Non-Linear Fit，可选择合适的拟合函数进行非线性拟合等。

下面举例说明应用 Origin 进行实验数据的直线拟合。

例3：已知音叉的标准频率为 105.2 Hz，线密度 $\rho = 4.2923 \times 10^{-4}$ kg/m。弦线上波传播的实验数据（改变张力 T 测量波长 λ）$\sqrt{T}$ 和 λ 如下表：

$\sqrt{T}$ ($N^{1/2}$)	1.212	1.399	1.564	1.714	1.851	1.979
λ (m)	0.5692	0.6474	0.7275	0.7937	0.8850	0.9063

把以上数据输入 Origin 软件进行直线拟合，结果如下：

从右图可得出斜率 $k = 0.4659$ 代入下式得

$$f = \frac{1}{k\sqrt{\rho}} = \frac{1}{0.4659 \times \sqrt{4.2923 \times 10^{-4}}} \approx 103.6 \text{ Hz}$$

相对误差 $E = \left| \dfrac{\text{测量值} - \text{理论值}}{\text{理论值}} \right| \times 100\%$

$= \left| \dfrac{103.6 - 105.2}{105.2} \right| \times 100\%$

$\approx 1.6\%$

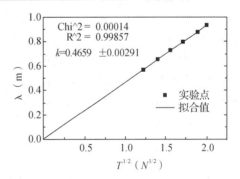

图 1-4-6　用 Origin 软件进行直线拟合的例子

附：利用 Origin 软件直线拟合的步骤：

首先打开 Origin 软件，新建 Project，把 $T^{1/2}$ 及 λ 的值分别输入 Col(A) 和 Col(B)。打开 Plot 菜单，点击 Scatter，分别把 A(X) 和 B(X) 作为 X 轴、Y 轴，作出点图。然后打开 Analysis 菜单中的 Non-Linear Curve Fit。再打开 Function 菜单，点击 New 新建一个 User 函数 Equation y=p1 * X。最后打开 Action 菜单，进行 Fit，斜率和相关度就会自动给出。

习 题

1. 指出下列各项哪些属于系统误差，哪些属于随机误差。

a. 米尺刻度不均匀

b. 电表的接入误差

c. 刻度因温度改变而伸缩

d. 最小分度值再往后一位的估读

e. 千分尺零点不为零

f. 电表指针的摩擦

g. 视差

2. 下列数值改用有效数字的标准式来表示。

(1) 光速＝（299792458±100）米/秒

(2) 热功当量＝（41830000±40000）尔格/卡

(3) 比热 C＝（0.001730±0.0005）卡/克·度

(4) 9876.52 准确到 0.21%

3. 请把下列各数值正确的有效数字表示于括号内。

(1) 8.467±0.26　　　　　　　　　　　　　　　（　　　　　）

(2) 746.000±2.1　　　　　　　　　　　　　　　（　　　　　）

(3) 0.002654±0.0008　　　　　　　　　　　　　（　　　　　）

(4) 6523.587±0.3　　　　　　　　　　　　　　　（　　　　　）

4. 用螺旋测微计测量某一物体的直径，如右图所示，其零点读数为_____mm，终点读数为_____mm，实际值应为 d＝_____mm。

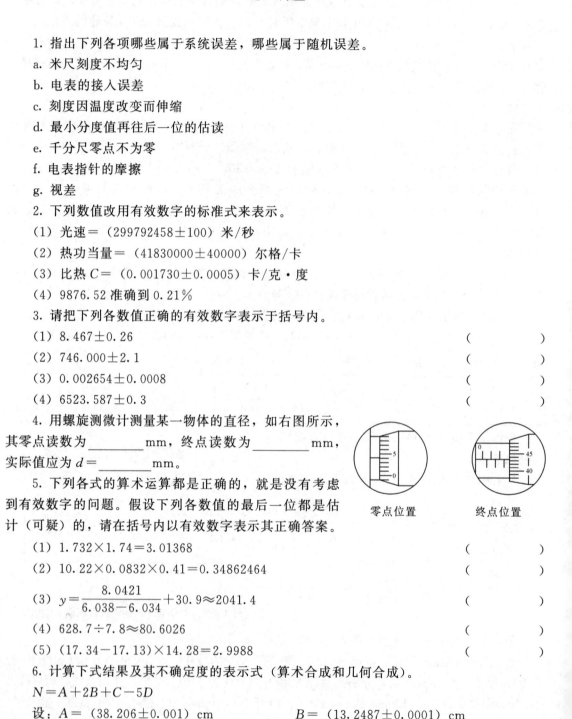

零点位置　　　　　终点位置

5. 下列各式的算术运算都是正确的，就是没有考虑到有效数字的问题。假设下列各数值的最后一位都是估计（可疑）的，请在括号内以有效数字表示其正确答案。

(1) 1.732×1.74＝3.01368　　　　　　　　　　　（　　　　　）

(2) 10.22×0.0832×0.41＝0.34862464　　　　　　（　　　　　）

(3) $y=\dfrac{8.0421}{6.038-6.034}+30.9\approx2041.4$　　　　　　　（　　　　　）

(4) 628.7÷7.8≈80.6026　　　　　　　　　　　　（　　　　　）

(5) (17.34−17.13)×14.28＝2.9988　　　　　　　（　　　　　）

6. 计算下式结果及其不确定度的表示式（算术合成和几何合成）。

$N＝A+2B+C-5D$

设：$A＝$（38.206±0.001）cm　　　　　$B＝$（13.2487±0.0001）cm

　　$C＝$（161.25±0.01）cm　　　　　　$D＝$（1.3242±0.0001）cm

7. 一圆柱体的直径为（2.14±0.02）厘米，求其横截面面积。

8. 两分量（10.20±0.04）厘米和（3.01±0.03）厘米，用算术合成和几何合成两种方法，相加时其不确定度该如何表示？相乘时其不确定度又该如何表示？

9. 一个正方体铁块的边长为（10.3±0.2）厘米，质量为（8665±8）克，试求其密度的不确定度表示式，并用"克/厘米"为单位表示结果。

10. 写出下列函数的不确定度表示式，分别用不确定度的算术合成和几何合成两种方法表示（用最合适的方法从不确定度或相对不确定度中选择一种）。

（1）$N = x + y - 2z$　　　　　（2）$Q = \dfrac{k(A^2 + B^2)}{2}$，其中 k 为常数

（3）$f = \dfrac{A^2 - L^2}{4A}$　　　　（4）$V_0 = \dfrac{V_t}{\sqrt{1 + at}}$

11. 用量程为 125 mm 的游标卡尺测量一钢珠直径 10 次，已知仪器最小分度值为 0.02 mm，仪器的最大允差 $\Delta_{仪} = 0.02$ mm，测量数据如下：

次数	1	2	3	4	5	6	7	8	9	10
d（mm）	3.32	3.34	3.36	3.30	3.34	3.38	3.30	3.32	3.34	3.36

求测量列的算术平均值、平均值标准误差 σ、测量列的 A、B 类及合成标准不确定度。

12. 用伸长法测量杨氏模量的实验数据，改变砝码质量 m，测量钢丝伸长量 $N = x_i - x_0$，m 和 N 数据如下表：

次数	1	2	3	4	5	6	7	8
m（kg）	0.000	1.000	2.000	3.000	4.000	5.000	6.000	7.000
N（cm）	0.00	1.11	2.21	3.25	4.25	5.20	6.15	7.31

试用逐差法、作图法和计算机直线拟合法求出斜率 k，并分析其不确定度。

13. 有三个电压表的规格如下：电压表 1：量程 0～7.5 V，精密度等级 1.0 级；电压表 2：量程 0～3 V，精密度等级 1.5 级；电压表 3：量程 0～15 V，精密度等级 0.5 级，若被测电压为 2.5 V，要使测量误差小于 2%，应选用哪一个电压表合适？

14. 用四种仪器测量一薄板的厚度所得数据如下，求其权之比及其不确定度的表示式。

（1）螺旋测微计测得　　$d_1 = (1.4030 \pm 0.0004)$ cm

（2）测量显微镜测得　　$d_2 = (1.4064 \pm 0.0003)$ cm

（3）球径计测得　　　　$d_3 = (1.4014 \pm 0.0002)$ cm

（4）光杠杆镜测得　　　$d_4 = (1.405 \pm 0.003)$ cm

15. 测定某角度 α 共两次，得其值为 $\alpha_1 \pm r_1 = 24°13'36.0'' \pm 3.1''$ 及 $\alpha_2 \pm r_2 = 24°13'24.0'' \pm 13.8''$，求其权之比及其不确定度的表示式。

16. 甲乙两人用某一测角器来量度某一晶体的面角，测得结果如下，试求两人所得结果中的权的比及其不确定度的表示式。

甲	乙
24°23′40″	24°23′30″
24°23′45″	24°23′40″
24°23′30″	24°23′50″
24°23′35″	24°23′60″
24°23′36″	24°23′20″

第二章　物理实验基本知识和基本测量方法

§2-1　力、热实验基本仪器

　　长度、质量、时间、温度是力、热实验常遇到的四个基本的物理量。下面介绍几种常用的测量仪器。

一、长度测量

　　常用的长度测量仪器有米尺、游标卡尺、螺旋测微计（千分尺）、测量显微镜等。微小长度变化则用光杠杆镜尺法。

　　1. 游标卡尺（简称游标尺、卡尺）

　　它是利用游标测量原理，使长度测量的读数达到百分之几毫米。

　　(1) 游标卡尺的结构及用法

　　游标卡尺主要由主尺和游标两部分构成，如图 2-1-1 所示。游标紧贴着主尺滑动，外量爪用来测量厚度和外径，内量爪用来测量内径，深度尺用来测量槽的深度，紧固螺钉则用于测量时固定游标，便于读数。使用游标卡尺时，一手拿物体，另一手持尺，轻轻地用量爪把物体卡住，松紧适当，同时应特别注意保护量爪不被损伤磨损，不允许用游标卡尺测量粗糙的物体，更不允许被夹紧的物体在卡口内挪动、转动。使用完毕，不要使量爪紧闭，并锁住紧固螺钉。

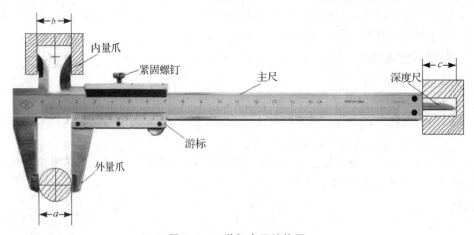

图 2-1-1　游标卡尺结构图

　　(2) 游标原理

　　游标卡尺构造的特点是在主尺上附有一个可以沿尺身移动的游标（又称副尺）。游标上的分度值 x 与主尺的分度值 y 之间存在有一定刻度之差，从而提高主尺读数的精度。若游

标的全部 m 个分格的长度等于主尺的 $(m-1)$ 个分格的长度，即

$$mx=(m-1)y$$

$$x=\frac{m-1}{m}y$$

则主尺分度值与游标分度值之差

$$\delta=y-x=\frac{y}{m}$$

δ 值是游标卡尺的分度值，即游标卡尺能够读准的最小数值，称为游标卡尺的精密度。一般主尺 y 为 1 mm，游标的格数 m 愈大，其分度值 δ 愈小，常见的有 $\delta=0.10$ mm，0.05 mm，0.02 mm 三种。

以图 2-1-2 的游标卡尺为例。主尺的分度值 $y=1$ mm，游标的分格数 $m=50$，其总长度为 49 mm，因而游标上一分格的长度 $x=\frac{49}{50}$ mm$=0.98$ mm。

游标卡尺的精密度 $\delta=\frac{y}{m}=0.02$ mm，也称五十分格游标卡尺。当游标的"0"刻度线与主尺的"0"刻度线重合，则游标上的第一条刻度线在主尺上的第一条刻度线的左边 0.02 mm 处，游标上的第二条刻度线在主尺第二条刻度线的左边 0.04 mm 处，余者依此类推。如果游标

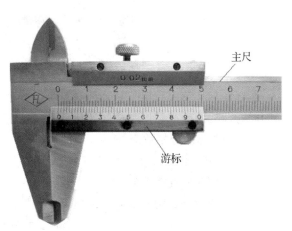

图 2-1-2　五十分格游标卡尺

向右移动 0.04 mm，则游标的第二条刻线将与主尺上的某一刻度线对齐，而游标上的所有其他刻度线没有一条会与主尺上任一条刻度线对齐。此时可以从游标上的第二条刻度线对齐读出游标右移的长度为 $2\times\delta=2\times0.02$ mm$=0.04$ mm。这就提供了利用游标读取 1 mm 以下量值的依据。

（3）读数方法

用游标卡尺测量之前先将量爪合拢检查游标的"0"刻度线是否与主尺的"0"刻度线对齐。若未对齐，说明存在系统误差，应读出"零点值"（又称"零值"，可为正值或负值!），以作测量数据修正值，即测量长度时应减去该"零点值"，才是被测物体的实际长度。

测量长度时被测物体轻夹在量爪之间，设游标的"0"线在主尺的 k 与 $(k+1)$ 条刻度线之间，则表明被测物体的长度为

$$L=ky+\Delta L$$

这时在游标上必有一条刻度线（设第 n 条）与主尺的某一条刻度线对齐，则游标"0"刻度线与主尺 k 刻度线的距离

$$\Delta L=n\delta$$

所以被测物体的长度为

$$L=ky+n\delta$$

图 2-1-3 为五十分格游标卡尺的测量，图中 $k=12$，$n=36$，游标精密度 $\delta=\frac{y}{m}=0.02$ mm，

据读数的一般规则，其测量结果应记为：$L=12.72$ mm。有时不能判定游标上相邻两条刻度线哪一条与主尺刻线更为对齐，则取游标与主尺对得同样好的两刻度线号数 n 或 $n+1$，取其平均值为 $n=n+0.5$，该读数为 $L=ky+(n+0.5)\delta$。

图 2-1-3   五十分格游标卡尺的测量

游标原理还可以应用于角度的测量中，例如分光计刻度盘、测角仪等。将直主尺和直游标同时弯曲成圆弧或圆周，成圆游标。它角度值与分值是按 60 进位的，其主尺的分度值取 0.5°，而弯游标的分格数为 30 格，对应主尺 29.5°的角度，这样，圆游标的精密度为 1′。

2. 螺旋测微计（又称千分尺）

（1）螺旋测微计构造原理

螺旋测微计是比游标卡尺更为精密的长度测量仪器，常见的一种如图 2-1-4 所示。其量程为 25 mm，分度值是 0.01 mm，测量时可以估读到 0.001 mm。螺旋测微计结构的主要部分是测微螺旋，它是由一根高精度的螺纹的微动螺杆和与之精密配合的螺母套管（微分管）组成，螺母套管是主尺，螺母套管表面有一条平行于套管轴的刻线为读数基线，在该线的上面是毫米数，下面的刻度线在上面两刻度之中，表示为 0.5 mm，微动螺杆一端与其同轴的一个外筒（又叫分度筒）连接，当测微螺杆与测微螺母配合时，外套筒就将螺母套管套在其中，分度筒圆周上均分 50 刻度，称为副尺。螺旋测微计就是利用这一副精密螺旋的旋转运动，将微动螺杆的角位移转变成直线位移，从而实现长度测量。微动螺杆其螺距为 0.5 mm，当微动螺杆转动一周，便沿轴线方向移动 0.5 mm。微分筒沿圆周方向前进 $\dfrac{0.5}{50}$ mm（即 0.01 mm）时，微分筒刻度转过一个分格。可见螺旋测微计就是借助沿轴线方向移动，将不易测量的微小距离，转变为圆周上移动较大的距离来进行测量，这就是机械放大原理。

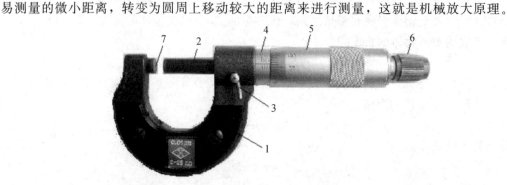

①尺架；②微动螺杆；③锁紧装置；④螺母套管；⑤微分筒；⑥棘轮旋柄；⑦测砧

图 2-1-4   螺旋测微计结构图

（2）零点读数

测量前先将测量面合拢，记录零点读数。千分尺的测量面密合时，微分筒零线一般不和固定套管的横线对齐，而显示某一读数，这个读数叫做零点读数。测量时，应记录零点读数，并对测量数据作零点修正。零点读数可正可负，如图 2-1-5 所示。图 2-1-5（a）的零点读数为 +0.134 mm，图 2-1-5（b）的零点读数为 -0.003 mm。

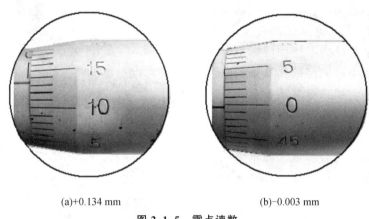

(a)+0.134 mm   (b)−0.003 mm

图 2-1-5 零点读数

（3）测量与读数

测量物体长度时，应先将微动螺杆推开，将待测物体放在测砧⑦与螺杆②之间，然后轻轻转动棘轮旋柄⑥，使测砧和螺杆测面刚好与待测物体接触。读数时应从固定套管④的标尺上读出整数格值（每格 0.5 mm），而 0.5 mm 以下的读数是由微分筒上的刻度读出，可估读到千分之一毫米。图 2-1-6（a）的读数为 3.383 mm，图 2-1-6（b）的读数为 3.684 mm。实际值应为测量值减去图 2-1-5 中的零点读数，如图 2-1-6（a）的实际值应为 3.249 mm，图 2-1-6（b）的实际值应为 3.687 mm。

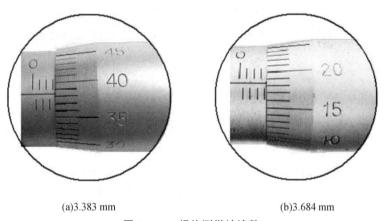

(a)3.383 mm   (b)3.684 mm

图 2-1-6 螺旋测微计读数

（4）注意事项

a. 测量时，左手握尺架，右手转动微分筒，当微动螺杆前进至快与测量物体或测点接触时，不要直接转动螺杆，应转动棘轮（它是靠摩擦带动微分筒，使接触面压力恒定），待出现"嗒、嗒、嗒"声时，表示棘轮已打滑，即可停止转动，进行读数。

b. 测量完毕，放回盒内前应使测量面之间留有一定间隙，以避免热胀时损坏螺杆上的螺纹。

3．测量显微镜（又称读数显微镜）

（1）仪器构造

测量显微镜是一种利用光学原理制成的、不仅能放大被测物体、且能测量物体的大小的精密仪器。用它测量时，不需要和被测物体直接接触，因此通常用于测量那些不能用游标卡尺、螺旋测微计等需夹持的仪器来测量的物体的大小，如狭缝宽度、金属杆的线膨胀量等。读数显微镜是由一个长焦距显微镜和一个可移动的读数机构（测微螺旋）组合而成。测量原理与千分尺相同。

测量显微镜的型号较多，但基本结构相似，现以 JXD 型为例介绍。图2-1-7 为其外形结构，其主要部件有：A. 放大被测物体的低倍长焦距显微镜及其调焦系统；B. 测量物体大小的螺旋测微系统；C. 底座、工作台及反光镜等。

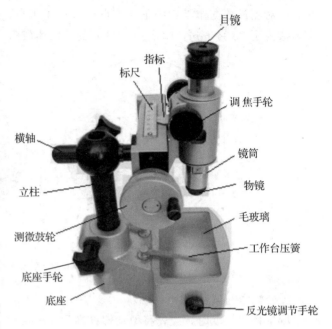

图 2-1-7　测量显微镜结构图

测量显微镜的光学原理如图 2-1-8 所示。待测物体 AB 经物镜成一个放大的实像 $A'B'$，并处于作为测量准线的十字叉丝的平面上。目镜再次将 $A'B'$ 放大为虚像 $A''B''$，成像于观测者的明视距离上。测量前应先调节目镜，使十字叉丝在视场中清晰可见。然后再通过底座手轮及调焦手轮的调节，分别对待测物进行调焦的粗调和细调，使虚像 $A''B''$ 也很清晰，且与测量叉丝无视差，即眼睛左右移动时，叉丝像与虚像 $A''B''$ 之间无相对运动。

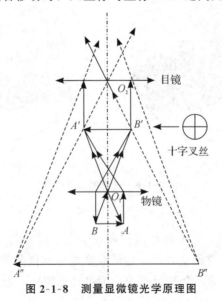

图 2-1-8　测量显微镜光学原理图

显微系统装在镜筒支架内，并与测微丝杆相固定。旋转测微鼓轮，即转动测微丝杆，带动显微镜左右移动。移动的距离可以从主尺（读至毫米位）和测微鼓轮（相当于螺旋测微计的微分筒）上读出。测微丝杆的螺距为 1 mm，转动测微鼓轮一周，移动主尺 1 mm，测微鼓轮周界上刻有 100 分格，分度值为 0.01 mm，读数方法类似于千分尺，毫米以上的读数从标尺读出，毫米以下的读数从测微鼓轮上读取，读数时可估读至 0.001 mm。如图 2-1-9 所示，读数显微镜的读数为 29.865 mm。

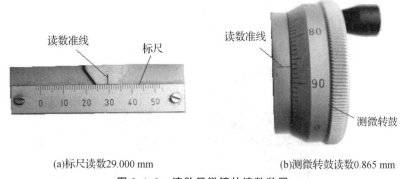

(a)标尺读数29.000 mm　　　　　　　　(b)测微转鼓读数0.865 mm

图 2-1-9　读数显微镜的读数装置

本仪器除可在水平方向测量外，也可以做垂直方向测量。只要将横轴从支架中拔出，转过 90°再装入即可，这时显微镜筒成水平状态。

（2）注意事项

a. 松开底座手轮时，必须用手托住上部机件，以防上部机件下落砸坏仪器及待测物体。

b. 当眼睛注视着目镜，在用调焦旋钮对被测物体进行聚焦前，应先使物镜接近被测物，然后慢慢上升镜筒，使镜筒离开被测物，直至看到清晰的被测物的像，以避免两者相撞。

c. 目镜中的十字叉丝，一条应与被测物相切，另一条和镜筒移动方向相平行。

d. 由于鼓轮丝杆螺纹与螺母之间存在间隙，因此在每次测量过程中，测微鼓轮只能沿同一方向旋转，否则测量结果会有螺距误差（回程误差）。

4. 光杠杆镜尺法（参考实验二）

二、质量测量——天平

天平是用来测量物体质量的仪器，按其精确度的高低可分为台秤、物理天平、工业天平及分析天平（阻尼、光电阻尼），其中台秤的精确度最低，分析天平的精确度最高。天平的主要参量除精度级别外，尚有称量和感量。称量是天平所能允许称衡的最大质量。感量则是天平指针从度盘的平衡位置偏转一个最小分格时，天平两秤盘上的质量差。一般来说天平感量的大小应与砝码（或游码）读数的最小分度值相适应。

1. 物理天平

（1）物理天平的构造

物理天平是一种等臂的杠杆。它的外形如图 2-1-10 所示，它主要由横梁、底座、带有标尺的支柱以及两个秤盘组成。横梁是天平最重要的部件，是用来平衡物体的杠杆，有较好的灵敏度和强度。横梁的中点及两端各有一个刀口，中间刀口安置在支柱顶端的刀垫上，作为梁的支点，左右两端的刀口悬有两个砝码盘，这三个刀口用硬质合金或玛瑙制成，须加以保护，以免磨损而影响精确度。

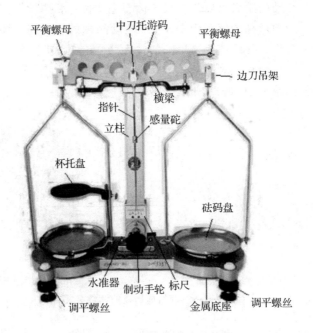

图 2-1-10　物理天平基本结构图

　　为了确定横梁的倾斜位置，在其中点装着一根指针，指针的上方装有感量陀。当横梁摆动时，指针的尖端就在支柱下部的标尺前左右摆动。标尺下方有一制动手轮，可使横梁上升或下降。横梁下降时制动托架将它托住，以免磨损刀口。横梁两端各有一个平衡螺母，用以天平空载时调节平衡。横梁上有一可以移动的游码，用于一克以下的称衡。立柱左边有一个托盘，用来托住不需要称衡的物体。底座下的两个调平螺丝用于调节天平立柱成铅直状态（由水准器的气泡是否在中心判断）。

　　物理天平的规格主要有两个参量表征。

　　感量：指天平平衡时，为使读数指针偏转一个最小分格，需要在一侧秤盘上添加或减少的质量，是灵敏度的倒数。

　　称量：天平允许称衡的最大质量。

　　（2）天平的使用

　　a. 调水平：转动调平螺丝，使水准器的气泡居中（有些仪器是立柱边的铅锤锤尖与底座上棒尖相对）。

　　b. 调零：天平空载，游码置于横梁上的零位置，将称盘挂在两端刀口上，转动制动手轮，支起横梁，指针应在标尺中央或在中央附近做对称摆动。若指针偏向某一边，应调节横梁两端的平衡螺母（调节时务必先放下横梁!），直至支起横梁后指针指向标尺中央或做对称摆动。

　　c. 称衡：一般习惯将待测物置于左盘中间，右盘放砝码。轻轻转动制动手轮使横梁慢慢升起，试探指针偏转情况；若不平衡，则放下横梁，适当增减砝码或移动游码，再使横梁升起，如此反复试探，直至指针基本上保持在标尺零线位置。此时右盘上的砝码加上游标所示的克数即为称衡物体的质量。

　　d. 天平的称量误差主要来源于三方面：砝码误差、感量误差、不等臂误差。

（3）注意事项

a. 常止动：为避免刀口受冲击损坏，取放物体、砝码（包括移动游码），调节平衡螺母以及不使用天平时，都必须放下横梁，止动天平。只有在判别天平是否平衡时才启动天平。

b. 轻操作：启动、止动天平时，动作务须轻且缓，以使天平刀口不受撞击。最好在天平指针摆在刻度尺中央时止动天平。

c. 必须用镊子搬动砝码和拨动游码，不许用手直接抓取或拨动。称衡完毕，转动制动手轮，将横梁放下，砝码必须放回盒中原位，不许放在称盘及砝码盒以外的其他地方，并将称盘摘离刀口。

d. 天平的负载不得超过其最大称量，以防损坏刀口或压弯横梁，也不应将高温物体、酸、碱等腐蚀物品直接放在称盘中称衡，以防被腐蚀。

以上为物理天平基本使用法，但需精密称衡时常采用复称法、替代法、定载法。

2. 分析天平

分析天平是一种精密称衡质量的仪器，其构造原理与物理天平基本相同，但它具有更高的灵敏度。实验室常用的分析天平的灵敏度约 2 分格/毫克，最大称衡质量为 100 克或 200 克。图 2-1-11 为分析天平的外形图。分析天平的各部分都加工得比较精细，它的刀口和刀承都用玛瑙或红玉精密磨制而成，使刀口耐磨，刀刃锐利，然而也比较脆，受到冲击时易缺损，使用中要注意遵守天平的操作规程。

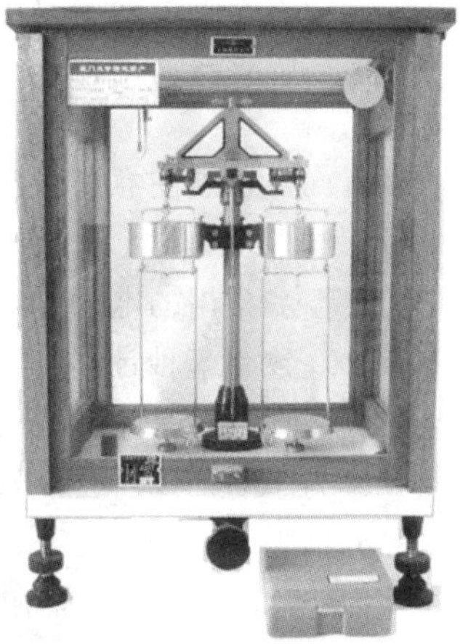

图 2-1-11　分析天平的外形图

3. 电子天平

数字式电子天平是采用电阻应变式称重传感器或其他高稳定性传感器和微处理器组成的智能化天平。电子天平具有称量和计重精确、分辨率高、稳定性好、操作简单等特点，适用于工业、农业、商业、学校、科研等单位作物体质量和数量的快速测定。实验室常用的有 150 g/0.005 g，300 g/0.01 g，600 g/0.02 g，1500 g/0.05 g，3000 g/0.1 g 等规格的天平。其面板按键功能说明如下：

被测物体

电子天平

图 2-1-12　数字式电子天平

MODE：功能模式选择键，可选择计重、计数、百分比三种模式；UNITS：单位选择键，共有 13 种单位可供选择；PCS：取样键，在计数与百分比模式时，用来取样计算单重；←→T：去皮键，用于扣除单重，在去皮模式下，且天平盘上无任何负载时，再按一次去皮键，可取消去皮；→0←：零点键，若天平盘上无任何物品，但显示窗有微小重量出现，可按零点键归零；∧：数字输入键；BL：背光键。

三、时间测量——机械停表计时、电子计时器计时

机械停表计时是以摆轮的扭摆周期为标准。电子计时器计时是以石英晶片控制的振荡电路的频率为标准。

1. 机械停表

机械停表（秒表）是测量时间间隔的常用仪器，表盘上有一个长的秒针和一个短的分针（如图 2-1-13 所示），秒针转一周，分针转一格。机械停表的分度值有几种，常用的有 0.2 s 和 0.1 s 两种。停表上端的按钮是用来旋紧发条和控制表针转动的。使用停表时，用手握紧停表，大拇指按在按钮上，稍用力即可将其按下。按停表分三步：第一次按下时，表针开始转动，第二次按下就停止转动，第三次按下表针就弹回零点（回表）。

图 2-1-13　常见机械停表结构图

使用停表时的注意事项：

（1）使用前先上紧发条，但不要过紧，以免损坏发条；

（2）按表时不要用力过猛，以防损坏机件；

（3）回表后，如秒针不指零，应记下其数值（零点读数），实验后从测量值中将其减去或加上；

（4）要特别注意防止摔碰停表，不使用时一定将表放在实验台中央的盒中。

2. 电子计时器

实验室常用的电子秒表和数字毫秒计都是电子计时装置，它们的基本原理是相同的。

（1）数字毫秒计

数字毫秒计是用数码管显示的数字来表示时间的一种精确仪器。常用的数字毫秒计的基准频率为 100 kHz，经分频后可得 10 kHz、1 kHz 和 0.1 kHz 的时标信号，信号脉冲的时间间隔分别为 0.1 ms、1 ms 和 10 ms。数字毫秒计上的时间选择档，就是对这几种信号的选择。如选用 1 ms 档，而在控制时间内有 1893 个 1 ms 时标信号进入计数电路，则显示为 1.893，即 1.893 s。

信号源可以连续输出等间隔的电脉冲信号，但是它不一定能进入计数电路（如图 2-1-14 所示）。信号源与计数电路之间有一门控电路，它的"开"或"关"可以使脉冲信号"通过"或"中断"，因而进入计数电路脉冲的个数，等于门控电路从"开"到"关"这段时间内信号源发出脉冲的个数，即仪器显示时间等于从"开"到"关"的时间。对门控电路"开"和"关"的控制有两种方式：

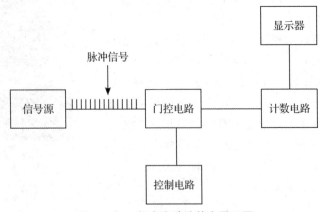

图 2-1-14　数字毫秒计基本原理图

机控：用机械开关发出控制信号。将面板上换档开关，从光控档拨到机控档，将机械开关的两端插入"机控"插孔（如图 2-1-15 所示），开关 K 闭合时开始计时，K 断开时停止计时。

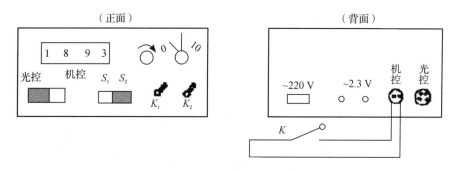

图 2-1-15　数字毫秒计面板图

光控：用光电管控制。将换档开关从机控拨到光控，将光电门（两个）的光电管插头插入"光控"插孔，照明灯的插头插入低压输出插孔（~2.3 V）。"光电门"由一个光电管 P 和一个聚光灯 L 组成，当光电管受光照时，电阻下降到零，电路导通；如光照受阻，则光电管电阻极大，电路近似断开，因而"光电门"相当于一个开关（如图 2-1-16 所示）。

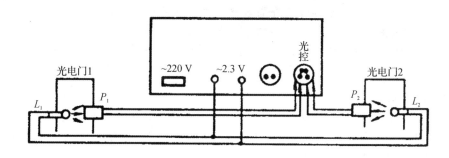

图 2-1-16　光电门连接图

光控又分 S_1 和 S_2 两档，S_1 档可测任一光电门的挡光时间长度，S_2 档可测两次挡光（一个光电门挡两次，或两个光电门各挡一次）之间的时间间隔。如果实验只用一个光电门，可将另一个去掉，但是连接光电管的两导线要短接。接上光电门后，数字毫秒计不能正常工作时，问题可能是：光照不良、光电管极性接反、导线故障、毫秒计内部故障、光电管老化等，可逐项检查。

用数字毫秒计测完一个数值后，要先将显示器复零后方可测下一个数，否则两次数会累加在一起，面板上的 K_2 是手动置零开关。"延时调节"是自动置零时控制显示时间的长度。

国内有许多厂家生产数字毫秒计，其面板形式和功能互有差异，这里介绍的只是基本形式和功能。

（2）电子秒表

电子秒表和数字毫秒计的原理相同，机芯由电子元件组成，以石英振荡频率为时间基准。表面上采用七位数字液晶显示时间，最小显示为 0.01 s，但它只用手动按钮控制（可作计时、闹钟、秒表）。实验时处于秒表状态，共有三个按钮：Start/Stop 为启动/停止按钮，按一次 Start/Stop 开始计时，再按一次 Start/Stop 停止计时，显示的是时间间隔。如图 2-1-17 所示为 0 min 48.78 s；Mode 为功能转换按钮；Reset 为复零按钮。

图 2-1-17　电子秒表

四、温度测量——温度计

温度是物体冷热的程度，是大量分子热运动平均动能的统计平均值的量度。具有随温度而变化特性的物体，都可以用来制造温度计。如：

（1）利用体积与温度的关系的有：气体温度计、液体温度计、固体温度计。

（2）利用电阻和温度关系的有：铂电阻温度计、热敏电阻温度计。

（3）利用热电动势与温度关系的有：温差电偶温度计。

（4）利用辐射与温度关系的有：光学高温计。

各种温度计有不同的适宜测温区域。例如液体温度计使用方便，但测量范围小；气体温度计测温范围广、精度高，但使用不便；电阻温度计测温精度高，但它不能测高温；热电耦的测量范围很广，但精度一般不高；光学高温计无须与被测液体接触，但只能测高温；晶体管测温易于实现测量自动化。实验时要根据温度的高低和被测物体的状态，选取适当的温度计。

1. 液体温度计（或称玻璃液体温度计）

（1）液体温度计测温物质主要有水银、酒精、甲苯、煤油等，其中以水银应用最广。

水银温度计有不少优点：水银不粘着玻璃，水银的膨胀系数变化很小，测温范围广（在标准大气压下，水银在 $-38.87\ ℃\sim +356.58\ ℃$，都保持液态）等。

实验室常用的水银温度计，最小分度值为 $0.1\ ℃$，标准温度计的最小分度值可至 $0.01\ ℃$，它的测量范围为 $-30\ ℃\sim +300\ ℃$。

（2）注意事项

a. 使用温度计时，被测液体的容量应超过温度计储液泡中的液体容量几百倍以上。

b. 温度计浸入被测介质的深度应等于温度计本身所标明的深度，在温度计没有标志时，一般应把温度计浸在被读数的分度线内。

c. 使用温度计时，应避免振动和移动，且不能经受剧烈的温度变化。

2. 温差电偶温度计

（1）将 A、B 两种成分不同的金属丝或合金的两端，分别紧密联在一起，形成一个闭合回路（如图 2-1-18 所示），当两接点处的温度 t_1、t_2 不等时，回路中就有直流电动势产生，该电动势称为温差电动势或者热电动势。温差

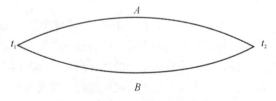

图 2-1-18　温差电动势原理图

电动势的大小和两端温差的大小、两金属的成分以及接触状态有关。对于材料一定的两金属 A、B，接触比较理想时，温差电动势与温差之间有稳定的关系，其大小近似为 $E_x = C(t_1 - t_2)$。式中 C 为温差系数，由组成温差电偶的材料决定。温差电偶温度计就是利用此规律去测温差的。

（2）温差电偶所用的金属材料如下表

温差电偶	组成	测温范围/℃
铜-康铜	铜（100%），康铜（Cu60%，Ni40%）	$-200\sim500$
铁-康铜	铁（100%），康铜（Cu60%，Ni40%）	$-200\sim600$
镍铬-镍铝	镍铬（Ni90%，Cr10%），镍铝（Ni94%，Al3%，其他）	$-200\sim1000$
铂铑-铂	铂铑（Pt87%，Rh13%），铂（100%）	$-180\sim1600$

（3）使用方法

一般按图 2-1-19（a）连接，当温差电偶之一的金属为铜时则可按图 2-1-19（b）（此端为测量端）连接。一般冷端要放在冰水混合的容器中（称为参考端 $t_0 = 0℃$）。当 t_0 恒定时，热电偶所产生的温差电动势仅随着测量端温度变化。只要把已测得的温差电动势与测量端的温度对应关系整理成热电偶定标曲线，测量时便可根据测得的温差电动势来求得被测温度。图 2-1-19（a）中两低温端的温度要相同。

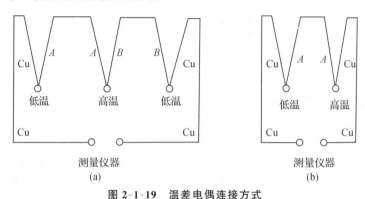

图 2-1-19　温差电偶连接方式

温差电动势的测量，在精密测量中应使用电位差计，要求较低时可使用毫伏计。在使用毫伏计测量时，注意电路的电阻对测量的影响。

3. 数字温度计（参考实验六）

§2-2　电磁学测量基本知识

电磁学实验是物理实验的重要组成部分。电磁测量在测量技术中占有重要的地位。由于电磁测量精度高、反应迅速、测量范围广等优点，已成为现代生产和科学实验中应用最广的一种实验方法和常用技术。

电磁测量的方法很多，分类的方式也各不相同。常用的有直读测量法、比较测量法。选择测量方法的原则：必须能够达到测量要求，满足测量精确度的条件下，尽量选用方法简便、不损坏测量仪器与被测元器件的测量方法。根据被测物理量的特性、测量精确度、环境来正确选择测量方法和仪器。

电磁学实验离不开电源和电磁测量仪表。为此，必须事先了解常用基本仪器的性能。它包括各种指示仪器（如电表）、比较式（各类电桥、电位差计）仪器、记录式仪器以及各种传感器。利用各种电子技术对电磁学领域中各种电磁量进行测量的设备及配件均称为电磁测量仪器。

按仪器工作原理可分为模拟式电子仪器和数字式电子仪器。

（1）模拟式电子仪器：基本单元是微安表。其工作原理是载流子线圈在磁场中受到力矩的作用而转动——即安培定理。作电压表使用时，将待测电压通过标准电阻产生一个与电压成正比的电流，然后用电流表来测量。由于电表有机械运动的部件，常常称为机械表。

模拟式的电子仪器是以指针或光点的偏转来读数，存在人为误差。

（2）数字式电子仪器：通过模拟数字转换，把具有连续性的被测的量变成离散的数字量，用电子计算器将数字量计算后用液晶显示器或数码管直接显示其结果的仪器，如数字电压表。数字式的电流表是使电流通过标准取样电阻后变成电压量，然后进行测量。

数字式的电子仪器读数直观清晰，消除了指针式或光点式仪表必有的误差；测量速度快，并可以进行控制，测量精度比模拟式仪表提高了许多，甚至几个数量级，如数字电压表的内阻高（10^6 Ω 以上）；而数字电流表的内阻（接近零），其接入误差可以忽略不计；不易受噪声和外界干扰，测量范围大，灵敏度高。

一、电学实验中常见的电表

电表是电磁测量中常用的基本仪器之一。电磁测量电表的种类很多，有磁电式、电磁式、热电式、电动式、静电式、整流式和数字式等。在直流范围内偏转式的表头，几乎都是磁电式，它具有准确度高、稳定性好、功率消耗小、受外界磁场和温度影响小、分度均匀、便于读数等优点，被广泛应用。下面我们着重介绍磁电式电表。

1. 电流计（即表头，用符号 G 表示）

电流计是利用通电线圈在磁场中受力矩作用而转动的原理制成的。电流计常用来测量微小电流或作电路平衡指示器。用作平衡指示器的电流计又称检流计。检流计的特点是其零点位于刻度尺的中央。实验室用的大部分直流电表（安培表、伏特表等）也是由表头扩程而成的。

（1）电流计的结构及工作原理。表头的内部结构如图 2-2-1 所示。

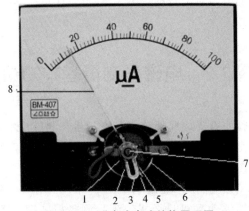

图 2-2-1　磁电式表头结构原理图

①游丝；②永久磁铁；③调零螺杆；④平衡锤；⑤线圈；⑥圆形铁架；⑦转轴；⑧指针

圆柱形永久磁铁形成以轴为中心的均匀辐射状分布的磁场。在这磁场中，放有长方形线圈，线圈上固定有游丝，线圈长轴方向上装有转轴，轴尖被支撑在轴承上，使线圈通电后可以绕铁芯的轴线自由转动，线圈转轴上附有一根指针，指针指向刻度盘，供读数使用。

当电流通过线圈时，线圈受到电磁力矩的作用而偏转，直到与游丝的反扭力矩平衡，线圈转角维持一定。线圈转角的大小与所通过的电流大小成正比。电流方向不同，偏转方向也不同。这就是磁电式仪表的工作原理。

（2）表头的主要特性参数

a. 满偏电流

它是指针偏转到满标时，线圈所通过的电流值，以 I_g 表示。一般表头的 I_g 值为 50 μA，100 μA，200 μA，1 mA。

b. 电流常数

表示指针或光标偏转一分格所对应的电流值，以 C_I 表示。单位为：安培/分度。电流常数的倒数称为仪表的电流灵敏度 $S_I = \dfrac{1}{C_I}$，它表示一个单位电流所引起的指针或光标的偏转量。

c. 内阻

主要是偏转线圈的电阻，以 R_g 表示。表头的满标电流愈小，内阻愈大，一般 R_g 为几十欧姆到几千欧姆。

2. 直流电流表

直流电流表是用来测量电路中电流大小的仪器，串联在被测电路中，使电流从正端流入，负端流出，它包括直流微安表、毫安表和安培表，用符号 μA、mA 和 A 表示。

（1）直流电流表的组成

直流电流表是在磁电式表头上并联分流电阻而成的，如图 2-2-2 所示。改变分流电阻 R 的阻值，可以得到不同量程的电流表，分流电阻愈小，量程愈大。

（2）电流表的主要规格

a. 量程

它是指针偏转满标时的电流值。

b. 内阻 R_A

它是电流表两端之间的电阻值。是表头内阻与扩程电阻（分流电阻）的并联电阻。为了不使电流表串入被测电路而影响电路的电流，电流表的内阻一般较小，量程愈大，内阻愈小。一般安培表的内阻在 0.1 Ω 以下，毫安表的内阻可达 10^2 Ω 量级，微安表的内阻可达 10^3 Ω 量级。电流表的内阻，有时以内阻上通过满标电流时的压降表示，这时，内阻 $= \dfrac{压降}{工作量程}$。

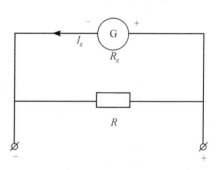

图 2-2-2　电流表结构原理图

c. 准确度等级

它是电表的基本误差的百分数值，而电表的基本误差目前都用相对额定误差来表示。电表准确度等级 α 定义为

$$\alpha\% = \frac{最大绝对误差\ \Delta X_m}{满刻度值\ X_m} \times 100\%$$

根据国家标准（GB7676-87），电表按准确度分为十一级，即 0.05、0.1、0.2、0.3、0.5、1.0、1.5、2.0、2.5、3.0、5.0 级。电表的准确度等级是和电表的基本误差相对应的。0.1 级表的相对额定误差不超过 0.1%，绝对误差不超过 $\Delta X_m = 0.1\% X_m$。

电表的标度尺上所有分度线的基本误差都不超过 ΔX_m。准确度等级 α 愈大（级别愈低）、量程 X_m 愈大，可能的最大误差 ΔX_m 愈大。

d. 电表测量的不确定度

单次测量时，电表测量的不确定度为 $U_j = \dfrac{\Delta_仪}{\sqrt{3}}$，仪器误差引入的不确定度分量简化为标准不确定度的 B 类分量，它不是高斯分布，也不是均匀分布，但比较接近均匀分布。

3. 直流电压表

直流电压表是用于测量电路中两点间电压的仪器，应把它并联在被测电路的两端测量电压。包括毫伏表、伏特表，用符号 mV、V 表示。

（1）直流电压表的组成

它是由磁电式表头串联分压电阻而成的，如图 2-2-3 所示。改变分压电阻 R 的阻值，可以得到不同量程的电压表，分压电阻 R 愈大，电压表的量程愈大。

（2）电压表的主要规格

a. 量程

它是指针偏转满标时的电压值。

b. 内阻 R_V

它是电压表两端之间的电阻值，是表头内阻与扩程电阻（分压电阻）的串联值，如图 2-2-3 所示，$R_V = R_g + R$。电压表的量程愈大，内阻愈大。

电压表某一量程的内阻 R_V 与量程 U_m 之比称为电压表的电压灵敏度 S_V，即 $S_V = \dfrac{R_V}{U_m}$。任一量程

$$U_m = I_g(R_g + R) = I_g R_V$$

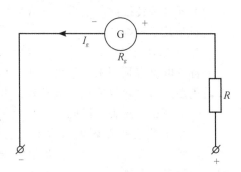

图 2-2-3　电压表结构原理图

式中 I_g 为表头的满偏电流，由上式得电压灵敏度为

$$S_V = \frac{R_V}{U_m} = \frac{1}{I_g}$$

上式说明，多量程电压表，不同量程的电压灵敏度都相等。I_g 越小，电压灵敏度越高，内阻越大。电压表的内阻常以电压灵敏度表示，单位为 Ω / V，表示每伏多少欧姆，其数值等于 I_g 的倒数，即 $\dfrac{1}{I_g} = \dfrac{R_V}{U_m}$。量程为 U_m 的电压表，其内阻

$$R_V = \frac{1}{I_g} \times U_m = 每伏欧姆数 \times 工作量程$$

为了不使测量电压时，因并联电压表而影响电路的电流，电压表的内阻一般很大，量程愈大，电压表的内阻愈大。

c. 准确度等级

其规定与电流表相同。

d. 电压表测量的不确定度，其规定与电流表测量相同。

4. 电表的正确使用

（1）正确选择电表的准确度等级和量程

根据电表准确度等级 α 的定义，测量值 X 的可能最大相对误差为

$$r_m = \frac{\Delta X_m}{X} = \alpha \% \frac{X_m}{X}$$

为了充分利用电表的准确度等级，电表指针偏转读数应该大于满标的 2/3。

当不知道被测量值的大小时，应先选用电表的最大量程，然后根据指针的偏转情况，再调到合适的量程。在测量过程中，如要改变量程，应先切断电源，待改变量程后再接通电源。

多量程电表量程的改变方式通常有两种，一种电表其面板上装有不同量程的接线柱，使用时，将导线接到所需量程的接线柱上。另一种电表只有一对接线柱，但面板上有不同量程的插孔，使用时，只需将插键插在所需量程插孔内。

（2）正确连接电表

电流表应当串联在被测电路中测量电流，电压表应当并联在被测电压两端测量电压；电

流表的正极为电流的流入端，负极为电流的流出端，电压表的正极应当接电路的高电位端，负极应当接电路的低电位端，正、负极不能反接，否则指针会反偏，从而损坏电表。

（3）通电前先检查并调节指针的机械零点

在电表的外壳上，有机械零点调节螺丝，用螺丝刀可以调节电表的机械零点。

（4）电表指针位置的正确判断

电表读数时，应正确判断指针的位置，为了减少视差，视线必须垂直于刻度表面。有镜面的电表，当指针的像与指针相重合时，指针所对的刻度才是电表的准确读数。读数时，先确定每一最小刻度所代表的电流值或电压值，可在最小分度值间再估读一位，一般读数要估读到最小刻度的 $\frac{1}{10} \sim \frac{1}{2}$。

（5）认识仪表表盘上标记符号的意义

每一电学测量用的指示仪表的表盘都有多种符号标记，以表示仪表的基本特性，只有在识别它们之后，才能正确地选择和使用仪表。

现将电磁学实验中常见的指示仪表表盘标记符号列于表 2-2-1 中。

表 2-2-1　仪表刻度盘上的标记符号

例如 2.5 —— 🔲 2 kV →，其中 "2.5" 表示准确度等级为 2.5 级；"——" 表示直流表；"🔲" 表示磁电式仪表；"2 kV" 表示仪表绝缘性能可耐交流电压 2 千伏；"→" 表示表面应水平放置。

分类	符号	名称	分类	符号	名称
电流种类	—	直流表	绝缘试验电压	⚡2 kV	试验电压 2 千伏
	～	交流表		 ☆	
	�～	交直流表	作用原理	🔲	磁电式仪表
	≈	三相交流表		🔲	电动式仪表
测量对象	Ⓐ	电流表		🔲	铁磁电动式仪表
	Ⓥ	电压表		🔲	电磁式仪表
	Ⓦ	功率表		🔲	电磁式仪表（有磁屏蔽）
	KWh	电度表		 🔲	整流式仪表
	Ω	欧姆表		 ↶	调零计
工作位置	→	水平使用		 ↑	检流计
	⊓		防御能力	Ⅲ	防御外磁场能力第Ⅲ等
	↑	垂直使用	使用条件	Ⓐ	使用条件 A　0～+40 ℃
	⊥			Ⓑ	使用条件 B　−20～+50 ℃
	∠60°	标尺与水平倾斜60°	准确度	(0.5)	0.5 级
	★	公共端钮		0.5	

5．万用电表

万用表又称 "三用表" 或 "多用表"。一般万用表是由多量程的电压表、电流表和欧姆表等构成的多功能测定仪表，万用表的基本功能是测量交直流电压、交直流电流和电阻等，有的万用表还增加测量晶体管特性等功能。

　　万用表的种类繁多，型号各异，根据所应用的测量原理和测量显示方式不同，可分为模拟式（指针式）和数字式两大类。外壳很容易区别，如图 2-2-4 所示。

（a）数字万用表　　　　　　（b）模拟万用表

图 2-2-4　数字、模拟万用表面板图

　　万用表的上部常称为表头，数字万用表的上部通常是一个液晶显示器，测量时直接显示的是数字量，模拟万用表的上部则是一个指针式的电表。表头的下面是量程开关，通常由一个波段开关来实现量程的转换。万用表的最下面是插孔（输入端），用来连接测试笔。图 2-2-5 分别表示数字万用表和模拟万用表的测量过程。

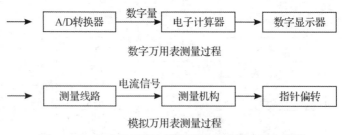

图 2-2-5　数字万用表和模拟万用表测量过程方框图

（1）数字万用表

a. 原理与分类

　　数字万用表的核心部分是一块模数转换器。无论是直流量还是交流量，电容值的测量均转换为对一个直流电压的测量。例如，测量电流时，让电流流过一个标准电阻就转换成为一个电压的信号。图 2-2-6 为直流电流和电阻转换成直流电压的测量原理图。

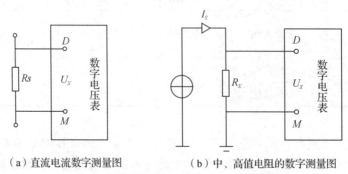

（a）直流电流数字测量图　　　　　（b）中、高值电阻的数字测量图

图 2-2-6　数字万用表测量电流、电阻原理图

测量电阻则用标准电流流经未知电阻，经过电压降反映被测电阻的大小。转换成直流电压后由模数转换器（A/D）将被测模拟量变换成数字量，然后由电子计算，把测量结果输出，驱动液晶显示器（LCD）或数码管（LED）进行十进制的数值显示。多数数字式的万用表输入的直流电压的基本量程是 200 mV，高于 200 mV 的测量都是通过电阻进行分压后进行的（200 mV 最准确），其他各档直流电压的测量准确度还要受电阻分压比不确定度的影响。与模拟式电表相似，交流电压、直流电流、交流电流和电阻档的测量是通过电表的改装和量程的扩展来实现，因此这些档的准确度将受更多因素的不确定度的影响。

数字万用表主要按显示的位数来分类。目前常见的有 $3\frac{1}{2}$ 位（三位半）和 $4\frac{1}{2}$ 位（四位半）两种。所谓的 $\frac{1}{2}$ 位是指第一位只能是 0（不显示）和 1。这两种表的最大显示为：1999（$3\frac{1}{2}$ 位）和 19999（$4\frac{1}{2}$ 位）。

b. 使用方法及注意事项

（a）合上电源，检查电池电压

按电源开关 "POWER" 于 "ON"，合上电源，这时如显示屏出现 ⊟ 符号时表明电池不足，需要更换电池。没有电池，数字万用表无论哪一档都不能进行测量。更换电池前应把电源开关置于 "OFF" 位置。

（b）输入端

数字万用表一般有四个输入端，分别为 "COM"、"V/Ω"、"200 mA"、"10 A"。"COM" 是公共端，万用表做任何功能测量时都要使用这一输入端。"V/Ω" 测电压、电阻。电流测量有两个输入端，200 mA 以下用于小电流测量（内置保险丝），10 A 是大电流测量（内无置保险丝），要求测量时间不应超过 15 秒。测量时，黑笔插 "COM" 端，红笔按测量目的不同，可插入相应的输入端口，测试时不得用双手接触两表笔的金属部分。

（c）合理选择量程

测量交直电流和电压前应把量程开关预先置于该项目的最大量程处，切不可置于电流、电阻档去测量电压，否则电路中的电压会使表头过流而烧坏。测量时避免过量程（显示屏最高位是 1，其他位不显示），学会选择最佳量程（以测量结果的有效数字的位数最多为宜）。

（d）读数

测量结果直接用数字显示。单位、量级由量程开关所处的档位直接读出。

（e）测量准确度计算

测量误差的来源有两种，测量转换误差和量程误差。

（f）测量完毕将电源开关置于 "OFF" 位置，断开电源。

（2）模拟万用表

a. 原理

它是通过一定的测量机构将校准的模拟电量转换成电流信号，再由电流信号去驱动表头指针偏转，从表头的刻度盘上即可读出被测量的值。确切地说，模拟万用表是用一块磁电式电流计为核心组装而成的。图 2-2-7 为电阻和交流电压测量原理图（直流电流表、直流电压表其原理前面已阐述）。欧姆计由直流电压计和一直流电源组成，当在欧姆计两端 A、B 接入一电阻 R_X 时，此时指针将偏转。当被测电阻 R_X 无限大时，电流 $I_X = 0$，指针位置停在刻度线的左端；当 $R_x = 0$ 时，$I_x = I_g$，指针偏向刻度线的右端；当 $R_x = R_g + R$ 时，$I_x = \frac{1}{2}I_g$，指针指在刻度线的中央，$R_g + R$ 称为欧姆表的中值电阻，记为 $R_{中}$，改变 $R_{中}$ 即得不同的电阻量程。可见指针的偏转大小与 R_x 有关，依据偏转大小可以得到测量的电阻值。交流电压是通过二极管的半波整流后测得，其中 D_2 为串联于表头的二极管，D_1 是为保护 D_2 在电压反向时不被击穿而设置的。当 A、B 端接入交流电压，则在 A 为正，B 为负时，电流从 A 流入，经过 D_2 到 B；在 B 为正，A 为负时，电流从 B 流入，经过 D_1 到 A，即不经过表头，因此是半波整流。然后根据半波整流后的直流电压值与整流前的交流电压值之间的关系，就可以计算出交流电压的大小。

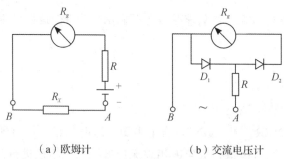

（a）欧姆计　　　　　　　（b）交流电压计

图 2-2-7　模拟万用表电阻、交流电压测量原理图

b. 使用方法及注意事项

以图 2-2-4（b）为例，MF-10 型万用表表盘有五条刻度线。最外面那条弧线是欧姆刻度线，右边为 0 点，左边为 ∞。多量程的欧姆表各量程的倍率都是采用十进制的，所以合用一条刻度线。第四条是交流 10 V 电压量程的刻度线，由于交流 10 V 以下的电压变化不均匀，因此交流 10 V 以下的测量读数单独一档。其他交流电压使用第二条刻度线。所有直流电压和直流电流各量程均使用第三条刻度线。第五条刻度线是音频电平刻度线。二、三、四条刻度线 0 点均在左边。读数要根据所选的档次从表盘上按其类别和倍率关系确定。

使用时要特别注意以下几点：

（a）认清所用的万用表的功能和量程，面板上相应的位置和刻度，根据待测量的种类和大小，将功能选择开关、量程选择开关拨至相应的位置，表笔接到相应的插口上。符号"＊"或"COM"表示各种不同量程的公共端插口。红笔表示正端。

（b）电流档和电压档的使用方法和注意事项与普通电流表和电压表相同。

（c）电阻档的使用和注意事项如下：

①选择适当的量程。由于欧姆表表盘刻度不均匀，不同量程，$R_{中}$ 不同，万用表指针越接近刻度 $R_{中}$ 处，测量越准确，越往两边，测量误差越大。因此，使用时应尽量用表盘中间部位（如 1/5—5$R_{中}$ 这一段）。

②调零。在测量电阻之前，要调节"欧姆零点"。调节时将两根表笔短接（这时待测电阻 $R_x = 0$），调节"欧姆零点"旋钮，使指针指在电阻刻度的零位上。每次改变量程，都必须重新调零。

③不得用电阻档测量带电的电阻，否则电路的电压会把电表烧坏；不得用欧姆表去直接测量微安表、检流计的内阻，否则欧姆表内的电源会烧坏被测仪表。

④用万用表电阻档测量晶体管的特性时，要用低压（1.5 V）中的高阻档（如 $R \times 100$

或 $R \times 1K$），不能用低压低阻档（如 $R \times 1$），因为低阻档，万用表内与表头串联的电阻很小，欧姆表内 1.5 V 电源提供给测量回路的电流可能很大，晶体管会因有较大电流流过而烧坏。测量晶体管的特性也不能用最高电阻档，因为这时欧姆表内电池的电动势较高（十几伏或几十伏），可使晶体管击穿。在用万用表欧姆档测试有极性的元件（如晶体二极管、三极管，电解电容等）时，要注意欧姆表两表笔的极性（同表头"—"极相接的黑表笔与欧姆表内电源的正极相连，同表头"+"极相接的红表笔与欧姆表内电源的负极相连），黑表笔的电位高，红表笔的电位低。不同电阻档欧姆表内与电池及表头串联的电阻不同，两表笔间的电压不同，电阻量程愈大，两表笔间的电压值愈低。

（d）读数方法与模拟式电表相同。

（e）万用表使用完毕应将转换开关旋至交流或直流电压最高量程档，不得放在欧姆档和电流档，确保电表安全。

二、电阻器

电阻器是一种用以改变电路中电流和电压的元器件，也是某些特定电路的组成部分。电阻器可分为固定电阻和可变电阻两类。使用时，应注意阻值大小和额定功率。在电磁学实验中，常用的电阻器有电阻箱、标准电阻和滑线电阻器。

1. 电阻箱——变值标准电阻

电阻箱是由若干个标准的固定电阻元件按一定的组合方式连接在特殊的变换开关装置上而构成。电阻箱有旋转式和插键式两种。旋转式电阻箱旋动电阻箱上的旋钮，使触点位于不同的位置，即可得到所需要的电阻值。图 2-2-8 是 FBZX21 型六位十进制旋转式电阻箱的内部电路和面板示意图。

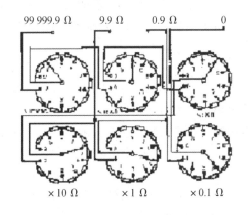

（a）内部线路图

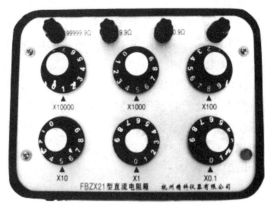

（b）面板图

图 2-2-8　FBZX21 型旋转式电阻箱示意图

面板上有 6 个转盘，每个转盘上分别标有 0～9 十个数字，各转盘旁边都刻有一个指向转盘的箭头，各箭头旁边标有×0.1、×1、×10、…、×10000 的倍率。旋转各组转盘可得到与读数相应的电阻。电阻上有四个接线柱，分别为"0"，"0.9"，"9.9"，"99999.9"。应根据所需电阻值确定合适的接线柱。

电阻箱的主要规格

（1）总电阻

即电阻箱的最大电阻值。这时电阻箱上各旋钮都放在电阻最大位置，电阻箱总电阻为99999.9 Ω。

（2）额定功率

指电阻箱各档每个电阻容许的功率值。电阻箱中，不论哪一档，各个电阻的额定功率都相同。一般电阻箱的额定功率为 0.25 W，对 ×1 档，9 个 1 Ω 电阻串联而成，每个 1 Ω 电阻的额定功率都是 0.25 W，对 ×1000 档，9 个 1000 Ω 电阻串联而成，每个 1000 Ω 电阻的额定功率也是 0.25 W。由额定功率 P 和某一电阻值 R，可以算出某档容许通过的最大电流值（称为额定电流）为 $I = \sqrt{\dfrac{P}{R}}$，式中 P 为电阻箱的额定功率，R 为该档的最小电阻值。对 ×0.1 档，$R = 0.1\ \Omega$；对 ×1 档，$R = 1\ \Omega$。可见，同一档的额定电流相同，不同档的额定电流不同。

ZX21 型电阻箱，额定功率为 0.25 W，其各档的额定电流如下表所示。

倍率档	×0.1	×1	×10	×100	×1000	×10000
额定电流（A）	1.5	0.5	0.15	0.05	0.015	0.005

由表可知，倍率愈大的电阻档，允许通过的电流愈小。当几档联用时，电阻箱的额定电流应该按位数最高的电阻档来计算。要注意，通过电阻箱的电流，不允许超过额定电流值，否则会烧坏电阻箱。

（3）准确度等级

电阻箱的准确度等级表示电阻箱标称值允许误差的百分数。准确度一般分为 0.01、0.02、0.05、0.1、0.5、1.0 级。

电阻箱主要用于需要有准确电阻值的电路中，它由于额定功率很小，不能用来控制电路中较大的电流或电压。为安全起见，实验中不能让电阻箱出现"0" Ω，若需要改变电阻值，最好先断电，或增大电阻值，然后再拨到所需的电阻值。

2. 标准电阻

标准电阻是电阻单位（Ω）的度量器。通常是用锰铜线绕制成"S"形版，锰铜具有很高的电阻率、较低的温度系数，与铜相接触时，热电势小，而且稳定性好。

标准电阻一般是做成单个的，也可以组合成电阻箱。单个的标准电阻一般做成 $10^n\ \Omega$ 系列，相邻的标准电阻值相差 10 的一次方。常见的为 $10^{-3} \sim 10^5\ \Omega$ 标准电阻，一套共九个单个标准电阻。

单个的标准电阻通常将"S"形版固定放置在特制的镀镍黄铜圆筒外壳内。为了减少温度变化，整个"S"形版浸在变压器油中。若准确度较低的，也可以用胶木做外壳。

对于高阻值的标准电阻，为了消除泄漏电流的影响，采用屏蔽措施，具有三个接线柱，如图 2-2-9（a）所示。

对于低阻值的标准电阻，为了减小接线电阻和接触电阻的影响，将通电流的接头与测电位接头分开，做成两对（四个）接线端钮，如图 2-2-9（b）和图 2-2-9（c）所示。

其中较粗的一对 C_1、C_2 用以接入电路通电流，称为电流接头，常标以"I"或"C"记号；较细的一对 P_1、P_2 用以测量标准电阻上的电压的引线，称为电压接头，常标以"P"记号。标准电阻上标明的电阻值就是电压接头两端间的电阻。电压接头在电流接头以内。

对于阻值高于 100 Ω 以上，其准确度等级在 0.02 以下的标准电阻，因接线电阻和接触电阻的影响不大，可以不设电位接头，如图 2-2-9 （a）所示。

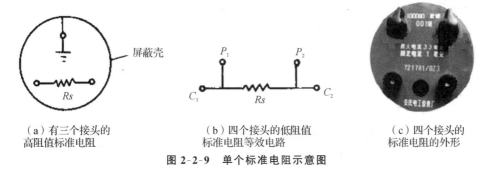

（a）有三个接头的　　　　　　（b）四个接头的低阻值　　　　　（c）四个接头的
高阻值标准电阻　　　　　　　　标准电阻等效电路　　　　　　　标准电阻的外形

图 2-2-9　单个标准电阻示意图

（1）主要技术参数

a. 准确度等级。它是指标准电阻的基本误差。如 0.01 级的标准电阻，其基本误差不超过 0.01%。一般工作用的标准电阻的准确度分为 0.005，0.01，0.02，0.05 级。

b. 电阻额定值，指温度为 20 ℃时的电阻值。

c. 额定功率（或额定电流）。一般为 0.1 W。

（2）使用标准电阻应注意的事项：

a. 标准电阻应在小于额定电流下使用，应避免过载。

b. 应在使用温度范围不小于 20 ℃内使用。当要求较高或使用温度范围略有超过时，实际阻值应按公式

$$R_t = R_{20}[1 + \alpha(t-20) + \beta(t-20)^2]$$

来计算，其中 α，β 是电阻温度系数。

c. 要保证电阻稳定，使用时不得倾斜、倒置，应避免碰撞，剧烈振动，温度剧烈变化。

3. 滑线电阻器：是一种可以连续地调节电阻的器件

（1）滑线电阻器的结构

滑线电阻器（简称变阻器），其实物如图 2-2-10 （a）所示。其主体是在一个绝缘瓷筒上均匀密绕着涂有绝缘层的电阻丝，如镍、铬丝。电阻丝两端分别与固定在瓷筒上的接线柱 A 和 B 相连（A，B 为固定端）。瓷筒上方装一根与瓷管平行的金属杆，金属连杆的一端连有接线柱 C，杆上还套有紧压在电阻线圈上的接触器（称滑动头）。线圈与接触器接触处的绝缘层被刮掉，当滑动接触器时，即改变滑动端的位置，就可以改变 AC 或 BC 之间的电阻，而 A、B 两端之间的电阻为变阻器的总电阻。滑线变阻器在电路中的符号如图 2-2-10 （b）所示，它的三个连接点与变阻器的三个接线柱相对应。

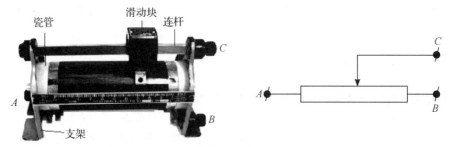

（a）变阻器实物图　　　　　　　　　　　　　（b）变阻器符号

图 2-2-10　滑线变阻器

（2）变阻器的规格

a. 全电阻：图 2-2-10（b）中 A、B 间的电阻。

b. 额定电流：变阻器所允许通过的最大电流。

（3）变阻器电路

滑线变阻器在电路中常用来控制电路中的电流或电压，相应的控制电路有制流电路和分压电路两种。

a. 制流电路

制流电路又称限流电路，电路如图 2-2-11 所示。滑线变阻器一端不接，电源 E 提供给负载 R_L 的电流受变阻器 R_0 的控制。移动滑动头 C 的位置可以连续改变 AC 之间的电阻，从而达到限制整个电路中的电流大小的作用。

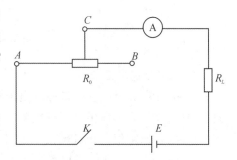

图 2-2-11　变阻器制流电路

在限流电路中选用变阻器应注意以下几点：

（1）变阻器的额定电流必须大于实验要求的最大电流，以保证变阻器安全。

（2）变阻器的总电阻应满足实验所要求的最小电流的需要。

采用限流接法，必须有适当大的负载电阻 R_L 与电表串接在一起，不允许出现零负载。若 A、C 间电阻 R_{AC} 趋于 0 时，通过 A、C 间的电流值不能超过其额定值。为了保证电路安全，接通电源前，应使滑动头 C 滑到 B，使 R_{AC} 最大，通电后，再滑动 C 使电流表呈现所需要的电流值。

b. 分压电路

分压电路如图 2-2-12 所示。变阻器 R_0 的两个固定端 A、B 分别与电源 E 的两个电极相连接，滑动端 C 和一个固定端 A（或 B）分压出来的电压连接到负载 R_L 上。当接通电源后，B、A 两端的电压 U_{BA} 等于电源电压，输出电压 U_{CA} 是 U_{BA} 的一部分，所以称为分压器。当改变滑动头 C 的位置时，U_{CA} 也随之改变，当 C 滑到 A 时，$U_{CA}=0$，当 C 滑到 B 端时，$U_{CA}=U_{BA}$。可见输出电压 U_{CA} 在 $0 \sim U_{BA}$ 之间任意调节。因此该接法可以用来控制负载电路中电压的大小。

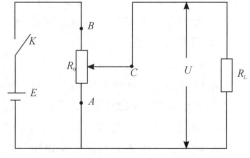

图 2-2-12　变阻器的分压电路

使用时应注意（1）必须保证电路安全。在接通电源前，一定要使输出分压置于最小位置（靠 A 端）；（2）选择滑线变阻器除考虑阻值和额定电流外，还要考虑与 R_L 配比，以及控制的要求等等技术指标。

三、实验室中常见的电源

电源是提供电能的装置，一般分为直流电源和交流电源两类。

1. 直流电源：常用符号"DC"表示

常用的直流电源有化学电池（如干电池、蓄电池等）和利用交流电转变为直流电的整流稳压电源（高压直流电源和低压直流稳压电源），使用时要认准电源正负极性。

（1）干电池：当其电能耗尽后，均不能使其恢复放电能力而再使用，这类电池也叫原电池，又称一次电池。干电池的一个共同特点，就是消耗的电能愈大，内阻也愈大。

（2）低压直流稳压电源

它是将市交流电（220 V，50 Hz）经降压、整流、稳压而成为直流电的装置。它具有输出电压稳定，内阻小，功率较大，输出电压连续可调，使用方便等优点，是目前实验室常用的基本仪器，实验时不可超过它的最大允许输出电压和电流。

使用直流稳压电源应注意：

a. 稳压电源输出的电压一般都是连续可调。实验前，应先将输出电压调到最小（输出旋钮反时针旋至"0"），待接通电源预热后才逐渐升高输出电压。实验完毕后，先将输出调至最小，再关断电源开关，一定要防止电源短路。

b. 对没有装配过载保护装置的电源，使用时要特别注意它输出的电流不得超过额定电流，并严禁输出电压超载。

c. 对有装配过载保护的稳压电源，若拨通电源开关后，旋转"输出电压"旋钮而没有电压输出，这时只需按一下仪器面板上的"复位"电键，电源就能正常工作。

d. 接地接线柱是为防磁而设计的，不是电源的负极。

2. 交流电源：常用符号"AC"表示

实验室使用的交流电源，频率为 50 Hz，电压的有效值有单相 220 V 和三相 380 V 两种，若要获得其他电压值，可以通过变压器来获得。

以下两种是实验室常用的低压变压器：

（1）定压变压器

它是输入和输出电压都固定的变压器。

（2）自耦变压器

实验室中最常用的调压器是将单相 220 V 的交流电压变为输出连续可调的 0～250 V 的自耦变压器，如图 2-2-13 所示。

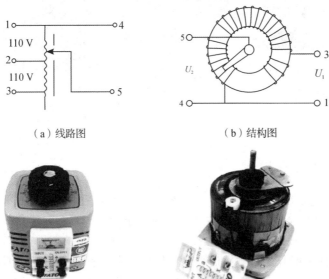

（a）线路图　　　　　　　　　　（b）结构图

（c）实物外观图　　　　　　　　（d）实物内结构图

图 2-2-13　自耦变压器

它是用环形矽钢片叠成圆筒形铁芯，然后绕以绝缘导线而成，因为初级和次级线圈同一绕组，所以是自耦式的。初级 1、3 绕组的匝数少些，次级 4、5 绕组的匝数多些，当初级输入交流 220 V 电压时，调节手柄次级就有 0～250 V 的交流电压输出。

输出电压的调节是通过绝缘手柄旋转盘 5 端所接炭刷的移动而达到的。输出电压的大致数值由旋柄的指针从标度盘上读出。

使用自耦变压器应注意的事项：

a. 自耦变压器的初、次级线圈是同一线圈，均和电源相通，所以输入和输出的公共端，如图 2-2-13 中的 1、4 两端，一定要接到单相 220 V 的中性线上。

b. 接通电源之前，必须用手柄将输出电压调至零伏处，通电后才逐渐升高。

c. 使用时注意容量大小（用 kV 表示），输出电流不得超过额定值（允许最大电流）。当输入电压是 110 V 时（即 1，2 输入），输出电压仍可达 0～250 V，但输出电流只有 220 V 的一半。

四、电键

在电路中，电键常用于接通和切断电源或者变换电路，其常见的符号和常用的电键实物如图 2-2-14 所示。

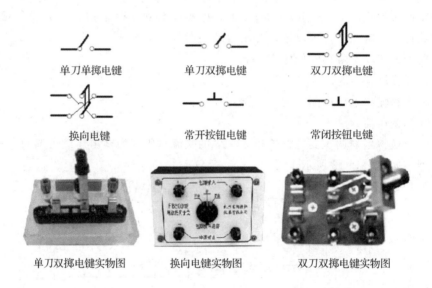

图 2-2-14　常见电键

五、电磁学实验操作规程

1. 实验前要明确实验目的和要求。分析电路，看懂电路，理解每一部分电路的作用。

2. 合理安排好测量仪器。仪器的位置布局应便于调节、观察和读数。

3. 正确连接电路。接线时要按"先接线路后接电源"的原则进行。连线过程应先连串联主回路，从电源的一端开始，顺次而行，再回到电源的另一端，然后再连其他分支电路，并联的仪表器件最后再并联上去。实验操作之前，电源不要接入。接线时，接头要拧紧，为了使接线片接触良好，应充分利用电路中的等位点，避免在一个接线柱上集中过多的导线接线片，一般要求一个接线柱不要有三个以上接线片。

4. 认真检查连线。检查内容主要有：线路连接是否正确；各接头是否接牢；电源开关是否断开；电表的正负极是否接对，量程选择是否合适（未知其数值时应采用最大量程）；电阻箱阻值是否放对；变阻器滑动端是否放在起始安全位置；直流稳压电源的输出是否调在零位上；对灵敏度可调的仪器，应先调到灵敏度最低状态。线路经自查无误后，再请教师复查指导。经教师允许后才能接通电源进行实验。

5. 通电观察，调节测量。接通电源时，必须全神贯注，全局观察各仪器的反应是否正常，如有异常现象（如指针超出电表量程、反转；有焦、臭气味等），应立即切断电源，分析原因，排除故障后才可再次通电。为此，在试通电时，开关要轻合、易拉开。在一切都正常后，才能紧合开关。

开关紧合后，按实验要求进行必要的调节（包括对仪器的调节）。要调好仪器，调准到所需的状态，必须掌握先粗调后细调，先高位数后低位数的调节原则。通常第一次调出来的数据只作观测值，第二次调出来的数据才读数记录。读数应包括估读的那一位。

6. 如果要改接电路，应先将原电路中有关仪器调到安全位置，然后关断电源，再改接电路，进行测量。

7. 检查判断数据。测得实验数据后，自己先用理论知识来分析判断数据是否合理；按实验要求有无遗漏；是否已经达到实验目的。在自己确认无误又经教师检查后，才可结束实验，拆除线路。拆线时，应先拆电源并将电流、电压调至仪表偏转最小位置。拆完线，将仪器器材整理好并放回原处。放好仪器后，请教师签字认可，才能离开实验室。

8. 注意人身与设备安全。实验过程中，应随时注意人身与仪器安全。当电路接通后，人体不要接触交流电路的导线部位，即使在电压较低时，也要这样做，以养成良好习惯。人体的安全电压为 36 伏，为了人身安全，进实验室必须穿胶底（绝缘）鞋，严禁赤脚进实验室。

使用仪器前，必须先了解仪器的使用方法和注意事项，严格按规程操作，尤其不得超过仪器的额定值。

§2-3 光学实验基础知识

光学实验历史悠久，内容丰富，是物理实验的一个重要部分。光学实验的测量精确度较高，使用的仪器比较精密。光学元件例如各种透镜、棱镜、光栅、平面镜等，这些元件都是光学仪器的核心，它们大多数是由光学玻璃制成。光学表面（因光线在此面上进行反射或折射），在制造过程中经过多次研磨、抛光，镀上一层或多层薄膜，以达到较高的光学性能。因此在使用仪器时，必须很好地了解所用仪器的性质和特点，严格按照操作规程，切勿用手直接触摸。图 2-3-1 为手持光学元件正确姿势示意图。

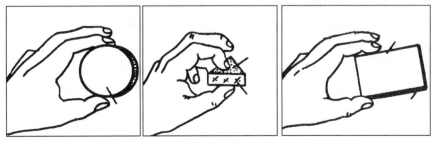

图 2-3-1　手持光学元件时的正确姿势

使用时严禁对着光学表面说话、打喷嚏,以免腐蚀和污染光学表面,从而缩短光学元件的使用寿命,甚至造成损坏。同时,光学仪器的机械结构一般都较精密,装配要求很高,拆卸后很难复原,因此要求操作时要轻,不可强扭,严禁私自拆卸。光学实验离不开应用光学仪器、光源等,必须了解它们的使用方法,才能做好实验。

光学实验仪器的调节和光路的调整特别重要,它是实验成功的关键。光学测量技术的最大优点,是实现高精度非接触测量。光学仪器的应用十分广泛,它可将像放大、缩小或记录储存。利用光谱可研究原子、分子和固体的结构,测量各种物质的成分和含量。光学实验对仪器的测量状态和相互关系要求很高。学会光学实验中常用的基本测量方法,掌握光学仪器的基本调节,对高质量地完成实验至关重要。同时,也加深了对比较抽象光学理论的认识和理解。

一、实验室常用光源

光学实验离不开光源,光源选择正确与否对实验成败及结果的准确度关系重大。光源是一切自己能发光物体的总称。不同的光源有不同的特性。实验室中使用的光源多为电光源(将电能转换为光能的器件)。不同实验、不同观测目的,对光源的单色性、亮度、尺寸大小等方面的要求也不同。电光源按照能量转换模式的不同分为两类。

1. 热辐射光源

热辐射光源是利用电能将灯丝加热到白炽状态而发光。它除发出可见光之外,还产生大量红外辐射及少量紫外辐射,发射光谱成分及强度与灯丝的温度有关。

(1)普通灯泡——白炽灯

普通灯泡是由于灯泡中的钨丝(熔点高、蒸发率低)通电加热后呈白炽状态而发光,其光谱为连续光谱。为防止钨丝被氧化烧毁,灯泡内被抽成真空,大功率的灯泡内充以氩、氮等惰性气体,以抑制钨丝在高温下蒸发。

普通白炽灯可做白色光源和照明用,交流、直流供电均可。各类灯泡因用途不同,所需的工作电压也不同。民用白炽灯的电压一般为 220 V,工厂使用的安全灯泡的电压为 36 V左右,而仪器仪表上用的则为 6 V 或 12 V 左右。普通灯泡的功率从零点几瓦到几百瓦不等。这种灯泡性能稳定,使用方便,寿命较长,所以用途很广,在实验室中可做白光光源、标准灯以及仪器的照明灯、指示灯等。

(2)卤钨灯——它是一种高亮度的白色点光源

为改善普通灯泡的发光效率和光色,需进一步提高灯丝的温度,然而温度提高又会使灯丝的蒸发加快,缩短使用寿命。为此在灯泡中充入卤族元素,制成卤钨灯(目前主要是碘钨灯和溴钨灯),利用卤钨循环原理可有效地抑制钨的蒸发,延长了灯丝的寿命。

图 2-3-2 (a) 及 (b) 分别为常用的管状碘钨灯及立式溴钨灯的结构图。与普通灯泡相比,卤钨灯具有体积小、光色好、发光效率高及使用寿命长等优点。卤钨灯作为强光源,广泛用于摄影和幻灯等场合。

使用时,应注意灯泡额定电压是否与电源电压一致。由于温度较高,点亮时易烤坏附近的塑料、纸张等,应注意防备。

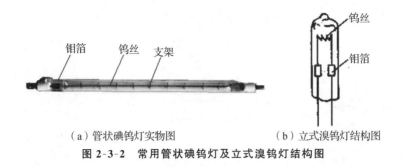

（a）管状碘钨灯实物图　　　　　　（b）立式溴钨灯结构图

图 2-3-2　常用管状碘钨灯及立式溴钨灯结构图

2. 气体放电光源

气体放电光源是利用电流通过气体介质受激放电而发光，其光谱为线状光谱。气体放电光源多利用辉光放电和弧光放电。前者工作电流密度较小，发光强度也较小，后者工作电流密度及发光强度均较大。

（1）辉光放电管：主要用于光谱实验

辉光放电管是利用气体辉光放电发光的光源。如图 2-3-3 所示，毛细管将装有金属电极的大玻璃泡与大玻璃管连通，管内抽去空气，充入需要气体，当在两极间加高压时，原子受到加速电子的碰撞被激发，从而产生光辐射，辉光放电管内气体因辉光放电发出具有该气体特性的光谱成分。其优点是发光稳定，光谱线很锐细，因此适合作光谱波长的标准，因而又称为光谱管。

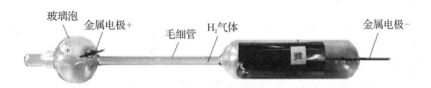

图 2-3-3　氢辉光放电管实物图

辉光放电管需要用高压电源（5000～15000 V）才能点亮。使用时，将光谱管专用变压器的输出端接在放电管的两个电极上，各元素光谱的启辉电压不同，须注意人身安全。

光谱管有氢、氮、氖、氩、钠、钾、锂、汞及二氧化碳等，它们的使用寿命一般不少于300 小时。如氢光源是在充有纯净氢气的放电管两端，加上数千伏的电压，实验中用的氢放电管（又叫氢灯）启辉电压 8000 V，由氖虹灯变压器供电，辉光放电发出的光可以作为氢谱光源，如图 2-3-3 所示。

（2）钠光灯：它是一种比较好的单色光源。钠光灯是将金属钠密闭在抽真空的特制玻璃泡内而产生弧光放电。钠蒸汽放电时，放出强烈的黄光。由钠蒸汽压的大小，分为低压钠灯及高压钠灯两种。实验室中常用低压钠光灯，它发射两条靠得很近的强黄色谱线（又称为 D线），波长分别为 589.0 nm 及 589.6 nm，实验时通常取它们的中心近似值 589.3 nm。

低压钠光灯的结构如图 2-3-4（a）所示，金属钠充入抽真空后的放电管中，因钠为难熔金属，点燃之前钠为固体状态，不能在钠放电管中产生放电。故放电管中不仅装有金属钠，而且充以辅助气体氩气。刚接通电源，先在辅助电极和其相邻的电极之间产生氩气体辉光放电，放电电流受电阻 R 限制。氩气放电使放电管内温度上升，钠开始蒸发，发生游离，于是渐渐地过渡到钠蒸气弧光放电。

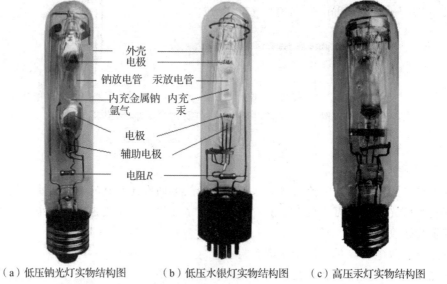

（a）低压钠光灯实物结构图　　（b）低压水银灯实物结构图　　（c）高压汞灯实物结构图

图 2-3-4　低压钠光灯、低压水银灯、高压汞灯实物结构图

产生弧光放电需有较高的电压，但从弧光放电的伏安特性可知，一旦产生弧光放电后，灯管的电阻减小。若维持外加电压不变，其电流将急剧上升，该现象称为负电阻现象。对此若不加以控制，灯管将立即被烧坏。为此在电路中接入一定的阻抗，以限制灯管的工作电流，这种方法称为镇流。一般在交流 220 V 电源的电路中串入一个限流器来镇流，图 2-3-5 便是这种电路。应当注意，额定电流不同的钠光灯，所需限流器的规格也不同，不可混用。

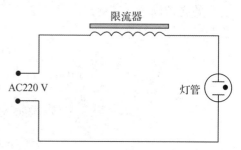

图 2-3-5　GP20 型钠灯工作电路图

（3）水银灯——汞灯

它是以金属汞蒸气在强电场中游离放电现象为基础而弧光放电的光源。按工作时水银蒸汽压的高低，分为低压水银灯、高压水银灯及超高压水银灯三种。水银蒸汽压小于 1 个大气压（1.013×10^5 Pa）的水银灯称为低压水银灯，蒸汽压从几个大气压到 10 个大气压的称为高压水银灯，而蒸汽压在 10～25 个大气压的称为超高压水银灯。实验中较少使用超高压水银灯。汞灯点燃稳定后发出白色光。在可见光范围内光谱成分是一些分离的谱线。特别是低压汞灯的谱线常被用作光学仪器的基准波长。

实验室常用的低压水银灯及高压水银灯工作原理均与低压钠光灯相同，构造也相似，如图 2-3-4（b）、（c）所示。只是由于灯内温度高达 500 ℃，所以放电管（内管）要用耐火玻璃或石英制造。水银灯发光时，随着内管水银蒸汽压的增大，不仅增大了发光亮度，而且谱线也更丰富了。在可见光范围以波长为 404.7 nm（紫光）、435.8 nm（蓝光）、546.1 nm（绿光）及 577.0 nm（黄光）、579.1 nm（黄光）这几条谱线最强。

（4）使用钠光灯及水银灯时应注意事项

a. 灯管必须串接限流器后才能接上 220 V 电源，否则必烧毁灯管。

b. 使用时，灯管正常位置是垂直的，灯脚在下面。

c. 若灯熄灭，须等灯管冷却后（汞蒸汽压降到一定程度）才能重新启动。若灯管仍为发烫时，又立刻启动电源，一般不会点燃。若遇中途断电，应立即断开开关，待其冷却（约10多分钟）后再合上。特别是水银灯，易烧坏灯管。

d. 钠光灯废管、破管，应防止与水及火接触，以免产生爆炸及引起火灾。水银灯破管也要妥善处理，防止水银蒸汽危害人体。

e. 水银灯工作时辐射丰富的紫外线，注意防护，以免紫外线对眼睛和皮肤的伤害。

表 2-3-1　钠光灯及水银灯谱线波长　　　　　　　单位：nm

颜　色 ╲ 波　长　弧　光　灯	钠光灯	低压水银灯	高压水银灯
红			690.72 弱 671.62 弱
橙			623.44 中 612.33 弱
黄	589.59 强 588.99 强	579.07 强 576.96 强	589.02 弱 585.94 弱 579.07 强 576.96 强
绿		546.07 很强	567.59 弱 546.07 很强 535.40 弱
青		491.60 中	496.03 中 491.60 中
蓝		435.83 很强	435.83 很强 434.75 中 433.92 弱
紫		407.78 弱 404.66 中	410.81 弱 407.78 中 404.66 强

3. 氦-氖激光器

激光器是 60 年代初出现的一种新型光源，它将激活介质和谐振腔结合在一起，形成了受激辐射的光"信号源"。它具有单色性较好、方向性强（发散角小）、功率密度大（亮度大）及空间相干性高（集束性好）等优点，因此是实验室中常用的单色光源。

激光器有氦-氖激光器、氦-镉激光器、氩离子激光器、二氧化碳激光器、红宝石激光器等。物理实验中最常用的激光器是氦-氖激光器，主要的工作物质是氖，辅助物质是氦。它是一个气体放电管，管内充以一定混合比例的氦气和氖气，两端镀有多层介质膜的反射镜封固，构成谐振腔。发射波长 $\lambda = 632.8$ nm 的橙红偏振光，输出功率为几毫瓦到几十毫瓦，图 2-3-6 为内腔式 He-Ne 激光器的外观图，组成激光共振腔的两块反射镜直接贴在放电管两端，反射镜贴好后就不能再调整，其工作（点燃）电源为直流电源，电压达到几千伏特。

为保持放电稳定，必须串入镇流器。这种形式的激光器最大优点是使用方便，其缺点是由于发热或外界扰动等原因而造成放电管发生形变，使两块反射镜的位置发生相对变化，导致共振腔失调，因而使输出频率及功率发生较大的变化。

图 2-3-6　He-Ne 激光器实物图

He-Ne 激光器使用时应注意：

1. 安装激光管时注意电极正负，因使用电源高压，勿触及电极。

2. 光束截面积很小即单位面积辐射功率大，因此避免用眼正视激光束，以免损伤视网膜。

二、光学实验的一些基本调整技术

光学实验需要应用光学仪器对物理现象进行观察和测量。掌握正确的调整方法（包括仪器的调整）可使误差减小到最低限度，大大地提高实验结果的准确度。以下介绍几种光学实验中常用的调整技术。

1. 调焦

在使用望远镜、显微镜等光学仪器时，为了看清物体的像，需要对目镜、物镜进行反复调节。首先要调节目镜到叉丝（分划板）间距离，以便观察和测量，然后再调节物镜。对于望远镜要调节物镜到叉丝的距离；对显微镜则要调节物镜到物体间的距离。目的是通过目镜能清楚地看到物体的像。这样的调节称为调焦。调焦是否调好以是否能看清物体的局部细微特征为准。

2. 光学元件光轴的等高共轴调节

光学实验中，由各种光学元件（发光体、透镜、棱镜、屏等）组成特定的多折射面光学系统，要想获得良好的成像，光路的调整核心必须使系统接近理想状态（如近轴光束条件），即必须使光学系统满足等高和共轴。

当光学系统置于光具座上时，等高就是要求系统的主光轴与光具座导轨平行；共轴就是使光学系统各元件的光轴重合在同一直线上，与光路的主轴重合，以使自物体发出的成像光束满足近轴光束的要求。

等高共轴的调节，一般分粗调和细调两步进行：

粗调：主要使用于目测调整。将光源和各光学元件置于光具座上，并将它们尽量靠拢，利用目测，进行粗调，调节它们的取向和高低左右位置，使所有元件中心大致在同一直线上且与导轨平行。此外使各光学元件面基本垂直于光具座导轨。

细调：在粗调的基础上，利用光学系统本身或借助其他光学仪器成像规律进一步判断和调整，使之达到移动光学元件，成像没有上下左右偏移。

例如在凸透镜成像系统中，物和观察屏的间距大于 $4f'$（f' 为透镜焦距），固定物与屏距离，移动透镜 L 至 1 及 2 两个位置，屏上分别产生放大和缩小的实像，如图 2-3-7 所示。若物中心 C 与透镜光心 O 的连线（系统光轴）不平行光具座的导轨，说明光学共轴没有调好，透镜在移动过程中两次成像的中心位置不同，则屏上放大像的中心 C' 与缩小像的中心 C'' 将不重合。这时较合理的调节方法是先将透镜移至 2 位，使系统成缩小的像，调节物或屏，使像中心 C'' 满足观察要求。记下 C'' 的位置，然后将透镜移至 1 位，使成放大的像，调节透镜的高低或左右，使放大像中心 C' 与 C'' 靠拢并重合。该调节方法可归纳为"大像追小像"。如此反复两次（二次成像法）便可使光学系统成等高共轴状态。

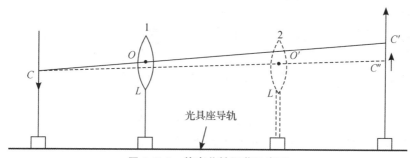

图 2-3-7　等高共轴调节示意图

3. 消除视差调节

在光学实验中，经常要测量像的位置和大小，例如用放大镜或读数显微镜进行非接触性式的测量。要测准物体大小，在目镜平面内侧装有一个十字叉丝（或带有刻度的玻璃分划板）使成像位置与标尺在同一平面上。若不在同一平面上，观察读数时就会发现随眼睛左右位置移动，像与分划板之间产生相对位移，难以测准，这种现象称为"视差"。视差说明光学系统还没有完全调整好。要消除视差，只要调整目镜与物镜之间的距离，使被观察物体经物镜后成像在叉丝所在的平面上时，视差消失，这种方法称"消除视差"。"消除视差"在光学实验中，是测量时必不可少的操作步骤。

4. 逐步逼近法

光路调整几乎都不是一次就成功，都要经过反复调节。"逐步逼近法"就是一种有效的技巧。如分光计实验中，调整望远镜聚焦无穷远及调叉丝像与叉丝重合时采用各调一半法，能较好地达到调整目的。

§2-4　基本测量方法

物理实验与物理测量既有区别又有紧密联系。物理实验不仅要定性地观察物理量变化的过程，而且还要定量地对物理量进行测量，因此人们有时把对物理量进行测量称为物理实验。而物理测量一般指以物理理论为依据，以实验仪器、装置及实验技术为手段进行测量的过程。

下面介绍常见的物理基本测量方法和基本测量技术。实际上，各种方法往往相互联系，可综合使用，无法截然分开。测量某一物理量时，测量方法应根据测量要求，在给定的条件下，尽可能地消除或减小系统误差以及随机误差，使获得的测量值更为准确。

一、比较法

1. 直读式比较

将待测量与属于同一物理量的、经过校准的量具（仪表、仪器）进行直接比较，并从量具的标度装置上获得待测量值的比较方式，这种方法通常借助直读式仪器和标准具。它所测量的物理量一般为基本量。

例如：用米尺、游标卡尺、千分尺直接测量长度；用量角器测角度；用天平称量质量；用数字毫秒计直接测量时间；用温度计测量温度；用安培表测量电流；用伏特表测量电压；用欧姆表测量电阻。

优点：测量过程直接可比，使用简便，同量纲，同时性（待测量与标准量比较同时发生，没有时间超前和滞后）。

缺点：测量值精度高低受量具自身精度的限制，因此欲提高测量精度，就必须提高量具的精度。

2. 间接式比较

将待测量通过某种函数关系式与同类标准量进行间接比较，测出其值，它一般借助与一些中间量或者将被测量进行某种变化（交换法和替代法）来间接实现比较测量。

例如：数字电压表的核心——双积分式的模数转换器，也是采用间接式比较，它利用不同的电压对电容的充、放电时间不同这一原理，用计算机计算，并用统一标准电压值比较，将电压的测量转为间接对时间的测量，测出的时间（计数）值就是电压值；水银测量温度（采用水银体积膨胀与温度的关系）；用电位差计测电动势；用李萨如图测频率；磁电式电流表通过电流表指针偏转角 θ 的间接比较，测出电路中的电流强度 I。

优点：精度高、稳定性好。

缺点：测定步骤较繁，有时仅有标准量具还不够，还要配置比较系统，使被测量与标准量能够实现比较。例如测电压时，若只有标准电池是不能进行测量的，还须配有电阻、电表、工作电源等。

二、放大法

在物理量的测量中，对于一些微小或变化很微弱的量，如微小长度、微弱电流等，若采用常规的测量方法，或者不能测量，或者测量精度不高。这时可将被测量按照一定规律，采用扩展延伸倍增或者累加被测物理量的方法后再进行测量，这是一种基本测量方法，称为放大法。根据放大方式，它可分为机械放大、光学放大、电子学放大和累计放大等。

1. 机械放大：最直观的一种放大方法

通过机械原理和装置加以放大，可以提高测量仪器的分辨率，增加测量结果的有效数字的位数，如螺旋测微计（将螺距通过螺母上的圆周来进行放大）、直游标和角游标（分光计读数盘设计）等。

2. 光学放大：常用于被测物十分微小或被测物体距离较远时。

常用的光学放大法有两种：一种是视角放大，由于受人眼分辨率的限制，使被测物体通过光学装置放大视角形成放大像，以便观察判断，从而提高测量精度（当物对眼睛的张角小于 $0.00157°$ 时，人的眼睛不能分辨细节，只能将物视作一点）。如放大镜、显微镜、望远镜、测微目镜（属于助视仪器）对视角进行放大，同时还配有读数的细分结构，以增大物对眼的视角，提高测量精度。另一种是角放大，使用光学装置使微小转角得以间接放大，通过测量放大了的物理量来获得微小物理量的测量。例：光杠杆镜尺法（光学放大与机械放大相结合）、直流复射式光电检流计就是常用的这种光学装置。

3. 电子学放大

微弱的电信号（电流、电压和功率）可经放大器放大后进行观测；或者利用微弱的电信号去控制某些机构的动作，必须用电子放大器将微弱信号放大后才能有效地进行观察、控制和测量，这些常借助电子学中的放大线路。如示波器中的 x、y 轴放大电路；光电效应测量普朗克常量实验中，就是将微弱光电流通过放大器放大后进行测量，这种电子学放大在电磁测量中应用最广泛。

4. 累计放大

在不改变待测量性质的情况下，将待测量展延若干倍后进行测量。此法增加了测量结果的有效数字位数，从而减少了测量值的相对误差，提高了测量精度。例如：用秒表测量单摆周期时，不是测一个周期的时间，而是累计测量 50 或 100 个周期的时间，这就是累计放大。在牛顿环、迈克尔逊干涉实验中，数条纹个数都用到了累计放大。

三、补偿法

补偿测量法是根据某一测量原理，通过调整一个或几个与被测物理量有已知平衡关系（或已知其值）的同类标准物理量，去抵消（或补偿）被测物理量的作用，使系统处于补偿（或平衡）状态。当系统处于补偿状态时，根据被测量与标准量具有的确定的关系，测得被测量的量值，这种测量方法称为补偿法，它往往要以平衡法、零示法、比较法结合使用。

补偿测量法的特点是测量系统中包含有标准量具，还有一个指零部件，在测量过程中，被测量与标准量直接比较。测量时要调整标准量，使标准量与被测量之差为零，因此补偿法也包含了比较。

用等臂天平测质量、用扭称法测万有引力、各种平衡电桥的调节、用电位差计测电动势等都用到补偿测量法。在迈克尔逊干涉仪中用到光程补偿。

四、干涉法、光谱法和衍射法

1. 干涉法是以光的干涉原理为基础，应用相干波产生干涉时而形成稳定的干涉图样，通过对该图样的分析进而进行有关物理量的测量方法。干涉法优点之一是使瞬息变化的难以测量的动态研究对象变成稳定的静态对象——干涉图样，因而简化了研究方法，提高了测量精度，通常利用干涉法来测量长度、角度、波长、气体或者液体折射率，检测各种光学元件的质量以及测定光媒质的折射率等。例如牛顿环实验（通过对等厚干涉图样的测量求出平凸透镜的曲率半径）和迈克尔逊干涉仪实验（应用等倾干涉图样的测量可以准确地测量激光光束的波长）中都应用了干涉法。

干涉法用于全息摄影技术后已经发展成一门新的技术——干涉测量技术，并在生产实践和科研中得到越来越广泛的应用。

2. 光谱法是基于多数光源发出的光都不是单色的，通过分光元件或仪器，将复色光进行分解，将不同波长的光按一定规律分开排列形成光谱，然后对光谱的波长、强度等进行有关物理量的测量方法。例如棱镜、光栅的衍射，用光谱仪观察原子光谱等实验都用到了光谱法。它广泛应用于光谱分析、晶体结构分析、全息技术等近代光学技术中。

3. 衍射法：在光场中置一个线度与入射光的波长相当的障碍物（如狭缝、小孔、光栅等），在其后方将出现衍射图样，通过对衍射图样的测量和分析可以定出障碍物的大小，利用射线在晶体中的反射进行结构分析。

五、模拟法

模拟法是一种间接的测量方法，它是不直接研究物理现象或物理过程本身，而是用相似的理论人为地制造一个类同于研究对象的物理现象或过程相似的模型使现象重现、延缓或者加速来进行科学研究和测量的一种实验方法。被研究的对象一般非常庞大（巨大的原子能反应堆）或者非常微小（物质微观结构、原子和分子的运动）或者变化缓慢（天体演变、地球进化等）。

模拟法按性质和特点可分为物理模拟、数学模拟、计算机模拟。

物理模拟：是保持统一物理本质的模拟方法，例如几何模拟、动力相似模拟。

1. 几何模拟：是将实物按比例放大或者缩小，对其物理性能及功能进行试验。

2. 动力相似模拟：模型与原型在物理性质和规律上相似或等同性，模型的外形往往不是原型的缩型。例如航空技术研究，用压缩空气做高速循环的密封型风洞来作为模拟实验。

数学模拟：是两个完全不同性质的物理现象和过程，依赖于它们数学方程形式的相似用同一个数学形式而进行的模拟的方法，它又称类比法，如超声波代替地震，用稳恒电流场来模拟静电场，就是物理量之间的替代模拟。它们所遵循的物理规律具有相同的数学形式。所以，只要保证产生稳恒电流场的电极形状、电位分布、边界条件与静电场状态相似，就可以利用稳恒电流场来模拟静电场。

计算机模拟：应用计算机仿真技术可以对一些复杂、精密、昂贵实验仪器的结构，设计思想、方法进行判析，从而预测可能的实验结果。例如：设计实验参数，反复进行调节，观察实验现象，分析实验结果等。

虽然模拟法已经被广泛应用，但也存在一定的局限性，即它不能完全代替物理实验，它只能解决可测性问题，不能提高实验的精确度，因此它存在一定的条件和范围不能随意推广。

六、转换测量法

许多物理量之间存在着各种各样的效应和定量的函数关系。转换测量法就是以此为依据，把不可测的量转换为可测的量，把测不准的量转换为可测准的量，然后再反求被测物理量。

转换测量法分为参量转换测量法和传感器转换测量法两类。

1. 参量转换测量法

参量转换测量法是利用各种参量之间的变换及其变化的定量函数关系达到测量某一物理量的方法。这种方法几乎贯穿于整个物理实验中。物理实验中的间接测量都属于参量转换法测量。

例如：牛顿环实验，通过等厚干涉原理把球面曲率半径的测量转化成干涉图样几何尺寸的测量；伸长法测金属丝的杨氏弹性模量 E，$E = \dfrac{F/S}{\Delta L/L_0}$；利用光栅衍射方程 $d\sin\varphi = k\lambda$ 可测波长和光栅常数等。

2. 传感器转换测量法

用传感器进行转换测量又称能量转换测量法。它是指某种运动形式的物理量通过传感器转化变成另一种运动形式的物理量的测量方法。它主要分为三类：

（1）非电量的电测法（压电换测、热电换测）

特点：由于转换成电学量容易测量，且易传输、控制和数字显示，同时灵敏度高，有较宽的频率范围和可进行快速的动态测量等优点，使非电量的电测法发展成为专门的学科。

a. 压电转换：利用压敏元件或压敏材料（压电陶瓷、石英晶体等）的压电效应，将压力转换成电信号进行测量。再如超声波测声速，用某一特定的频率信号通过逆压电效应去激励压敏材料使之共振。例如：话筒和扬声器等。

b. 热电转换：将热学量（材料的温度特性）通过热电传感器换成电学量进行测量。例如半导体热敏元件、铂热电阻、热电偶、PN 结等，将温度的测量转换成电压或者电阻的测量。

（2）磁测法（磁电转测）

a. 把磁场大小转换为相应的电压大小进行测量，例如霍尔效应测磁感应强度。

b. 把磁场变化转换为电流变化，通过对电流的测量达到对磁场及相关物理量的测量。

（3）光测法（光电换测：利用光敏元件将光信号转换成电信号进行测量）

光测法得益于激光，利用声-光、电-光、磁-光等物理效应将某些需精确测量的物理量转换成光学量进行测量。待测量多与激光干涉条纹相联系而实现精密测量。例如在弱电流放大的实验中把激光（或者其他光如日光、灯光等）照射在硒光电池上直接将光信号转换成电信号再进行放大。我们在气轨实验中测时间时也用到光-电转换。

第三章　基本实验

实验一　长度和固体密度的测量

　　长度测量是最基本的物理测量之一。测量长度的方法和仪器各式各样。常见的有米尺、游标卡尺、螺旋测微计等。测量长度的方法、思想和技术被广泛应用在其他物理量的测量中，如温度计、气压表、测角仪、滴定管、秒表、各种指示的电表示值等，大部分转化成刻度进行读数。长度测量一般用量程和分度值来表示。

　　密度是物质的基本特性之一。它与物质的成分和结构有关。因此通过密度的测量常作为物质结构分析和纯度鉴定的一种手段。测量密度必须测量质量。

一、实验目的

　　1. 了解游标卡尺、螺旋测微计、测量显微镜及物理天平的构造原理，掌握它们的正确使用方法。

　　2. 巩固测量不确定度的概念并进行具体计算。

　　3. 掌握流体静力称衡法测量物体密度的原理和方法。

二、实验仪器

　　游标卡尺、螺旋测微计、测量显微镜、物理天平（附砝码一盒）、待测铜柱体、铜棒、小圆孔、数字温度计、纯水、玻璃杯、细线、待测玻璃块。

三、实验原理

　　1. 游标卡尺、螺旋测微计、测量显微镜、物理天平测量原理见第二章。

　　2. 设物体的质量为 m，体积为 V，密度为 ρ，则根据密度定义：$\rho=\dfrac{m}{V}$，我们只要能测出物体的质量 m 和体积 V，就可求得物体的密度 ρ。物体的质量 m 通常用天平测定。体积 V 可用不同的方法求出。对于外形规则且不复杂的固体，可利用测量长度的工具（游标卡尺、千分尺等）进行间接测量而求得。

　　3. 对于一般的固体，则必须用其他方法求出其体积。常用的方法——流体静力称衡法。其原理如下：

　　假设体积为 V 的物体，在空气中重量为 $m_1 g$，将该物体完全浸没在密度为 ρ_0 的液体中，其视在重量为 $m_2 g$，根据阿基米德原理：物体在液体中所受的浮力等于它所排开同体积液体的重量，即 $m_1 g-m_2 g=\rho_0 V g$，所以消去 g 则 $V=(m_1-m_2)/\rho_0$。设物体的密度为 ρ，则

$$\rho=\frac{m_1}{V}=\frac{m_1}{m_1-m_2}\rho_0 \tag{3-1-1}$$

由上式可见，测出 ρ_0，用天平称出 m_1 和 m_2，便可求得待测物体的密度 ρ。

用此方法测物体密度可以获得较高的精确度，但必须满足浸入液体的物体的性质不会发生改变。

四、实验内容

1. 用螺旋测微计重复测量铜棒的直径六次，每次测量都应测出零点读数。

2. 调整测量显微镜，并测量小孔的直径六次。

3. 规则固体—铜柱体密度的测定。

(1) 用游标卡尺重复测量铜柱体的直径及高度各六次，每次测量均应测出零点读数。

(2) 用物理天平测量铜柱体的质量。（注意天平操作时，均须遵守"常止动"及"轻操作"的规定。）

4. 不规则固体—玻璃块（ $\rho_{玻璃} > \rho_{水}$ ）密度的测定（如图 3-1-1 所示）。

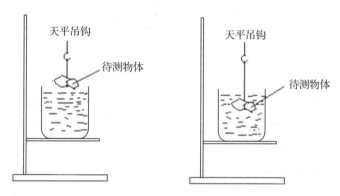

图 3-1-1　流体静力称衡示意图

(1) 将待测玻璃块用细线挂在天平左盘的吊钩上称其质量 m_1 六次，求出其平均值 $\overline{m_1}$ 及其不确定度。

(2) 在玻璃杯中倒入大半杯水放在托盘上，再将待测的玻璃块完全浸入水中（注意不要让待测物体接触玻璃杯），称出它在水中的视在质量 m_2 六次，求出其平均值 $\overline{m_2}$ 及其不确定度。

(3) 观察从实验开始到结束过程中水温度的变化情况，每变化一度记录一次水的密度 ρ_0（由附表可查），求出其平均值 $\overline{\rho_0}$ 及其不确定度。

(4) 最后根据式（3-1-1）求得待测物体的密度，并计算其不确定度。

五、数据处理

1. 用列表法列出螺旋测微计测得铜棒直径的数据，求出 $\overline{D_1}$，并分别计算 A 类不确定度、B 类不确定度，写出测量结果。

2. 用表格列出测量显微镜测得小孔直径的数据，求出 $\overline{D_2}$，并分别计算 A 类不确定度、B 类不确定度，写出测量结果。

3. 规则固体密度的测量

(1) 用表格列出游标卡尺测得铜柱体直径及高度的数据，求出 $\overline{D_3}$、$\overline{H}$，并分别计算 D_3、H 的 A 类不确定度、B 类不确定度，写出测量结果。

（2）记下单次称衡铜柱体的质量 m，用公式 $\rho = \dfrac{4m}{\pi D_3^2 H}$，计算出铜柱体密度 ρ。用不确定度传递公式（几何合成）求出铜柱体密度的相对不确定度，最后写出测量结果。

4. 不规则固体密度的测量

玻璃块在空气中质量 $\overline{m_1} =$ _____，$m_1 = \overline{m_1} \pm U_{m_1} =$ _____

玻璃块在水中的质量 $\overline{m_2} =$ _____，$m_2 = \overline{m_2} \pm U_{m_2} =$ _____

水的密度 $\rho_0 = \overline{\rho_0} \pm U_{\rho_0}$ _____

$$\overline{\rho} = \frac{\overline{m_1}}{\overline{m_1} - \overline{m_2}} \overline{\rho_0} = \text{_____}$$

$$E_\rho = \frac{U_\rho}{|\overline{\rho}|} = \left| \frac{\overline{m_2}}{\overline{m_1}(\overline{m_1} - \overline{m_2})} \right| U_{m_1} + \left| \frac{1}{\overline{m_1} - \overline{m_2}} \right| U_{m_2} + \left| \frac{1}{\overline{\rho_0}} \right| U_{\rho_0} = \text{_____}$$

$$U_\rho = E_\rho |\overline{\rho}| = \text{_____}$$

$$\rho = \overline{\rho} \pm U_\rho = \text{_____}$$

附：不同温度下纯水密度表

t (℃)	ρ_0 (g/cm³)	t (℃)	ρ_0 (g/cm³)	t (℃)	ρ_0 (g/cm³)	t (℃)	ρ_0 (g/cm³)
0	0.99982	15	0.99913	22	0.99780	29	0.99597
4	1.00000	16	0.99897	23	0.99756	30	0.99567
6	0.99997	17	0.99880	24	0.99732	31	0.99537
8	0.99988	18	0.99862	25	0.99707	32	0.99505
10	0.99973	19	0.99843	26	0.99681	33	0.99473
12	0.99952	20	0.99823	27	0.99654	34	0.99440
14	0.99927	21	0.99802	28	0.99626	35	0.99406

六、思考题

1. 天平的使用规则中，哪些规定是为了保护刀口？

2. 用米尺、20 分格游标卡尺和螺旋测微计分别单次测量同一金属板的厚度，若测量值都是 4 mm，那么这三个测量值分别应如何记录才是正确？

3. 螺旋测微装置，其测微螺杆的螺距为 0.5 mm，微分筒周界刻有 100 等分格，试问该装置的分度值为多少？

实验二 伸长法测定杨氏模量

杨氏模量是描述固体材料抵抗形变能力的重要物理量,是选定机械零件材料的依据之一。测量杨氏模量的方法很多,本实验采用传统的拉伸法,利用光杠杆镜尺法原理测量钢丝长度的微小变化,进而测量钢丝的杨氏模量。本实验是一个综合性的长度测量实验,在实验方法、仪器调节、实验数据处理等方面内容丰富。

一、实验目的

1. 掌握用光杠杆系统测量微小长度变化的原理及调节技术。
2. 学会用(计算机)作图法和逐差法处理实验数据。
3. 学会用标准不确定度评价实验结果。

二、实验仪器

1. 仪器用具

杨氏模量测定仪、光杠杆、望远镜、标尺、千克砝码组、钢卷尺、电子数显卡尺(游标卡尺)、电子数显外径千分尺(螺旋测微计)。

2. 仪器描述

杨氏模量实验装置如图 3-2-1 所示,由杨氏模量测定仪和光杠杆测量系统组成。

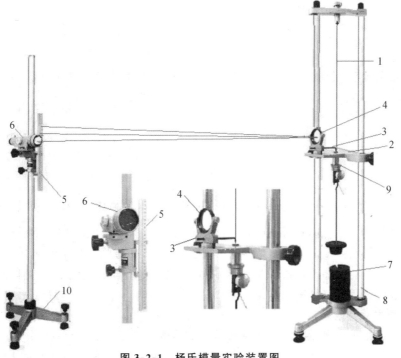

图 3-2-1 杨氏模量实验装置图

①钢丝;②固定平台;③光杠杆;④平面镜;⑤标尺;⑥望远镜;⑦砝码;⑧杨氏模量测定仪支架;⑨圆柱形夹头;⑩测量系统支架

（1）杨氏模量测定仪

仪器由 H 形支柱和一个底脚螺丝可调的三脚架组成。支柱顶部的横梁上带有一圆柱形夹头，被测钢丝一端被该夹头夹紧。支柱中间有一个上下可调的平台，平台中间开有一圆孔让能自由移动的圆柱形夹头通过。被测钢丝的另一端穿过该夹头并在夹头的上端被夹紧。夹头下端悬挂砝码托，便于放置砝码。通过砝码的增减来控制钢丝的伸长和缩短。

（2）光杠杆测量系统

光杠杆测量系统包括两部分，如图 3-2-2 所示。一是平面镜及光杠杆镜架。镜架由三个尖足 C_1、C_2 和 C_3 支撑，形成一个等腰三角形，C_3 到 C_1、C_2 两足连线的垂直距离 b 可以调整。另一部分是镜尺装置，由一个与被测长度变化方向平行的标尺与尺旁的测量望远镜组成。望远镜水平地对准平面镜，标尺到平面镜的距离为 D，调节测量系统可从望远镜中看清楚由平面镜反射的标尺像，并可由望远镜中的叉丝横线读出标尺上相应的刻度值。

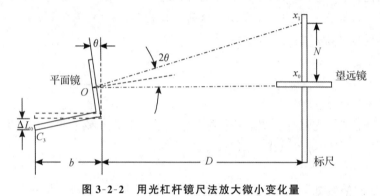

图 3-2-2　用光杠杆镜尺法放大微小变化量

三、实验原理

1. 杨氏模量

设一根粗细均匀、长度为 L_0、截面积为 S 的钢丝，沿长度方向受外力 $F = mg$ 的作用伸长了 ΔL_0，根据胡克定律，在弹性限度内物体所受的应力 $\dfrac{F}{S}$ 与应变 $\dfrac{\Delta L_0}{L_0}$ 成正比，它们的比例系数仅取决于材料本身的性质，对一定的材料来说是一个常数，称为该材料的杨氏模量，用 E 表示

$$E = \frac{F/S}{\Delta L_0/L_0} \qquad\qquad (3\text{-}2\text{-}1)$$

当应变 $\dfrac{\Delta L_0}{L_0} = 1$ 时，$E = \dfrac{F}{S}$，即杨氏模量的数值等于将物体拉到两倍长时的应力。但实际上对大多数物体，在它们被拉到两倍长之前早已断裂了。所以通常施于物体上的应力的数值，应远远低于杨氏模量 E。在国际单位制中，杨氏模量的单位为牛顿·米$^{-2}$。在上式中，F、S、L_0 都可直接测量，而 ΔL_0 是一个微小变化量，用普通量测长度仪器无法直接准确测量，因此我们利用光杠杆镜尺法来测量 ΔL_0。

2. 光杠杆放大原理

如图 3-2-1 所示，测量时，将光杠杆镜架的前两足置于固定平台的凹槽内，而后足放在与金属丝相连接的圆柱形夹头上。设钢丝长度未变化时平面镜为铅直，此时从望远镜中观察到的标尺读数为 x_0，如图 3-2-2 所示。当钢丝长度变化时，C_3 足将随被测长度的变化而升降，平面镜也将绕 C_1、C_2 两足连线转过 θ 角，此时从望远镜中的叉丝横线读出标尺上的相

应刻度值为 x_i，令 $N = x_i - x_0$，在长度变化 ΔL_0 很小的情况下（$\Delta L_0 \ll b$），转角 θ 甚小，故 $\theta \approx \dfrac{\Delta L_0}{b}$。同时，由光学反射定律可知 $\angle x_0 O x_i = 2\theta \approx \dfrac{N}{D}$。

综上所述，被测钢丝长度的微小变化量为

$$\Delta L_0 = \frac{b}{2D} N \tag{3-2-2}$$

这样，就可以通过 b、D、N 这些比较容易准确测量的物理量，利用式（3-2-2）间接地测量钢丝长度的微小变化量 ΔL_0。由式（3-2-2）可知，光杠杆的作用是将微小的变化量 ΔL_0 放大为标尺上相应的偏转量 N，即 ΔL_0 被放大了 $\dfrac{2D}{b}$ 倍。

钢丝截面积 S、外力 F 分别用 $S = \dfrac{1}{4}\pi d^2$、$F = mg$ 表示，并代入式（3-2-1）得

$$E = \frac{8DL_0 g}{\pi d^2 b} \cdot \frac{m}{N} \tag{3-2-3}$$

式中 d 为钢丝直径，$\dfrac{8DL_0 g}{\pi d^2 b}$ 在本实验中可以认为是常量。因此，改变砝码质量 m，得出相应的偏转量 N，由于 N 与 m 成正比，由其比例常数即可计算杨氏模量 E。

四、实验内容

1. 光杠杆测量系统的调节

测量系统的调节是本实验的关键，调整后的系统应满足：与望远镜等高处的标尺刻度经平面镜反射后能在望远镜中准确读取。具体步骤如下：

（1）仪器垂直度调整。调整杨氏模量测定仪的三个底脚螺丝，使其两支柱铅直。此时，被测钢丝处于铅直位置，圆柱形夹头在平台圆孔中能自由升降，不受阻力作用。

（2）将光杠杆镜架放到固定平台上，光杠杆镜架的两前足 C_1、C_2 放在平台的任意凹槽内（共三条），后足 C_3 放在圆柱形夹头上端面上，且不能与钢丝相碰；并使平面镜的镜面大致与平台垂直。

（3）镜尺调整。把测量系统放在光杠杆镜架正前方约 1.8～2.0 米处，调节标尺成铅直状态。

（4）望远镜的调节。图 3-2-3 和图 3-2-4 为望远镜结构示意图及望远镜成像光路图。a. 调节望远镜目镜旋钮使望远镜内的十字叉丝最清晰。b. 调节望远镜筒成水平状态且与光杠杆平面镜等高，再旋转望远镜调焦手轮，从望远镜中找到平面镜。c. 沿望远镜筒的轴线方向，通过准星观察平面镜

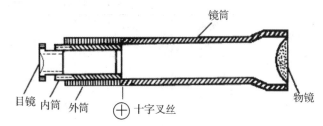

图 3-2-3 望远镜结构示意图

内是否有标尺的像，若没有，则应左右移动测量系统支架或杨氏模量测定仪，直到能看到为止。d. 通过望远镜进行观察，同时旋转调焦手轮改变目镜筒（内含目镜及叉丝）与物镜间的距离，直至看清标尺的像为止。预加一个砝码将钢丝拉直（此时应视为砝码 0.000 kg），调节标尺、平面镜，使望远镜中十字叉丝与标尺的零刻度对齐，并消除视差。此时，望远镜中十字叉丝所对准标尺的读数 x_0' 为 0.00 cm。

（5）消除视差：视差是由于叉丝与标尺经物镜形成的像不在同一平面上，观察者视线方向改变而引起叉丝与标尺像之间的相对移动的现象。有视差存在时，当观察者视线方向改变，望远镜中标尺的读数会发生偏差。这时应进一步仔细调节望远镜调焦手轮，直到标尺像与叉丝重合。当两者完全重合，则无视差，观察者视线方向改变，标尺读数不变，且标尺像及十字叉丝都很清晰。

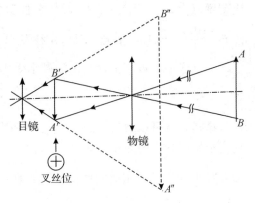

图 3-2-4　望远镜成像光路图

2. 测定钢丝受外力后的伸长量

将 1.000 kg 砝码逐次加于砝码托上，设加上 1.000 kg 时钢丝伸长后望远镜中叉丝对准的读数变为 x_1'，加上 2.000 kg 时，变为 x_2'…以此类推，一直加至 7.000 kg。为了消除弹性滞后效应引起的系统误差，再自砝码托上逐次移去 1.000 kg 砝码，钢丝缩短，直到 0.000 kg 为止。设钢丝缩短过程中与砝码质量相对应的标尺读数为 x_i''（x_i'' 与 x_i' 可能不同，这是因为有弹性疲劳的缘故，但相差甚微），取 x_i'' 与 x_i' 的平均值为 x_i。

注意：在上述理论中 $F = mg$，因此加砝码时砝码要相互交叉放置，保证整个砝码组处于铅直状态。

3. 用钢卷尺测量钢丝的原长 L_0（上、下两圆柱形夹头夹紧位置间的长度）以及平面镜至标尺的距离 D；用游标卡尺或电子数显卡尺测量光杠杆镜架长度 b（方法：将镜架平放在纸上轻压一下，印得三尖足的位置，再作由三尖足所连成的等腰三角形的高，即为光杠杆镜架长度 b）。

4. 用螺旋测微计或电子数显外径千分尺测量钢丝直径 d：要求分别在砝码为 1.000 kg 和 7.000 kg 时，在钢丝的上、中、下三个不同的位置测量钢丝的直径，取六次测量值的平均值作为钢丝的直径 d。

五、数据处理

1. 填入实验数据

表 3-2-1　钢丝受外力后偏转量 N 的测量　　　　　　　　($i = 0，1，2，…，7$)

次数 i	砝码质量 m_i （kg）	增重读数 x_i' （$\times 10^{-2}$ m）	减重读数 x_i'' （$\times 10^{-2}$ m）	平均读数 x_i （$\times 10^{-2}$ m）	偏转量 $N_i = x_i - x_0$ （$\times 10^{-2}$ m）
0	0.000	0.00			0.00
1	1.000				
2	2.000				
3	3.000				
4	4.000				
5	5.000				
6	6.000				
7	7.000				

钢丝原长度 $L_0 = $ _____ m

标尺至平面镜的距离 $D=$ ＿＿＿＿＿＿＿＿＿ m

光杠杆镜架长度 $b=$ ＿＿＿＿＿＿＿＿＿ m

表 3-2-2　钢丝直径测量

质量 直径	砝码为 1.000kg 的直径 d （$\times 10^{-3}$ m）			砝码为 7.000kg 的直径 d （$\times 10^{-3}$ m）			平均值 $\bar{d}$ （$\times 10^{-3}$ m）
	$d_{上}$	$d_{中}$	$d_{下}$	$d_{上}$	$d_{中}$	$d_{下}$	
零点读数							
测量值							
实际值							
$\|v_{d_j}\|=\|d_j-\bar{d}\|$ （$j=1, 2, \cdots, 6$）							备注：此时的 d_j，为上一行的六个实际值。
$v_{d_j}^2$（$\times 10^{-6}$ m²）							$\sum\limits_{j=1}^{6} v_{d_j}^2：$

2. 用作图法求 E。以 m_i 为横坐标，以偏转量 N_i（$N_i=x_i-x_0$）为纵坐标，作 N-m 图，由图中直线的斜率 k 求 E，即将式（3-2-3）改写，得

$$N=\frac{8DL_0g}{\pi d^2bE}m=km \tag{3-2-4}$$

$$\therefore \quad E=\frac{8DL_0g}{\pi d^2bk} \tag{3-2-5}$$

3. 用逐差法求 E。将测得的读数 x_0，x_1，$\cdots$，x_7 分为前后两组，然后把前后两组对应项相减，即（x_4-x_0）、（x_5-x_1）、（x_6-x_2）及（x_7-x_3），取其平均值 $\overline{\Delta x}$（即此表中的 $\overline{N}$），该值即为 $m=4.000$ kg 时对应的偏转量 N 值，以此代入式（3-2-3）求 E。

表 3-2-3　对应于 $m=4.000$ kg 的偏转量

逐差法的四个数据 Δx	x_4-x_0	x_5-x_1	x_6-x_2	x_7-x_3	平均值 $\overline{\Delta x}$（即 $\overline{N}$）
单位： 10^{-2} m					
$\|v_{N_k}\|=\|N_k-\overline{N}\|$ （$k=1, 2, 3, 4$）					备注：此时的 N_k，为上一行的四个 Δx 值。
$v_{N_k}^2$（$\times 10^{-4}$ m²）					$\sum\limits_{k=1}^{4} v_{N_k}^2：$

4. 求出用逐差法处理数据时的杨氏模量 E 的标准不确定度及其表示式。E 总的相对不确定度由式（3-2-3）中各个直接测量量的相对不确定度合成而来，对式（3-2-3）求对数后再求全微分，并用"＋"号连接各项，得

$$\frac{\Delta E}{E}=\frac{\Delta D}{D}+\frac{\Delta L_0}{L_0}+\frac{\Delta m}{m}+\frac{2\Delta d}{d}+\frac{\Delta b}{b}+\frac{\Delta N}{N}$$

引入不确定度符号，写为

$$\frac{U_E}{E}=\frac{U_D}{D}+\frac{U_{L_0}}{L_0}+\frac{U_m}{m}+\frac{2U_d}{d}+\frac{U_b}{b}+\frac{U_N}{N} \tag{3-2-6}$$

　　按不确定度均分原理，选择合适的量具使各物理量的相对不确定度大体相同。式（3-2-6）有五个长度物理量，其中平面镜与标尺距离 D 约为 $1\sim 2$ 米，用钢卷尺测量，从固定平台的凹槽至标尺面的距离，测量时注意把钢卷尺拉水平，镜面倾角小于 $5°$，其相对不确定度不会超过 0.4%，测量 D 时很难保证钢卷尺水平并两端对准，估计误差极限值 $\Delta D=5.0\times 10^{-3}$ m，按近似正态分布，$U_D=\dfrac{\Delta D}{3}$。

　　钢丝长度 L_0 用钢卷尺测量，由于钢丝上下装有紧固夹头，钢卷尺很难对准，估计测量的最大误差 $\Delta L_0=5.0\times 10^{-3}$ m，其相对不确定度不会超过 0.3%，按近似正态分布，$U_{L_0}=\dfrac{\Delta L_0}{3}$。

　　砝码质量 $m=4.000$ kg，不确定度估计为 0.005 kg，即 $m=(4.000\pm 0.005)$ kg。

　　钢丝的直径 d 约为 0.600 mm，用螺旋测微计测量六次，见表 3-2-2。所用螺旋测微计的最大公差 $\Delta_{仪}=0.004$ mm；若采用电子数显外径千分尺测量，其仪器公差 $\Delta_{仪}=0.005$ mm，此时，A 类不确定度为 $U_{d_A}=t_{vp}\sigma_{\bar{d}}=t_{vp}\sqrt{\dfrac{\sum\limits_{j=1}^{6}(d_j-\bar{d})^2}{n(n-1)}}$ ，（t_{vp} 的取值详见第一章相关内容），B 类不确定度为 $U_{d_B}=\dfrac{\Delta_{仪}}{3}$，合成不确定度为 $U_d=\sqrt{U_{d_A}^2+U_{d_B}^2}$。

　　光杠杆镜架长度选用电子数显卡尺测量，最大公差为 0.03 mm，其相对不确定度不会超过 0.8%；实际操作中，是在纸上标出光杠杆三个足 C_1、C_2、C_3 的压痕，用电子数显卡尺测量 C_3 到 C_1、C_2 连线的垂直距离，此项不确定度主要来自画线的误差，估计误差极限值 $\Delta b=0.03\times 10^{-3}$ m，$U_b=\dfrac{\Delta b}{\sqrt{3}}$。

　　标尺读数 N：对应表 3-2-3，A 类不确定度为 $U_{N_A}=t_{vp}\sigma_{\bar{N}}=t_{vp}\sqrt{\dfrac{\sum\limits_{k=1}^{4}(N_k-\bar{N})^2}{n(n-1)}}$ （$k=1$，2，3，4），B 类不确定度为 $U_{N_B}=\dfrac{\Delta_{仪}}{3}$（所用标尺的最大公差 $\Delta_{仪}=1.0$ mm），合成不确定度为 $U_N=\sqrt{U_{N_A}^2+U_{N_B}^2}$。

　　综上所述，如果计算得：$\dfrac{U_E}{|\bar{E}|}=\dfrac{U_D}{D}+\dfrac{U_{L_0}}{L_0}+\dfrac{U_m}{m}+\dfrac{2U_d}{d}+\dfrac{U_b}{b}+\dfrac{U_N}{N}=H$，那么 $U_E=|\bar{E}|H$，杨氏模量 E 的表示式为：$E=\bar{E}\pm U_E$，$p=0.683$。

　　附： 本实验所测材料为一般钢线，其杨氏模量公认值 $E_0=2.10\times 10^{11}$ 牛顿·米$^{-2}$。

六、注意事项

　　1. 调整好实验仪器装置，记录读数 x_0 之后，不可再碰动实验装置。

　　2. 每次增减砝码时，必须小心操作，不可使砝码托与支架相撞，尽量保持钢丝及杨氏模量测定仪不发生轻微振动，特别勿使光杠杆镜架下的尖足发生位移。

　　3. 在增减钢丝的负荷，测量钢丝伸长量的过程中，不要中途停顿而改测其他物理量（如 L_0、D、b）因为钢丝在增减负荷时，如果中途受到干扰，则钢丝的伸长（或缩短）量将产生变化，导致误差增大。其它各量应在钢丝伸长量之后（或之前）进行测量。

4. 在用螺旋测微计或电子数显外径千分尺测量钢丝直径的过程中应注意不要扭折钢丝。

七、思考题

1. 本实验中，为什么测量不同的长度要用不同的仪器进行？它们的最大公差各是多少？

2. 根据实验测量不确定度几何合成方法，写出杨氏模量 E 的相对不确定度的表达式，并指出哪一个测量量影响最大。

3. 本实验所用的逐差法处理数据，体现了逐差法的哪些优点？若采用相邻两项相减，然后求其平均值，有何缺点？

4. 若将 $\frac{2D}{b}$ 作为光杠杆的"放大倍率"，试根据你所得的数据，计算 $\frac{2D}{b}$ 的值，你能想出几种改变"放大倍率"的方法来吗？

5. 光杠杆镜尺法有何特点？你能应用光杠杆镜尺法设计一个测定引力常量 G 的物理实验吗？

实验三　弦线上波的传播

　　振动和波动是自然界中常见的两个物理现象，两者有着密切的联系。振动是产生波动的根源，波动是振动的传播；波动具有反射、折射、衍射、干涉等现象。驻波是干涉的特例。本实验通过音叉的振动，迫使弦线产生横波向外传播，观察弦线振动形成驻波的波形，测量弦线上横波的传递速度及弦线线密度和张力间的关系。

一、实验目的

　　1. 观察弦线上形成的驻波的波形，用弦驻波法测量弦线上驻波的波长。
　　2. 验证波长、张力、弦线密度之间的关系。
　　3. 测定音叉的频率。

二、实验仪器

　　1. 仪器用具
　　电振音叉、弦线、米尺、电子天平、砝码。
　　2. 仪器描述
　　弦振动实验装置如图 3-3-1 所示。

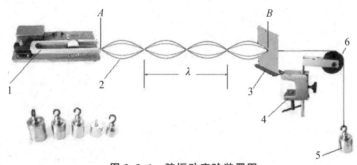

图 3-3-1　弦振动实验装置图
①电振音叉；②弦线；③支座孔；④固定架；⑤砝码；⑥滑轮

三、实验原理

　　一根均匀弦线的一端 A 固定在音叉上，另一端穿过支座孔 B 后，跨过滑轮挂上砝码，使弦线产生一定的张力 T（即砝码的重力）。当音叉起振时，弦线上各点将在音叉的带动下振动起来，弦线的振动频率等于音叉的振动频率，它是一列沿弦线传播的横波。波动沿弦线由 A 端向 B 端方向传播，称为入射波。当波动传到 B 端时，波动受阻碍，因而反射回来，由 B 端沿弦线朝 A 端传播，称为反射波。弦线上同时有入射波和反射波，这两列波，频率相同，振幅相同（由音叉产生），传播方向相反，是满足相干条件的相干波。在波的重叠处将会发生波的干涉现象。如果支座 B 移动到适当的位置，则两列波叠加形成驻波。

　　1. 根据波动理论，弦线上横波传播时，波速 v 与张力 T 及弦线的线密度 ρ（单位长度弦线的质量）之间的关系为

$$v = \sqrt{\frac{T}{\rho}} \tag{3-3-1}$$

横波波长 λ，波速 v 及振动频率 f 之间的关系为 $v=\lambda f$，故式（3-3-1）可改为

$$\lambda = \frac{1}{f}\sqrt{\frac{T}{\rho}} \tag{3-3-2}$$

为检验波长 λ 与 $\sqrt{T}$ 成正比关系（∵实验中 f 及 ρ 均为恒量），可改变张力 T，测出不同张力 T 时的波长 λ。

（1）作 λ-$\sqrt{T}$ 图，若为过原点的直线，则式（3-3-2）成立。该直线的斜率 $k=\frac{1}{f\sqrt{\rho}}$，由此可得

$$f = \frac{1}{k\sqrt{\rho}} \tag{3-3-3}$$

（2）为了验证式（3-3-2），可采用直观图解法，将该式两边取对数得

$$\ln\lambda = \frac{1}{2}\ln T - \frac{1}{2}\ln\rho - \ln f \tag{3-3-4}$$

因实验中，f、ρ 均为确定值，作 $\ln\lambda$-$\ln T$ 图，如得一直线，再计算其斜率；若斜率为 $\frac{1}{2}$，则可验证 $\lambda \propto T^{1/2}$，并由直线的截距求得弦振动的频率值。

2. 为了测定波长 λ，采用在弦线上形成驻波的方法，如图 3-3-2 所示。弦线上同时存在两列频率相同、相向传播的入射波和反射波，取它们振动的位相始终相等的点为坐标的原点，它们的波动方程为

$$y_1 = A\cos 2\pi(ft - \frac{x}{\lambda})$$

$$y_2 = A\cos 2\pi(ft + \frac{x}{\lambda})$$

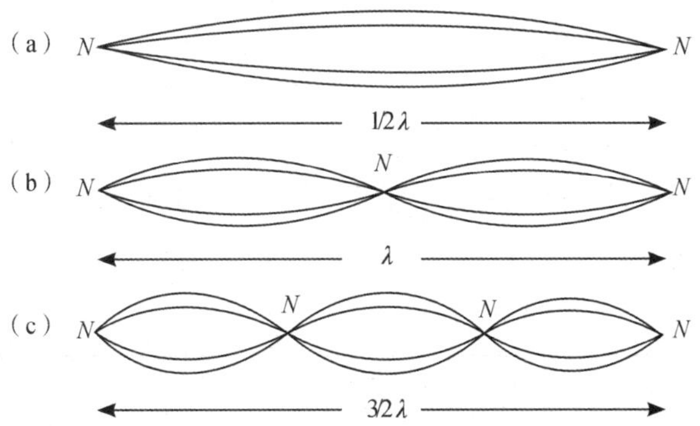

图 3-3-2 弦线上形成的驻波

式中 A 为波的振幅，x 为弦线上质点的坐标位置。两波叠加后合成波为驻波，其方程为

$$y = y_1 + y_2 = 2A\cos\frac{2\pi x}{\lambda}\cos 2\pi ft \tag{3-3-5}$$

从上式可知，入射波和反射波叠加结果，仍为同频率的谐振波，它们的振幅为 $2A\cos(\frac{2\pi x}{\lambda})$；由此可知，驻波振幅的大小与时间 t 无关，仅与质点的位置 x 有关。

当 $\left|\cos\dfrac{2\pi x}{\lambda}\right|=1$ 即 $x=\dfrac{n\lambda}{2}$ （$n=0$，1，$\cdots$）时这些位置称为波腹，这时谐振波振幅最大，等于 $2A$。当 $\left|\cos\dfrac{2\pi x}{\lambda}\right|=0$，即 $x=(2n+1)\dfrac{\lambda}{4}$ （$n=0$，1，$\cdots$）的位置称为波节，其振幅最小，且为零。

这种波腹、波节的位置不随时间改变的波称为驻波，驻波上相邻波节（或波腹）的距离为 $\dfrac{\lambda}{2}$。在图 3-3-1 中，当 A、B 两点的间距 L 等于半波长的整数倍时，系统形成共振，驻波的振幅才最大且最稳定。实验时弦线一端挂上一定质量的砝码后，让电振音叉起振，仔细移动支架 B，改变间距 L，找到波腹较大且稳定的驻波，则有

$$L=n\frac{\lambda}{2} \qquad (n=1,2,3,\cdots) \qquad (3\text{-}3\text{-}6)$$

式中 n 为驻波的个数，L 为相应的长度。注意：测定波节的位置时，一般都舍弃靠近音叉 A 端的一个驻波（因为该驻波的波节随音叉而振动，不易测准）。

四、实验内容

1. 按图 3-3-1 安装好电振音叉、弦线、支座、滑轮及砝码，并使 A、B 两点间距约 120 厘米。调整音叉螺母，使音叉起振，振动稳定后拧紧螺母。

2. 改变悬挂的砝码质量，测量不同张力时的波长。测量时，必须待砝码稳定后再移动支座 B，要求驻波振幅达到最大而且稳定。分别测砝码为 150 克、200 克、250 克、300 克、350 克及 400 克时的波长，每种张力下的波长均应重复测量三次，三次相差不要超过 1 cm。

3. 固定张力测波长

悬挂大约 100 克的砝码，移动支座 B，使之产生若干个稳定驻波，测量波长。要求重复测量 6 次，相差不要超过 1 cm。悬挂的砝码质量 m 用天平称衡。

4. 用米尺测量弦线的总长度，用电子天平测量弦线的质量 M，求弦线的线密度。

五、数据处理

弦线质量 $M=$ ＿＿＿＿＿＿ $\times10^{-3}$ 千克，弦线长度 $L=$ ＿＿＿＿＿＿ 米

弦线密度 $\rho=\dfrac{M}{L}=$ ＿＿＿＿＿＿ 千克/米，音叉频率的标称值 $f_0=$ ＿＿＿＿＿＿ Hz

1. 改变张力测波长

$g=9.789$ m/s²

砝码 m（千克）		0.150	0.200	0.250	0.300	0.350	0.400
$\sqrt{T}=\sqrt{mg}$（牛顿$^{1/2}$）		1.21	1.40	1.56	1.71	1.85	1.98
波长 λ（$\times10^{-2}$ m）	1						
	2						
	3						
	平均						

（a）作 λ-$\sqrt{T}$ 图，验证 λ 与 $\sqrt{T}$ 的正比关系，并由图求出斜率 k，代入式（3-3-3）计

算音叉的频率 f，与音叉铭牌的频率标称值 f_0 比较，计算相对误差。

（b）取对数 $\ln\lambda$、$\ln T$，作 $\ln\lambda$-$\ln T$ 图验证其线性关系，并求其斜率，计算出振动频率 f，并与音叉频率标称值 f_0 相比较，计算其相对误差。

2. 固定张力测波长

$m=$ ＿＿＿＿＿＿ $\times10^{-3}$ 千克，$T=mg=$ ＿＿＿＿＿＿ 牛顿　　　　　　（$i=1$，2，…，6）

次数	1	2	3	4	5	6	平均 $\bar{\lambda}$（$\times10^{-2}$ m）
波长 λ（$\times10^{-2}$ m）							
$\|v_i\|=\|\bar{\lambda}-\lambda_i\|$（$\times10^{-2}$ m）							
v_i^2（$\times10^{-4}$ m^2）							$\sum\limits_{i=1}^{6}v_i^2$:

$$f=\frac{1}{\lambda}\sqrt{\frac{T}{\rho}}=\underline{\hspace{3cm}}\ \text{Hz}$$

考虑实验中 A、B 类不确定度来源，估计各直接测量量的 A、B 类不确定度大小，根据以下不确定度几何合成公式求出总不确定度 U_f。

$$\frac{U_f}{|\bar{f}|}=\sqrt{(\frac{U_\lambda}{\lambda})^2+(\frac{1}{2}\frac{U_T}{T})^2+(\frac{1}{2}\frac{U_\rho}{\rho})^2}=\sqrt{(\frac{U_\lambda}{\lambda})^2+(\frac{1}{2}\frac{U_m}{m})^2+(\frac{1}{2}\frac{U_M}{M})^2+(\frac{1}{2}\frac{U_L}{L})^2}$$

$$U_f=|\bar{f}|\frac{U_f}{|\bar{f}|}=\underline{\hspace{3cm}}\quad(\text{Hz})$$

将测量结果表示为　　　　　　$f=\bar{f}\pm U_f=\underline{\hspace{3cm}}\quad(\text{Hz})$

附：$U_m=0.1$ mg，$U_M=0.1$ mg，$U_L=\dfrac{1}{\sqrt{3}}$ mm，$U_\lambda=\sqrt{U_{\lambda A}^2+U_{\lambda B}^2}$

其中 $U_{\lambda A}=t_{0.683}\sqrt{\dfrac{\sum\limits_{i=1}^{n}v_i^2}{n(n-1)}}=1.11\sqrt{\dfrac{\sum\limits_{i=1}^{n}v_i^2}{30}}$，$U_{\lambda B}=\dfrac{1}{3}$ mm。

六、思考题

1. 安装设备时，若图 3-3-1 中 A、B 及 P 三点不在同一直线上，对实验结果有何影响？它使弦线受到的实际张力较 mg 大或小？

2. 测定波长时，应当测两个半波长的长度、还是测所出现几个半波长的长度，而来计算波长的值？为什么？

3. 试分析固定张力法测音叉频率的不确定度来源。

4. 调出驻波后欲增加波节数，应增加砝码还是减少砝码？

5. 弦线的粗细和弹性对实验有何影响？如何选择？

6. 测量中为什么不测量波腹间的距离而测量波节间的距离？

实验四　气垫弹簧振子的简谐振动

自然界中存在着各种振动现象，简谐振动是一种最基本、最简单的振动，它对研究电磁振动、固体晶体振动以及分子振动等是一种十分有用的模型。本实验使用气垫导轨所产生的漂浮作用，在忽略空气粘滞力的影响下，为其上的振子运动提供水平方向摩擦力近似为零的实验条件，从而使弹簧振子系统做近似简谐振动；并采用光电计时的方法测量时间，使实验现象更直观、测量更精确、实验结果更接近理论值。

一、实验目的

1. 学会气垫装置的水平调节。
2. 考察弹簧振子的振动周期与振动系统参量的关系。
3. 学习用图解法求解等效弹簧的倔强系数和有效质量。

二、实验仪器

1. 仪器用具

气垫导轨、滑块（包括挡光片）、骑码、光电门、J0201-CHJ 型存贮式数字毫秒计、弹簧。

2. 仪器描述

具体介绍见附录"气垫实验基本知识"。

三、实验原理

1. 弹簧的倔强系数

弹簧在机械装置中占有重要的地位，弹簧的倔强系数是表征弹簧性能的重要参量。在一定的外力作用下弹簧的形变、弹簧做周期性振动的频率均与倔强系数有关。

根据胡克定律，在弹性限度内，弹簧的伸长量 x 与它所受的外力 F 成正比

$$F = -kx \tag{3-4-1}$$

此比例系数 k 就是弹簧的倔强系数

$$k = -\frac{F}{x} \tag{3-4-2}$$

2. 弹簧振子的简谐运动方程

实验所用的弹簧振子如图 3-4-1 所示，两个倔强系数分别为 k_1 和 k_2 的弹簧系住一个质量为 m_1 的滑块。两弹簧的另外两端分别固定在导轨的端面上。滑块在导轨上作直线往复振动。当滑块处于平衡位置时，两弹簧的伸长量分别是 x_{01} 和 x_{02}，满足 $-k_1x_{01} + k_2x_{02} = 0$。若略去阻尼影响，当 m_1 离平衡点 O 为 x 时，m_1 所受的弹性回复力为 $[-k_1(x+x_{01})]$ 和 $[-k_2(x-x_{02})]$。根据牛顿第二定律，滑块的运动方程为

$$-k_1(x+x_{01}) - k_2(x-x_{02}) = m\frac{d^2x}{dt^2}$$

$$-(k_1+k_2)x = m\frac{d^2x}{dt^2} \tag{3-4-3}$$

式中，$m=m_1+m_0$，称为振动系统的有效质量，m_0 是弹簧的有效质量，m_1 是滑块质量。令 $k=k_1+k_2$，则

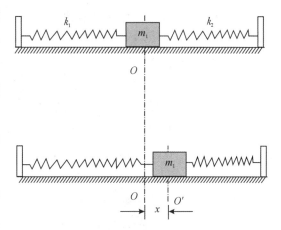

$$-kx=m\frac{\mathrm{d}^2 x}{\mathrm{d}t^2} \qquad (3\text{-}4\text{-}4)$$

此方程的解为

$$x=A\sin(\omega t+\psi_0) \qquad (3\text{-}4\text{-}5)$$

这说明滑块是在作简谐振动。其中

$$\omega=\sqrt{\frac{k}{m}}=\sqrt{\frac{k_1+k_2}{m}} \qquad (3\text{-}4\text{-}6)$$

ω 是振动系统的圆频率，由振动系统决定；A 是振幅，ψ_0 是初位相，由起始条件决定。

图 3-4-1　弹簧振子简谐振动原理图

系统的振动周期

$$T=\frac{2\pi}{\omega}=2\pi\sqrt{\frac{m}{k}} \qquad (3\text{-}4\text{-}7)$$

当 $m_s\ll m_1$ 时，$m_0=\dfrac{m_s}{3}$，m_s 是弹簧的实际质量。

本实验通过分别改变振幅 A 与振子质量 m_1，测量相应的周期 T，考察振动周期 T 与振动系统参量 A、m 的关系，从而验证上述理论结果的正确性，并利用两种方法求解 m_0 和 k。

四 、 实验内容

1. 气垫导轨水平的调节

可以用两种方法对导轨的水平进行调节。

静态调节法：将滑块轻轻放置在导轨的中点即距离两端 1/2 处，仔细调节水平调节旋钮，使滑块基本静止在气垫中部或作不定向的滑动，即可认为导轨已调到水平。

动态调节法：(1) 使用开口挡光片：按动数字毫秒计前面板的"功能"键，选择 S_2 功能档（字样旁边的 LED 灯亮）。将光电门 1、2 置于导轨中央附近、相距约 60.00 cm，给滑块以一定的初速度（Δt_1 和 Δt_2 控制在 20～30 ms 内），让它在导轨上依次通过两个光电门。若滑块在同一方向上运动的 Δt_1 和 Δt_2 的相对误差小于 3%，则认为导轨已达到水平，否则重新调整水平调节旋钮。

(2) 使用不开口挡光片：数字毫秒计选 S_2 功能档。使光电门 1、2 相距 40.00 cm 左右，给滑块以一定初速度，比较滑块第一次滑过两个光电门的时间间隔和反弹回来第二次经过两个光电门的时间间隔的大小，如果之间误差小于 5%，则认为导轨已经达到水平，否则应重新调整水平调节旋钮。

2. 研究弹簧振子的振动周期与振幅的关系

测量弹簧振子的振动周期时，先将一个光电门（当只用一个时，另一个也必须与毫秒计相连）置于滑块的平衡点。

然后将数字毫秒计设置为 T 功能档，此时 T 功能档旁的 LED 灯点亮，即进入测量周期功能。测试时，使用开口挡光片，挡光片每挡光两次（即滑块每经过光电门一次），毫秒计屏幕上的数字累计加 1。设滑块自左向右作简谐振动，如图 3-4-2 所示。当滑块第一次通过

光电门时毫秒计开始计时，屏幕显示为 1；当滑块反方向再次通过光电门时屏幕显示加 1；当滑块自左向右第三次通过光电门时屏幕显示再加 1。由此可见，滑块作一次完整振动，屏幕显示为 3。依此类推，滑块作 n 次完整振动，屏幕显示应为 $2n+1$。若此时按下"停止"键，显示屏上将出现滑块完整振动 n 个周期的总时间 t，由此可得周期 $T=\dfrac{t}{n}$（一般而言，所选取的周期数不宜太多，因为导轨的摩擦毕竟不可忽略，但也不宜太少，使误差太大。）。

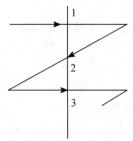

图 3-4-2　周期测试示意图

将滑块依次拉离平衡位置 18.00 cm、20.00 cm、22.00 cm、24.00 cm，测量不同振幅下对应的振动周期，每改变振幅一次，需测量周期 6 次，并测量滑块和弹簧的质量，根据测量结果探讨周期与振幅是否有关，并利用式（3-4-7）计算不同振幅下弹簧的倔强系数。

3. 观测简谐振动周期 T 与 m 的关系，并求出弹簧的倔强系数 k 与有效质量 m_0。

在滑块上安装骑码（矩形金属片）以改变滑块质量 m_1，将滑块拉离平衡位置 18.00 cm 时，测出相应的周期 T，根据式（3-4-7），得

$$T^2=\frac{4\pi^2}{k}m_1+\frac{4\pi^2}{k}m_0 \tag{3-4-8}$$

上式表明，当弹簧倔强系数 k 一定时，T^2 和 m_1 成线性关系。T^2-m_1 图线为一条直线，其斜率为 $\dfrac{4\pi^2}{k}$，其截距为 $\dfrac{4\pi^2}{k}m_0$。

取不同的 m_1 值 4 次：①滑块本身；②滑块加两个骑码；③滑块加四个骑码；④滑块加六个骑码。分别测出相应的 T 并验证式（3-4-8）。注意称量质量时需倒着称，即先称量滑块加六个骑码的质量，接着取下滑块上左右最外边的两个骑码，再称量滑块加四个骑码的质量，依此类推。

五、数据处理

1. 记录气垫导轨水平调节完成后挡光片经过两个计时光电门所用的时间 Δt_1、Δt_2，并计算它们之间的相对误差。

2. 计算不同振幅下的周期 T，并代入式（3-4-7）计算 k（注意 $m=m_1+\dfrac{m_s}{3}$），同时利用所测量的数据，详细分析周期 T 与振幅 A 的关系。

3. 用计算机软件作图，验证 T^2 与 m_1 的线性关系

用作图法作 T^2-m_1 图，由直线的斜率及截距求弹簧的 k 值与有效质量 m_0，并将所得 k 值及 m_0 与数据参考表格 2 中的 k 值及 m_0 作比较，分别求 k 及 m_0 的相对误差。

六、思考题

1. 在气垫上做简谐振动实验，是否必须把气垫导轨调成水平？如果没有调节，滑块是否还做简谐振动？

2. 测量周期时，挡光片的宽度对测量结果有无影响？为什么？其影响大小如何？

3. 弹簧的实际质量必须远小于滑块质量，为什么？

七、注意事项

1. 由于弹簧的弹性限度很小，绝不能用手随便拉伸弹簧，否则弹簧超过弹性限度，就不能恢复原状。

2. 注意实验数据有效数字应保留的位数（其中原始数据按仪器显示来读取；非原始数据应按有效数字的运算法则来进行保留）。

八、附注

弹簧有效质量 m_0 与弹簧实际质量 m_s 的关系：

设弹簧实际质量 m_s 远小于滑块质量 m_1。当滑块运动到某一位置时，其速度为 v，弹簧长度为 l。此时，弹簧各质元的速度分布为：右端处 $u_2=v$，左端处 $u_1=0$。在弹簧上某 x 处取质元 $\mathrm{d}x$，其质量 $\mathrm{d}m=\dfrac{m_s}{l}\mathrm{d}x$，其速度 $u_x=\dfrac{v}{l}x$。

该质元的动能 $\mathrm{d}E_k=\dfrac{1}{2}(\mathrm{d}m)u_x^2=\dfrac{1}{2}\left(\dfrac{m_s}{l}\mathrm{d}x\right)\left(\dfrac{v}{l}x\right)^2=\dfrac{1}{2}\dfrac{m_s}{l^3}v^2x^2\mathrm{d}x$。整个弹簧的动能是积分 $E_k=\displaystyle\int_0^l\mathrm{d}E_k=\dfrac{1}{2}\dfrac{m_s}{l^3}v^2\int_0^l x^2\mathrm{d}x=\dfrac{1}{2}\left(\dfrac{m_s}{3}\right)v^2=\dfrac{1}{2}m_0v^2$。因此，弹簧的有效质量 m_0 与实际质量 m_s 的关系就可简单地写成 $m_0=\dfrac{m_s}{3}$。

实验数据参考表格如下：

1. 气垫导轨的水平调节

方向	Δt_1（ms）	Δt_2（ms）	$\dfrac{|\Delta t_1-\Delta t_2|}{(\Delta t_1+\Delta t_2)/2}$（%）
从左→右			
从右→左			

2. 弹簧振子简谐振动周期与振幅的关系

周期数=_____，振子 m_1=_____ g，两个弹簧 m_s=_____ g

振幅 A（cm） 时间 t（s） 测量次数	18.00	20.00	22.00	24.00
1				
2				
3				
4				
5				
6				
$\bar{t}$（s）				
周期 T（s）				
倔强系数 k（N/m）				

请根据所测量的数据，详细分析弹簧振子简谐振动周期与振幅的关系。

3. 弹簧振子简谐振动周期与振子质量的关系（设定的振幅 $A=$ ＿＿ cm，周期数＝ ＿＿ ）

	m_1（$\times 10^{-3}$ kg）	时间 t（s）		$\bar{t}$（s）	周期 T（s）	T^2（s^2）
滑块						
滑块＋2个骑码						
滑块＋4个骑码						
滑块＋6个骑码						

附录　气垫实验基本知识

力学实验常需要一种能直观地、并且能较精确地验证各个力学规律的实验装置。被考察的物体在运动过程中必然会受到摩擦力。这个不利因素给直接验证某些重要的力学规律带来了一定的困难，它使我们对现象只能做较粗略的观察。气垫导轨实验装置的特点就是使摩擦力大大减小。当被考察的物体（滑块）在气垫上滑动时，基本上可以忽略摩擦力对运动的影响；并可利用光电计时器对时间进行测量，使对物体运动规律的实验研究更直观、更精确。

一、装置简介

气垫弹簧振子实验装置如图 3-4-3 所示，可分为三部分：导轨、滑块和光电测量系统。

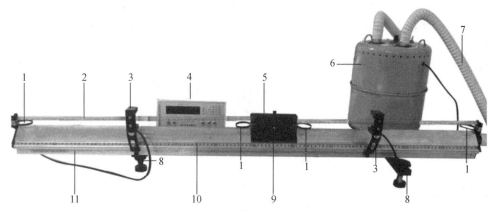

图 3-4-3　气垫弹簧振子实验装置图
①缓冲弹簧；②弹簧；③光电门；④存贮式数字毫秒计；⑤滑块；
⑥气源；⑦进气管；⑧水平调节旋钮；⑨挡光片；⑩标尺；⑪基座

1. 导轨

导轨由一根长约 1.20 m 的水平放置的三角形空心铝管制成。导轨一端封闭，另一端接进气管。由空气压缩机（气源）向铝管管腔内送入压缩空气。在铝管的两个侧面上都钻有一排等距离的小孔，压缩空气进入管腔后，从喷气小孔喷出，在导轨与滑块之间形成很薄的空气膜。导轨的下方标定有用于测量光电门位置的标尺，底部装有调节水平用的旋钮，两端装有缓冲弹簧。另外，还可以在导轨的一端装上滑轮或气垫滑轮，用于完成不同的实验。

2. 滑块

滑块由长约 12.00 cm 的角铁或角铝做成，其内表面与导轨的两个侧面精确吻合。当导轨的喷气小孔喷气时，在滑块与导轨间形成很薄的气垫层，滑块就可"漂浮"在气垫层上做自由的滑动。滑块两端装有缓冲弹簧。滑块中部的上方安装有（可拆卸）挡光片，与光电门和数字毫秒计相配合，测量滑块经过光电门的时间和速度。

3. 光电测量系统

(1) 光电门

可在导轨上的一侧安装两个位置可以移动的光电门。每个光电门由一对半导体二极管

（一个发光二极管、一个光电二极管）组成。其中，光电二极管的两极引线与 J0201-CHJ 型存贮式数字毫秒计的触发器相连。光电二极管将接收到的光信号转换成电信号，此信号经触发器后整合成合适的脉冲信号使毫秒计"开始计时"或"停止计时"。

（2）存贮式数字毫秒计

图 3-4-4　存贮式数字毫秒计前面板示意图

两个光电门的连线插头都要（必须如此，否则无法工作）插在毫秒计后面板的"光电1"、"光电2"插座上。将毫秒计接上电源。当毫秒计电源开关按到 ON 位置时，屏幕上显示 J0201 字样，随后毫秒计进入自检状态。这时，每按动图 3-4-4 中的"功能"键一次，可先后选中八种功能，功能选择完毕后即可进行实验。按动"清零"键可清除所有实验数据，重新进行实验。按"停止"键，毫秒计将停止测量，开始循环显示数据。

下面重点介绍毫秒计的 S_2（间隔计时）功能。

通过按动"功能"键使 S_2 字样旁的 LED 灯点亮，即进入间隔计时功能状态。

A. 测一个时间间隔

用法一：使用光电门 1 和 2，在滑块上安装不开口挡光片，让滑块在导轨上做定向运动。当挡光片的第一边到达光电门 1 时，挡光片开始挡光，光电门 1 给毫秒计一个脉冲信号，毫秒计开始计时；当挡光片的第二边离开光电门 1 时，挡光片不挡光，仪器没有反应。当挡光片的第一边运动到光电门 2 时，又一次开始挡光，毫秒计停止计时。此时，显示屏上的 Δt 和 v 分别是滑块在光电门 1、2 间运动所需的时间和平均速率 $\overline{v} = \dfrac{\Delta S}{\Delta t}$。

用法二：使用光电 1（或 2），在滑块上安装开口挡光片（如图 3-4-5 所示），让滑块在导轨上做定向运动。当挡光片的第一条边到达光电门 1 时，毫秒计开始计时；而当挡光片的第三条边再次挡光时，毫秒计停止计时。第二条边和第四条边离开时，挡光片均不挡光，仪器没有反应。此时，显示屏上的 Δt 和 v 分别是滑块经过挡光片第一到第三边间距 ΔS 所需的时间和瞬时速率 $v \approx \overline{v} = \dfrac{\Delta S}{\Delta t}$。

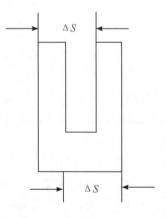

图 3-4-5　开口挡光片

B. 测多个时间间隔

使用光电门 1 和 2，在滑块上安装开口挡光片。起始时，使滑块从导轨的一端运动到另一端，如图 3-4-6 所示。当挡光片的第一、三边通过光电门 1 时，毫秒计测到 Δt_1；之后，当挡光片的第一、三边通过光电门 2 时，毫秒计测到 Δt_2。依此类推，当滑块经缓冲弹簧反弹后，挡光片的第二、四边（此时，挡光片的第二、四边为挡光边）再次通过光电门 1、2 时，毫秒

计测到 Δt_3 和 Δt_4。若此时按下"停止"键,屏幕将依次显示测量出的时间间隔数据 Δt_1、Δt_2、…、Δt_n,以及与之对应的瞬时速度 $v_1 \approx \overline{v}_1 = \dfrac{\Delta S}{\Delta t_1}$、$v_2 \approx \overline{v}_2 = \dfrac{\Delta S}{\Delta t_2}$、…、$v_n \approx \overline{v}_n = \dfrac{\Delta S}{\Delta t_n}$。完成一次 S_2 操作后,按"清零"键则可再作一次 S_2 测量。

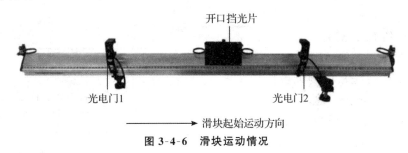

图 3-4-6　滑块运动情况

二、气垫装置的调整

1. 调节光电测量系统使其正常工作

开机后毫秒计将自动进入自检状态。当光电门无故障时,屏幕右侧各功能档旁的 LED 灯将被依次点亮;当光电门发生故障时,屏幕将闪烁该光电门的号码。这时,必须先排除故障,仪器才能正常工作。

2. 送气

将滑块放在导轨上,开动气源把空气送入导轨,滑块就可以在导轨上自由滑动,并顺利通过光电门。

三、气垫实验装置使用注意事项

1. 气垫导轨表面及滑块内表面要保持清洁。防止导轨气孔堵塞增大摩擦力。当发现污垢时,要用棉花蘸酒精擦拭干净。若发现气孔堵塞,则需进行清理。

2. 在气源没有送气时,不要让滑块在导轨上来回滑动,以免磨损导轨表面。

3. 气源电机不宜长时间运转。在运行 20~30 分钟后,应暂停使用 10 分钟,使它冷却。但也不可频繁启停,因为电机启动时电流较大,也容易发热。

4. 光电门要妥善保护,严防碰撞、震动。

5. 实际上,气垫导轨与滑块间的摩擦力不可能等于 0。因此,在实验时,滑块的运动速度不宜太小,不应小于 30 cm/s,一般以 40~50 cm/s 为宜。否则,摩擦力的影响将使误差增大。当然,滑块的速度也不宜太大。若速度太大,碰撞时会引起速度(能量)损失并导致零件损坏。

四、CS-Z 型智能数字测时器(如图 3-4-7 所示)与 J0201-CHJ 型存贮式数字毫秒计的区别

1. 测时器的光电门 A、B 分别与毫秒计的光电门 1、2 对应。

2. 测时器的 2pr、6Pd 功能档分别与毫秒计的 S_2、T 功能档相对应。

3. 测时器各功能键操作使用说明

当测时器电源开关按到 ON 位置时,电源指示灯亮,屏幕上显示 HELLO 字样。这时,

每按动"选择"键一次，会先后出现九种功能（1pr-9Ev），再按一次，又回到 HELLO 界面。功能选择完毕后即可按"执行"键进行实验。图 3-4-7 中最右侧的"手动/自动"键为数据自动或手动清零档，一般置于"手动"位置（字样旁边的 LED 灯亮）。

4. 测时器附加功能说明

（1）预置弹簧振动的周期数：在 6Pd 功能状态下，按动"选择"键，每按一次，屏幕显示加 1，当达到预定值后，按"执行"键，即完成预设功能，此时屏幕上显示"yes"。注意：若要测滑块简谐振动 n 个周期的时间，则需把预置数设定为 $2n$。

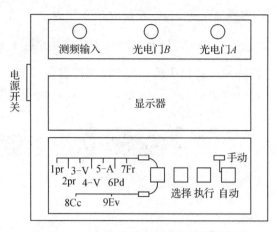

图 3-4-7　CS-Z 型智能数字测时器外形图

（2）自动延时：在 1pr、2pr 等功能状态下，测时器具有自动延时功能，即在测定并显示一个数据后，延迟若干时间，然后自动进入再次测试。使用时，只需将"自动/手动"键放在自动档，然后预设延迟时间。设置的方法是：在屏幕显示为 HELLO 时，按"执行"键，显示变为 1.00；再按"选择"键，显示分别为 3.00、5.00、7.00（以上数据分别对应延迟时间为 1.00 s、3.00 s、5.00 s、7.00 s），选定某一数值后，按"执行"键，回到 HELLO 界面。开机复位时，延迟时间自动设置为 1.00 s。

（3）复位操作：当开机时，仪器自动复位；当屏幕上有功能或数据显示时，长按"选择"键，屏幕显示回到 HELLO 界面，表明测时器已经复位（此操作不影响已设置的延迟时间）。

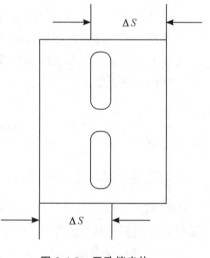

图 3-4-8　开孔挡光片

5. CS-Z 型智能数字测时器配套使用开孔挡光片，如图 3-4-8 所示，其挡光原理与开口挡光片相同。

实验五　刚体转动惯量的测定

转动惯量是描述物体转动惯性大小的物理量，它与物体的质量、转轴位置和物体的质量分布有关。自然界中物体的形状各异、结构复杂，单纯用理论的方法难以求出其转动惯量，而用实验的方法则很容易求得各种物体的转动惯量。本实验将学习测量物体转动惯量的基本物理思想和方法。

一、实验目的

1. 用刚体转动法测定物体的转动惯量。
2. 验证转动定律及平行轴定理。

二、实验仪器

1. 仪器用具

IM-2 型刚体转动惯量实验仪、多功能毫秒仪。

2. 仪器描述

刚体转动惯量实验装置结构如图 3-5-1 所示。

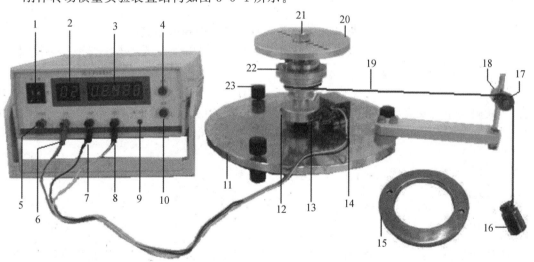

图 3-5-1　刚体转动惯量实验仪器结构图

①多功能毫秒仪次数预置拨码开关，可预设 1－64 次；②次数显示，00 为开始计数、计时；③时间显示，与次数相对应，时间为开始计时的累计时间；④计时结束后，次数＋1 查阅键，查阅对应次数的时间；⑤多功能毫秒仪复位键，测量前和重新测量时可按该键；⑥＋5 V 接线柱；⑦电源 GND（地）接线柱；⑧INPUT 接线柱；⑨输入低电平指示；⑩计时结束后，次数－1 查阅键，查阅对应次数的时间；⑪底座；⑫磁钢，相对霍尔开关传感器时，传感器输出低电平；⑬霍尔开关传感器，红线接多功能毫秒仪＋5 V 接线柱，黑线接 GND 接线柱，黄线接 INPUT 接线柱；⑭霍尔开关传感器固定架，装有磁钢，可任意放置于铁质底盘上；⑮环形钢质实验样品；⑯砝码；⑰滑轮；⑱滑轮高度和方向调节组件；⑲挂线；⑳铝质圆盘形实验样品，转轴位置可为样品上任意圆孔；㉑样品固定螺母；㉒塔轮组；㉓底座水平调节旋钮

3. 仪器使用

（1）放置仪器，滑轮⑰置于实验台外 3.00～4.00 cm，调节仪器水平。设置多功能毫秒仪计数次数。

（2）连接霍尔开关传感器⑬与多功能毫秒仪。红线接＋5 V 接线柱，黑线接 GND 接线柱，黄线接 INPUT 接线柱。

（3）调节霍尔传感器与磁钢⑫的间距为 0.40～0.60 cm，使系统转动到磁钢与霍尔传感器⑨相对时，多功能毫秒仪低电平指示灯亮，能够计数和计时。

（4）将质量 $m=50.0$ g 的砝码挂线的一端打结，沿塔轮上开的细缝塞入，并整齐地绕于半径为 r 塔轮内。

（5）调节滑轮的方向和高度，使挂线与塔轮相切，挂线与塔轮的中间应呈水平。

（6）将多功能毫秒仪复位后，释放砝码，砝码在重力作用下带动转动系统作加速转动。

（7）多功能毫秒仪自动记录系统从 0π 开始作 1π，2π，…角位移相应的时刻。

三、实验原理

1. 转动力矩、转动惯量和角加速度的关系

如图 3-5-1 所示，当转动系统受恒定外力作用时，系统作匀加速转动，系统所受的外力矩有两个，一个为绳子张力 T 产生的力矩 $M=Tr$，r 为塔轮的半径；另一个为摩擦力矩 M_μ。

根据角动量定理
$$M+M_\mu=J\beta_1$$
得
$$Tr+M_\mu=J\beta_1 \tag{3-5-1}$$
式中 β_1 为系统的角加速度，此时为正值，J 为转动系统的转动惯量。

设砝码 m 下落时的加速度为 a，重力加速度为 g，绳子张力 T，由牛顿第二定律可知，转动系统的运动方程为 $mg-T=ma$，则
$$T=m(g-r\beta_1) \tag{3-5-2}$$

当砝码与系统脱离后，此时砝码力矩 $M=0$，系统的角加速度为 β_2，数值为负。方程（3-5-1）变为
$$M_\mu=J\beta_2 \tag{3-5-3}$$
将式（3-5-2）和式（3-5-3）代入式（3-5-1），解得
$$J=\frac{mr(g-r\beta_1)}{\beta_1-\beta_2} \tag{3-5-4}$$

2. 角加速度的测量

设转动系统在 $t=0$ 时刻初角速度为 ω_0，角位移为 0，转动 t 时间后，其角位移 θ，转动中角加速度为 β，则
$$\theta=\omega_0 t+\frac{1}{2}\beta t^2 \tag{3-5-5}$$

若测得角位移 θ_1、θ_2，与相应的时间 t_1、t_2，得
$$\theta_1=\omega_0 t_1+\frac{1}{2}\beta t_1^2$$
$$\theta_2=\omega_0 t_2+\frac{1}{2}\beta t_2^2$$
所以
$$\beta=\frac{2(\theta_2 t_1-\theta_1 t_2)}{t_2^2 t_1-t_1^2 t_2}=\frac{2(\theta_2 t_1-\theta_1 t_2)}{t_1 t_2(t_2-t_1)} \tag{3-5-6}$$

实验时，角位移 θ_1、θ_2 可取为 2π，4π，…，实验转动系统转过 π 角位移，多功能毫秒仪的计数窗内计数次数＋1。计数为 0 作为角位移开始时刻，实时记录转过 π 角位移时刻，计算时将角位移时刻减去角位移开始时刻，转化成角位移的时间，运用上述公式（3-5-6），得到角加速度。

注意：在求角减速度时，应将砝码与系统脱离时刻的下一时刻作为系统作角减速运动的起始时刻。

3. 线性回归法测量角加速度

在系统转动过程中（即采集数据的时间内），摩擦力矩 M_μ 基本不变，系统作匀变速运动。有如下运动方程

$$\theta = \omega_0 t + \frac{1}{2}\beta t^2$$

即

$$\frac{\theta}{t} = \omega_0 + \frac{1}{2}\beta t \tag{3-5-7}$$

式中，ω_0 为载物台的初角速度，t 为它转过角度 θ 所需要的时间。利用多功能毫秒仪实时测量：$\theta = \pi$，2π，3π，…，$n\pi$ 所对应的时间 $t = t_1$，t_2，t_3，…，t_n。把 $\frac{\theta}{t}$ 作 y，t 作 x，进行回归运算，由斜率可算出角加速度 β，利用同样方法测得角减速度 β'。利用式（3-5-3）和式（3-5-4）可算得摩擦力矩 M_μ 和转动惯量 J。

4. 转动惯量 J 的"理论公式"

（1）设环形钢质实验样品，质量分布均匀，总质量为 m_0，其对中心轴的转动惯量为 J，外径为 D_1，内径为 D_2，则

$$J = \frac{1}{8}m_0(D_1^2 + D_2^2) \tag{3-5-8}$$

（2）平行轴定理：如果已知质量为 m_1 的刚体绕通过其质心轴的转动惯量为 J_0，则它绕另一与质心轴平行、且距质心为 d 的轴的转动惯量为

$$J = J_0 + m_1 d^2$$

则系统的转动惯量增量为　　　　　$$\Delta J = m_1 d^2 \tag{3-5-9}$$

四、实验内容

砝码质量 $m = 50.0$ g，选择合适的绕线半径。

1. 以铝盘中心孔为转轴装载铝盘，测量系统的转动惯量 J_1

在砝码力矩作用下，测量角位移 $\theta = 0\pi$，2π，4π 时的时刻 T_0，$T_{2\pi}$，$T_{4\pi}$，计算角位移时间：$\theta_1 = 2\pi$，$t_1 = T_{2\pi} - T_0$；$\theta_2 = 4\pi$，$t_2 = T_{4\pi} - T_0$，代入公式（3-5-6），得

$$\beta_1 = \frac{2(\theta_2 t_1 - \theta_1 t_2)}{t_1 t_2 (t_2 - t_1)} = \frac{4\pi(2t_1 - t_2)}{t_1 t_2 (t_2 - t_1)}$$

以角位移等于 12π 时为角减速度计算时刻，测量角位移 $\theta = 12\pi$，14π，16π 时的角位移时刻 $T_{12\pi}$，$T_{14\pi}$，$T_{16\pi}$，计算角位移时间 $\theta_3 = 2\pi$，$t_3 = T_{14\pi} - T_{12\pi}$；$\theta_4 = 4\pi$，$t_4 = T_{16\pi} - T_{12\pi}$，代入公式（3-5-4），得

$$\beta_2 = \frac{2(\theta_4 t_3 - \theta_3 t_4)}{t_3 t_4 (t_4 - t_3)} = \frac{4\pi(2t_3 - t_4)}{t_3 t_4 (t_4 - t_3)}$$

由式（3-5-4）得系统的转动惯量 J_1

$$J_1 = \frac{mr(g - r\beta_1)}{\beta_1 - \beta_2}$$

由表 3-5-1，测量两次并取平均值，求得 $\overline{J}_1$。

2. 以铝盘作为载物台，加载环形钢质实验样品，测量系统的转动惯量 J_2。环形钢质实验样品：$m_\text{钢} = 204.0$ g，外径 $D_\text{外} = 9.50$ cm，内径 $D_\text{内} = 6.50$ cm。

在砝码力矩作用下，测量角位移 $\theta = 0\pi$，2π，4π 时的时刻 T_0，$T_{2\pi}$，$T_{4\pi}$，计算角位移时间：$\theta_1 = 2\pi$，$t_1 = T_{2\pi} - T_0$；$\theta_2 = 4\pi$，$t_2 = T_{4\pi} - T_0$，代入公式（3-5-6），得

$$\beta_1 = \frac{2(\theta_2 t_1 - \theta_1 t_2)}{t_1 t_2 (t_2 - t_1)} = \frac{4\pi(2t_1 - t_2)}{t_1 t_2 (t_2 - t_1)}$$

以角位移等于 12π 时为角减速度计算时刻，测量角位移 $\theta = 12\pi$，14π，16π 时的角位移时刻 $T_{12\pi}$，$T_{14\pi}$，$T_{16\pi}$，计算角位移时间 $\theta_3 = 2\pi$，$t_3 = T_{14\pi} - T_{12\pi}$；$\theta_4 = 4\pi$，$t_4 = T_{16\pi} - T_{12\pi}$，代入公式（3-5-4），得

$$\beta_2 = \frac{2(\theta_4 t_3 - \theta_3 t_4)}{t_3 t_4 (t_4 - t_3)} = \frac{4\pi(2t_3 - t_4)}{t_3 t_4 (t_4 - t_3)}$$

由式（3-5-4）得系统的转动惯量 J_2

$$J_2 = \frac{mr(g - r\beta_1)}{\beta_1 - \beta_2}$$

由表 3-5-1，测量两次并取平均值，求得 $\overline{J}_2$。因此，环形钢质实验样品转动惯量 $J_\text{钢}$ 为

$$J_\text{钢} = \overline{J}_2 - \overline{J}_1$$

运用式（3-5-8）计算环形钢质实验样品的转动惯量理论值。将实验值与理论值进行比较，求其相对误差。

3. 验证平行轴定理

铝盘质量 $m_\text{铝} = 247.0$ g。

以载物台铝盘偏心孔为转轴，分别取偏心距 $d = 3.00$ cm，4.00 cm，5.00 cm，重复步骤 2 的操作，测量角位移为 0π，2π，4π，12π，14π，16π 的时刻，计算角加速度 β_1 和角减速度 β_2，及转动系统的转动惯量的增量 ΔJ。运用式（3-5-9）计算偏心系统的转动惯量的增量理论值。将实验值与理论值进行比较，并求其相对误差，验证平行轴定理。

4. 线性回归法测量角加速度

利用多功能毫秒仪实时测量：$\theta = \pi$，2π，3π，$\cdots$，$n\pi$ 所对应的时间 $t = t_1$，t_2，t_3，$\cdots$，t_n。把 $\frac{\theta}{t}$ 作 y 轴，t 作 x 轴作图，即可描绘 $\frac{\theta}{t}$ 与 t 的关系曲线图，分别对由于砝码的重力作用而作角加速运动的曲线的上升部分求斜率 k_1，及对由于挂有砝码的挂线脱离转轴而作角减速运动的曲线的下降部分求斜率 k_2，即可得到 β_1 和 β_2。由于砝码质量 m 和塔轮直径 $2r$ 都是已知值，利用式（3-5-3）和式（3-5-4）可算得摩擦力矩 M_μ 和转动惯量 J。

表 3-5-1　刚体转动惯量实验测量数据　　　　　　　绕线半径：＿＿＿＿cm

状态	0π 时刻	2π 时刻	4π 时刻	12π 时刻	14π 时刻	16π 时刻	t_1 (s)	t_2 (s)	t_3 (s)	t_4 (s)	β_2 (π/s^2)	β_1 (π/s^2)	J $(\text{g} \cdot \text{cm}^2)$	$\overline{J}$ $(\text{g} \cdot \text{cm}^2)$
不加钢圈														
不加钢圈														

续表

状态	0π 时刻	2π 时刻	4π 时刻	12π 时刻	14π 时刻	16π 时刻	t_1 (s)	t_2 (s)	t_3 (s)	t_4 (s)	β_2 (π/s²)	β_1 (π/s²)	J (g·cm²)	$\overline{J}$ (g·cm²)
加钢圈														
加钢圈														
偏心 3.00 cm														
偏心 3.00 cm														
偏心 4.00 cm														
偏心 4.00 cm														
偏心 5.00 cm														
偏心 5.00 cm														

表 3-5-2　测量有外力作用下的角加速度测量数据

计数	0	1	2	3	4	5	6	7	8	9
角位移 θ	0	1π	2π	3π	4π	5π	6π	7π	8π	9π
t (s)										
$\dfrac{\theta}{t}$ (π/s)										

表 3-5-3　测量砝码与塔轮分开后系统的角加速度测量数据

计数	12	13	14	15	…	…	25	26	27	28
角位移 θ	0π	1π	2π	3π	…	…	13π	14π	15π	16π
t (s)										
$\dfrac{\theta}{t}$ (π/s)										

5. 如果使用 ZKY-ZS 型转动惯量实验仪，请参考附录中相关仪器介绍。

五、注意事项

1. 霍尔开关传感器放置于合适的位置，使系统转过约 π/2 角位移后，多功能毫秒仪开始计数计时。

2. 挂线长度以挂线脱离塔轮后，砝码离地 3.00 厘米左右为宜。

3. 实验中，在砝码钩挂线脱离塔轮前转动体系作加速转动，在砝码钩挂线脱离塔轮后转动体系作减速转动，须分清加速转动和减速转动的计时分界处。

4. 数据处理时，系统作负加速度 β_2 的开始时刻，可选为分界处的下一时刻，角位移时间须减去该时刻。

5. 实验时，砝码应置于相同的高度后释放，以便数据一致。

附录　ZKY-ZS 型转动惯量实验仪

一、实验仪器

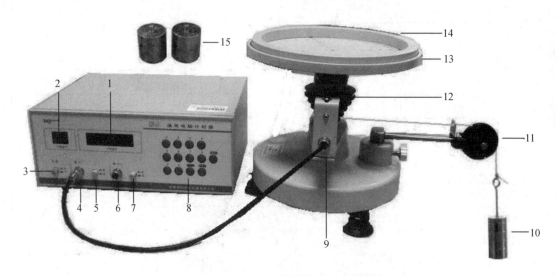

图 3-5-2　ZKY-ZS 型转动惯量实验装置图

①时间显示屏；②计数显示屏；③电源开关；④信号输入口⑤输入口通/断开关；⑥信号输入口；⑦输入口通/断开关；⑧键盘；⑨霍尔开关传感器；⑩砝码；⑪滑轮；⑫塔轮组；⑬载物台；⑭环形钢质实验样品；⑮圆柱

二、实验参数

　　塔轮半径为 3.50 cm，3.00 cm，2.50 cm，2.00 cm，1.50 cm

　　孔离中心距离分别为 10.50 cm，9.00 cm，7.50 cm，6.00 cm，4.50 cm

　　砝码质量为 50.4 g

　　圆柱质量为 166.0 g；圆柱半径为 1.50 cm

　　环形钢质实验样品的质量为 436.0 g；内径为 21.00 cm；外径为 24.00 cm

三、附表

表 3-5-4　刚体转动惯量实验测量数据

绕线半径：_____ cm

状态	0π 时刻	2π 时刻	4π 时刻	12π 时刻	14π 时刻	16π 时刻	t_1 (s)	t_2 (s)	t_3 (s)	t_4 (s)	β_2 (π/s^2)	β_1 (π/s^2)	J (g·cm²)	$\overline{J}$ (g·cm²)
不加钢圈														
不加钢圈														
加钢圈														

续表

状态	0π 时刻	2π 时刻	4π 时刻	12π 时刻	14π 时刻	16π 时刻	t_1 (s)	t_2 (s)	t_3 (s)	t_4 (s)	β_2 (π/s²)	β_1 (π/s²)	J (g·cm²)	$\overline{J}$ (g·cm²)
加钢圈														
加圆柱 不偏心														
加圆柱 不偏心														
加圆柱 偏心 4.50 cm														
加圆柱 偏心 4.50 cm														

实验六　落球法测定液体在不同温度下的黏度

　　当液体内各部分之间有相对运动时，接触面之间存在内摩擦力，阻碍液体的相对运动，这种性质称为液体的粘滞性，液体的内摩擦力称为粘滞力。粘滞力的大小与接触面面积以及接触面处的速度梯度成正比，比例系数 η 称为黏度（或粘滞系数）。

　　对液体粘滞性的研究在流体力学，化学化工，医疗，水利等领域都有广泛的应用，例如在用管道输送液体时要根据输送液体的流量，压力差，输送距离及液体黏度，设计输送管道的口径。

　　测量液体黏度可用落球法，毛细管法，转筒法等方法，其中落球法适用于测量黏度较高的液体。

　　黏度的大小取决于液体的性质与温度，温度升高，黏度将迅速减小。例如对于蓖麻油，在室温附近温度改变 1 ℃，黏度值改变约 10%。因此，测定液体在不同温度的黏度有很大的实际意义，若要准确测量液体的黏度，必须精确控制液体温度。

一、实验目的

　　1. 用落球法测量不同温度下蓖麻油的黏度。

　　2. 了解 PID 温度控制的原理。

二、实验仪器

　　1. 仪器用具

变温粘滞系数实验仪、开放式 PID 温控实验仪、蓖麻油、秒表、钢球若干。

　　2. 仪器描述

变温粘滞系数测量实验装置如图 3-6-1 所示。

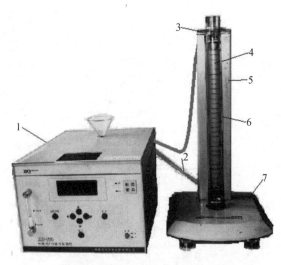

图 3-6-1　变温粘滞系数测量实验装置图

①开放式 PID 温控实验仪；②进水管；③出水管；④样品管；⑤支架；⑥加热水管；⑦底座

（1）落球法变温粘滞系数实验仪

变温粘滞系数实验仪的外形如图 3-6-1 所示。待测液体装在细长的样品管中，能使液体温度较快地与加热水温达到平衡，样品管壁上有刻度线，便于测量小球下落的距离。样品管外的加热水套连接到温控实验仪，通过热循环水加热样品。底座上有调节螺钉，用于调节样品管的铅直。

（2）开放式 PID 温控实验仪

温控实验仪包含水箱、水泵、加热器、控制及显示电路等部分。

本温控实验仪内置微处理器，带有液晶显示屏，操作菜单化，能根据实验对象选择 PID 参数以达到最佳控制，能显示、存储温控过程的温度变化曲线和功率变化曲线及温度和功率的实时值，控制精度高。

开机后，水泵开始运转，显示屏显示操作菜单，可选择工作方式，输入序号及室温，设定温度及 PID 参数。使用◀▶键选择项目，▲▼键设置参数，按确认键进入下一屏，按返回键返回上一屏。

进入测量界面后，屏幕上方的数据栏从左至右依次显示序号、设定温度、初始温度、当前温度、当前功率和调节时间等参数。图形区以横坐标代表时间，纵坐标代表温度（以及功率），并可用▲▼键改变温度坐标值。仪器每隔 15 秒采集 1 次温度及加热功率值，并将采得的数据标示在图上。温度达到设定值并保持两分钟温度波动小于 0.1 度，仪器自动判定达到平衡，并在图形区右边显示过渡时间 t_S，动态偏差 σ，静态偏差 e。一次实验完成退出时，仪器自动将屏幕按设定的序号存储（共可存储 10 幅），以供必要时查看、分析和比较。

（3）PID 面板符号表示

R：当前实验要达到的温度值（设定的温度值）；

T_0：实验前的初始温度；

T：实验时加热过程中显示的温度值；

P：功率（如 006% 表示在 100 s 内只有 6 s 用于加热，其余 94 s 处于空闲状态）；

t：当前加热时间；

t_S：达到温度值稳定时的时间；

σ：超调量（系统加热中超过设定值的温度值）；

e：静差温度（当前显示温度 T 与设定值 R 之间的差值；当为负值时表示 $T>R$ 值，如 -0.1 则表示 $T-R=0.1$ ℃；当为正值时表示 $T<R$ 值，如 0.1 则表示 $R-T=0.1$ ℃）。

三、实验原理

1. 落球法测定液体的黏度

一个在静止液体中下落的小球受到重力、浮力和粘滞阻力三个力的作用，如果小球的速度 v 很小，且液体可以看成在各方向上都是无限广阔的，则从流体力学的基本方程可以导出表示粘滞阻力的斯托克斯公式

$$F = 3\pi\eta v d \tag{3-6-1}$$

式中 d 为小球直径。由于粘滞阻力与小球速度 v 成正比，小球在下落很短一段距离后（参见附录的推导），所受的三力达到平衡，小球将以 v_0 匀速下落，此时有

$$\frac{1}{6}\pi d^3 (\rho - \rho_0) g = 3\pi\eta v_0 d \tag{3-6-2}$$

式中，ρ 为小球密度，ρ_0 为液体密度。由式（3-6-2）可解出黏度 η 的表达式

$$\eta = \frac{(\rho - \rho_0)gd^2}{18v_0} \tag{3-6-3}$$

本实验中，小球在直径为 D 的玻璃管中下落，液体在各方向无限广阔的条件不满足，此时粘滞阻力的表达式可加修正系数 $(1 + 2.4d/D)$，而式（3-6-3）可修正为

$$\eta = \frac{(\rho - \rho_0)gd^2}{18v_0(1 + 2.4d/D)} \tag{3-6-4}$$

当小球的密度较大，直径不是太小，而液体的黏度值又较小时，小球在液体中的平衡速度 v_0 会达到较大的值，奥西思-果尔斯公式反映出了液体运动状态对斯托克斯公式的影响

$$F = 3\pi\eta v_0 d\left(1 + \frac{3}{16}\mathrm{Re} - \frac{19}{1080}\mathrm{Re}^2 + \cdots\right) \tag{3-6-5}$$

其中，Re 称为雷诺数，是表征液体运动状态的无量纲参数。

$$\mathrm{Re} = v_0 d\rho_0 / \eta \tag{3-6-6}$$

当 Re 小于 0.1 时，可认为式（3-6-1）和式（3-6-4）成立。当 $0.1 < \mathrm{Re} < 1$ 时，应考虑式（3-6-5）中 1 级修正项的影响，当 Re 大于 1 时，还须考虑高次修正项。

考虑式（3-6-5）中一级修正项的影响及玻璃管的影响后，黏度 η_1 可表示为

$$\eta_1 = \frac{(\rho - \rho_0)gd^2}{18v_0(1 + 2.4d/D)(1 + 3\mathrm{Re}/16)} = \eta\frac{1}{1 + 3\mathrm{Re}/16} \tag{3-6-7}$$

由于 $3\mathrm{Re}/16$ 是远小于 1 的数，将 $1/(1 + 3\mathrm{Re}/16)$ 按幂级数展开后近似为 $1 - 3\mathrm{Re}/16$，式（3-6-7）又可表示为

$$\eta_1 = \eta - \frac{3}{16}v_0 d\rho_0 \tag{3-6-8}$$

已知或测量得到 ρ、ρ_0、D、d、v 等参数后，由式（3-6-4）计算黏度 η，再由式（3-6-6）计算 Re，若需计算 Re 的 1 级修正，则由式（3-6-8）计算经修正的黏度 η_1。

本实验采用直径为 1 mm 的小钢球，其雷诺数远小于 0.1，故可简单运用式（3-6-4）计算黏度。

在国际单位制中，η 的单位是 Pa·s（帕斯卡·秒），在厘米、克、秒制中，η 的单位是 P（泊）或 cP（厘泊），它们之间的换算关系是

$$1 \text{ Pa·s} = 10 \text{ P} = 1000 \text{ cP}$$

2. PID 调节原理

PID 调节是自动控制系统中应用最为广泛的一种调节规律，自动控制系统的原理可用图 3-6-2 说明。

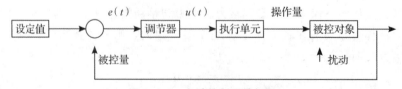

图 3-6-2　自动控制系统框图

假如被控量与设定值之间有偏差 $e(t)$，即 $e(t)=$ 设定值－被控量，调节器依据 $e(t)$ 及一定的调节规律输出调节信号 $u(t)$，执行单元按 $u(t)$ 输出操作量至被控对象，使被控量逼近

直至最后等于设定值。调节器是自动控制系统的指挥机构。

在我们的温控系统中，调节器采用 PID 调节，执行单元是由可控硅控制加热电流的加热器，操作量是加热功率，被控对象是水箱中的水，被控量是水的温度。

PID 调节器是按偏差的比例（Proportional），积分（Integral），微分（Differential），进行调节，其调节规律可表示为

$$u(t) = K_P \left[e(t) + \frac{1}{T_I} \int_0^t e(t) \, \mathrm{d}t + T_D \frac{\mathrm{d}e(t)}{\mathrm{d}t} \right] \tag{3-6-9}$$

式中，第一项为比例调节，K_P 为比例系数；第二项为积分调节，T_I 为积分时间常数；第三项为微分调节，T_D 为微分时间常数。

PID 温度控制系统在调节过程中温度随时间的一般变化关系可用图 3-6-3 表示，控制效果可用稳定性、准确性和快速性评价。

系统重新设定（或受到扰动）后经过一定的过渡过程能够达到新的平衡状态，则为稳定的调节过程；若被控量反复振荡，甚至振幅越来越大，则为不稳定调节过程，不稳定调节过程是有害而不能采用的。准确性可用被调量的

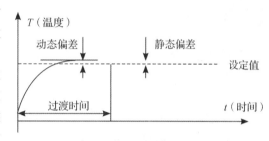

图 3-6-3　PID 调节系统过渡过程

动态偏差和静态偏差来衡量，二者越小，准确性越高。快速性可用过渡时间表示，过渡时间越短越好。实际控制系统中，上述三方面指标常常是互相制约，互相矛盾的，应结合具体要求综合考虑。

由图 3-6-3 可知，系统在达到设定值后一般并不能立即稳定在设定值，而是超过设定值后经一定的过渡过程才重新稳定，产生超调的原因可从系统惯性、传感器滞后和调节器特性等方面予以说明。系统在升温过程中，加热器温度总是高于被控对象温度，在达到设定值后，即使减小或切断加热功率，加热器存储的热量在一定时间内仍然会使系统升温，降温有类似的反向过程，这称之为系统的热惯性。传感器滞后是指由于传感器本身热传导特性或是由于传感器安装位置的原因，使传感器测量到的温度比系统实际的温度在时间上滞后，系统达到设定值后调节器无法立即作出反应，产生超调。对于实际的控制系统，必须依据系统特性合理整定 PID 参数，才能取得好的控制效果。

由式（3-6-9）可知，比例调节项输出与偏差成正比，它能迅速对偏差作出反应，并减小偏差，但它不能消除静态偏差。这是因为任何高于室温的稳态都需要一定的输入功率维持，而比例调节项只有偏差存在时才输出调节量。增加比例调节系数 K_P 可减小静态偏差，但在系统有热惯性和传感器滞后时，会使超调加大。

积分调节项输出与偏差对时间的积分成正比，只要系统存在偏差，积分调节作用就不断积累，输出调节量以消除偏差。积分调节作用缓慢，在时间上总是滞后于偏差信号的变化。增加积分作用（减小 T_I）可加快消除静态偏差，但会使系统超调加大，增加动态偏差，积分作用太强甚至会使系统出现不稳定状态。

微分调节项输出与偏差对时间的变化率成正比，它阻碍温度的变化，能减小超调量，克服振荡。在系统受到扰动时，它能迅速作出反应，减小调整时间，提高系统的稳定性。

PID 调节器的应用已有一百多年的历史，理论分析和实践都表明，应用这种调节规律对许多具体过程进行控制时，都能取得满意的结果。

四、实验内容

1. 检查仪器后面的水位管，将水箱水加到适当值

平常加水从仪器顶部的注水孔注入。若水箱排空后第一次加水，应该用软管从出水孔将水经水泵加入水箱，以便排出水泵内的空气，避免水泵空转（无循环水流出）或发出嗡鸣声。

2. 设定 PID 参数

若对 PID 调节原理及方法感兴趣，可在不同的升温区段有意改变 PID 参数组合，观察参数改变对调节过程的影响，探索最佳控制参数。

若只是把温控仪作为实验工具使用，则保持仪器设定的初始值，也能达到较好的控制效果。

3. 测定小球在液体中下落速度并计算黏度

调节变温粘滞系数实验仪底座上的水平调节螺钉，使样品管顶端的水平仪中的气泡位于水平仪正中，保证粘滞系数实验仪的样品管铅直。

设定 PID 温控实验仪控温为 30 ℃后开始实验，待温度达到设定值后（t_S 出现后）再等约 5～10 分钟，使样品管中的蓖麻油温度与加热水温完全一致，才能开始测量液体黏度。

取下样品管顶端的水平仪，用镊子夹住小球沿样品管中心轻轻放入蓖麻油中，用秒表测量小球落经一段距离（25 cm，注意眼睛平视）的时间 t，重复测量五次，要求相差小于 1 秒。测量过程中，尽量避免对液体的扰动。计算小球速度 v_0，用式（3-6-4）计算黏度 η，记入表 3-6-1 中。

根据表 3-6-1 改变设定温度，测定小球在液体中下落速度并计算黏度。

每做完一组实验后，用磁铁将小球吸引至样品管口，以备下组实验使用。实验完成后用镊子将小球夹入蓖麻油中保存。

五、数据处理

1. 表 3-6-1 中，列出了部分温度下黏度的标准值，将这些温度下黏度的测量值与标准值比较，计算其相对误差。

2. 作 η-T 图，说明黏度随温度的变化关系。

表 3-6-1 黏度的测定

$\rho = 7.8 \times 10^3 \text{ kg/m}^3$　　$\rho_0 = 0.95 \times 10^3 \text{ kg/m}^3$　　$d = 1.00 \times 10^{-3} \text{ m}$　　$D = 2.0 \times 10^{-2} \text{ m}$

温度 T (℃)	时间（s）						速度 (10^{-3} m/s)	η (Pa·s) 测量值	* η (Pa·s) 标准值
	1	2	3	4	5	平均			
30									0.451
35									
40									0.231
45									

* 摘自 CRC Handbook of Chemistry and Physics

附录　小球在达到平衡速度之前所经路程 L 的推导

由牛顿运动定律及粘滞阻力的表达式，可列出小球在达到平衡速度之前的运动方程

$$\frac{1}{6}\pi d^3\rho\frac{\mathrm{d}v}{\mathrm{d}t}=\frac{1}{6}\pi d^3(\rho-\rho_0)g-3\pi\eta dv \qquad (3\text{-}6\text{-}10)$$

经整理后得

$$\frac{\mathrm{d}v}{\mathrm{d}t}+\frac{18\eta}{d^2\rho}v=(1-\frac{\rho_0}{\rho})g \qquad (3\text{-}6\text{-}11)$$

这是一个一阶线性微分方程，其通解为

$$v=(1-\frac{\rho_0}{\rho})g\,\frac{d^2\rho}{18\eta}+Ce^{-\frac{18\eta}{d^2\rho}t} \qquad (3\text{-}6\text{-}12)$$

设小球以零初速放入液体中，代入初始条件（$t=0$，$v=0$），定出常数 C 并整理后得

$$v=\frac{d^2g}{18\eta}(\rho-\rho_0)(1-e^{-\frac{18\eta}{d^2\rho}t}) \qquad (3\text{-}6\text{-}13)$$

随着时间增大，式（3-6-13）中的负指数项迅速趋近于 0，由此得平衡速度

$$v_0=\frac{d^2g}{18\eta}(\rho-\rho_0) \qquad (3\text{-}6\text{-}14)$$

式（3-6-14）与正文中的式（3-6-12）是等价的，平衡速度与黏度成反比。设从速度为 0 到速度达到平衡速度的 99.9% 这段时间为平衡时间 t_0，即令

$$e^{-\frac{18\eta}{d^2\rho}t_0}=0.001 \qquad (3\text{-}6\text{-}15)$$

由式（3-6-15）可计算平衡时间。

若钢球直径为 10^{-3} m，代入钢球的密度 ρ，蓖麻油的密度 ρ_0 及 40 ℃ 时蓖麻油的黏度 $\eta=0.231$ Pa·s，可得此时的平衡速度约为 $v_0=0.016$ m/s，平衡时间约为 $t_0=0.013$ s。

平衡距离 L 小于平衡速度与平衡时间的乘积，在我们的实验条件下，小于 1 mm，基本可认为小球进入液体后就达到了平衡速度。

实验七　声速的测定

声波实质上是在弹性介质中传播的机械压力波，是能量传播的一种形式。声波按频率可分为次声波、可闻声波和超声波三种；频率在 20 Hz 以下的机械波称为次声波。频率在 20～20000 Hz 之间的机械波称为可闻声波。频率高于 20000 Hz 的机械波称为超声波，当声波在气体、液体介质中传播时，声波以纵波的形式传播。在固体中传播时，声波既可能是纵波，也可能是横波。对频率、速度、波长等声波特性的测量，是声学技术的重要内容。超声定位、超声探伤、超声测距、超声清洗等声学技术在工程技术领域有着广泛的应用。

一、实验目的

1. 学会用驻波法和位相法测量空气中的声速。
2. 掌握用电声换能器进行电声转换的测量方法。
3. 学会用逐差法处理实验数据。
4. 学习示波器的应用。

二、实验仪器

1. 仪器用具

SV6 型声速测定仪、SV5 型声速测量专用信号源、双踪示波器。

2. 仪器描述

超声声速测量实验装置如图 3-7-1 所示，声速测定仪的主要部件是由两只超声压电换能器组成，它们的位置分别与游标卡尺的主尺和游标相对应，所以两只超声压电换能器的相对位置可由游标卡尺直接读出。

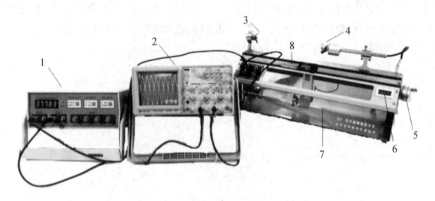

图 3-7-1　超声声速测量实验装置图
①信号源；②双踪示波器；③压电换能器；④压电换能器；⑤转动手柄；⑥电子温度计；⑦液体槽；⑧游标卡尺

压电换能器由压电陶瓷片和轻、重两种金属组成。压电陶瓷片（如钛酸钡、锆钛酸铅陶瓷等）是由一种多晶结构的压电材料做成，在一定温度下经极化处理后，具有压电效应。

超声波的发射和接收一般通过电磁振动和机械振动的相互转换来实现，常见的是利用压

电效应和磁致伸缩效应。压电陶瓷超声换能器能实现
声压和电压之间的转换。当压电材料受到与极化方向
一致的应力 T 作用时，将在极化方向上产生一定的电
场强度 E，它们之间存在简单的线性关系 $E = gT$；反
之，当与极化方向一致的外加电压 U 加在压电材料上
时，材料将发生形变，形变量 S 与外加电压 U 的关系
为 $S = dU$。上述比例常数 g、d 称为压电常数，与材料
性质有关。依据上述 E 与 T、S 与 U 之间的转换关系，

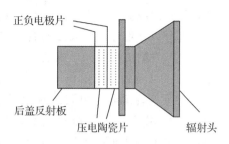

图 3-7-2　压电换能器结构

当我们将一正弦交流电信号加到压电材料两端时，材料纵向长度将随着信号发生伸缩变化，
其产生的振动可作为声波的声源。反之，当受到声压作用时，材料两端将产生电压，可用其
来接收声信号。

　　实验中的压电换能器结构如图 3-7-2 所示，压电陶瓷片的头尾两端胶粘着两块金属，组
成夹心形振子。头部用轻金属做成喇叭型，尾部用重金属做成柱型，中部为压电陶瓷圆环，
紧固螺钉穿过环中心。这种结构增大了幅射面积，增强了振子与介质的耦合作用，由于振子
是以纵向长度的伸缩直接影响头部轻金属作同样的纵向长度伸缩（对尾部重金属作用小），
这样所发射的波方向性强、单色性和平面性好。

　　压电换能器作为波源，其固有谐振频率为 f_0。当外加强迫力的频率等于谐振频率时，
换能器产生机械谐振，这时作为发射器的压电换能器发射声波效率最高。本实验压电换能器
谐振频率（37.0 ± 1.0）kHz，功率不小于 10 W。由于频率在超声范围内，超声波具有波长
短、能定向传播等特点，一般的音频对它干扰较小。同时，在较高的频率下，波长较短，在
不长的距离中可测到许多个 λ，用逐差法处理实验数据，有利于提高测量的准确度。这些都
可使实验的精度大大提高。

三、实验原理

　　声速是描述声波在媒质中传播快慢的一个物理量，它的传播速度与媒质的特性及状态因
素有关。因而通过媒质中声速的测定，可以了解媒质的特性及状态变化。例如氯气（气体）、
蔗糖（溶液）的浓度、氯丁橡胶乳液的比重以及输油管中不同油品的分界面等，这些问题都
可以通过测定这些物质中的声速来测量。可见，声速测定在工业生产上具有一定的实用意
义。

　　声速与温度有关：$v_t = v_0 \sqrt{1 + at}$，式中 a 为气体的热膨胀系数，为 $0.00366/℃$；v_0 为
温度 0 ℃时的声速，为 $v_0 = 331.4$ 米/秒，v_t 为温度 t ℃时的声速。若不考虑空气中水蒸气
的影响，声波在空气中传播速度的理论值也可由下式计算

$$v_t = v_0 \sqrt{1 + \frac{t}{273.15}} \qquad (3\text{-}7\text{-}1)$$

　　声速测量方法可分为两大类：一类是根据公式 $v = s/t$，测出声波传播路程 s 所需时间
t，去求声速 v；一类是利用关系 $v = f\lambda$，测量声波的频率 f 和波长 λ，求出声速 v。本实验
采用的驻波法和相位法即属于第二类，下面对这两种方法的原理进行简要介绍。

　　1. 驻波法测声速

　　压电陶瓷换能器 S_1 作为声波发射器，它由信号源供给频率为 37 kHz 左右的交流电信
号，由逆压电效应发出一平面超声波，在其周围形成声场，形成沿 X 正方向传播的平面纵

波，该平面纵波在前进中遇到作为声波的接收器的声波换能器 S_2，S_2 接收声波信号的同时反射部分声波信号，如果接收面 S_2 与发射面 S_1 严格平行，入射波将在接收面上垂直反射，入射波与发射波相干涉形成驻波，正压电效应将接收到的声压转换成电信号，该信号输入示波器，可看到一组由声压信号产生的正弦波形，我们在示波器上观察到的实际上是这两个相干波合成后在声波接收器 S_2 处的振动情况，移动 S_2 位置（即改变 S_1 与 S_2 之间的距离），由于声波传播的阻尼衰减，会发现 S_2 在某些位置时，振幅会有逐步衰减变化的最小值或最大值，如图 3-7-3 所示。

发射换能器S_1波形　　　　　　　　接收换能器S_2波形

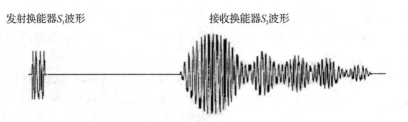

图 3-7-3　发射端与接收端波的形变化示意图（驻波法）

设声源 S_1 方程为
$$X = A\cos 2\pi(ft - \frac{x}{\lambda}) \tag{3-7-2}$$

S_2 发出的反射波方程为
$$Y = A\cos 2\pi(ft + \frac{x}{\lambda}) \tag{3-7-3}$$

两波产生干涉时，它们的合振动方程

$$S = X + Y = A\cos 2\pi(ft - \frac{x}{\lambda}) + A\cos 2\pi(ft + \frac{x}{\lambda}) = 2A\cos(2\pi\frac{x}{\lambda})\cos 2\pi ft \tag{3-7-4}$$

上式为驻波方程。当 $x = \pm n\frac{\lambda}{2}$（$n = 0, 1, 2, 3, \cdots$），$\varphi_1 - \varphi_0 = 0$ 时两波的位相相同，叠加使得振幅最大，振幅为 $\left| 2A\cos(2\pi\frac{x}{\lambda}) \right|$，这些点称为波腹；当 $x = \pm(2n-1)\frac{\lambda}{4}$（$n = 0$, 1, 2, 3, $\cdots$），$\varphi_1 - \varphi_0 = \pi$ 时两波的位相相反，叠加的结果使得振幅最小，这些点称为波节。两相邻波腹或波节的距离即为半波长 $\lambda/2$，相邻波腹与波节的距离即为四分之一波长 $\lambda/4$。在连续多次单方向测量相隔半波长的 S_2 的位置变化及声波频率 f，用逐差法计算出波长 λ，便可由 $v = f\lambda$ 求得声速。

实际上，由于声波在反射面的传播是从波疏介质到波密介质作正入射后的反射，会产生半波损失，即反射波在界面上产生了 π 的相位突变，产生半波损失时，反射波与入射波始终存在着 π 的相位差，两列波在界面上的干涉为相消干涉，因而形成波节。若考虑了半波损失，可设

声源 S_1 方程为
$$X = A\cos\left[2\pi(ft - \frac{x}{\lambda}) + \pi\right] \tag{3-7-5}$$

S_2 发出的反射波方程为
$$Y = A\cos 2\pi(ft + \frac{x}{\lambda}) \tag{3-7-6}$$

两波产生干涉时，它们的合振动方程

$$S = X + Y = 2A\cos(2\pi\frac{x}{\lambda} + \frac{\pi}{2})\cos(2\pi ft + \frac{\pi}{2}) \tag{3-7-7}$$

对于波腹处，$2\pi\dfrac{x}{\lambda}+\dfrac{\pi}{2}=n\pi$，即波腹的位置为：$x=\pm(n-\dfrac{1}{2})\dfrac{\lambda}{2}$ 或

$$x=\pm(2n-1)\dfrac{\lambda}{4}\qquad(n=1,\ 2,\ \cdots)\qquad(3\text{-}7\text{-}8)$$

这说明考虑了半波损失后，原来波节的位置变成了波腹的位置，原来波腹的位置变成了波节的位置。实际上，反射波随着距离的增加，驻波的振幅在不断衰减。但不变的是，两相邻波腹或波节的距离都为半波长 $\lambda/2$，相邻波腹与波节的距离都为四分之一波长 $\lambda/4$，这样的结论具有普遍性的意义，是我们准确测量波长的理论基础。

2. 相位法测声速

声源 S_1 发出声波后，在周围形成声场，声场在介质中任一点的振动相位是随时间变化的。

设声源 S_1 方程为 $X=A\cos(\omega t+\varphi_1)$，距声源 x 处 S_2 接收到的振动为 $Y=B\cos(\omega t+\varphi_2)$，两处振动的相位差 $\Delta\varphi=\varphi_2-\varphi_1=2\pi fx/v$，通过测量相位差可测得声速 v。

当把 S_1 和 S_2 的信号分别输入到示波器 X 轴和 Y 轴，这是垂直方向两列正弦波的叠加，其合成的振动方程为椭圆方程

$$\dfrac{X^2}{A^2}+\dfrac{Y^2}{B^2}-\dfrac{2XY}{AB}\cos(\varphi_2-\varphi_1)=\sin^2(\varphi_2-\varphi_1)\qquad(3\text{-}7\text{-}9)$$

由式（3-7-9），当 $\varphi_2-\varphi_1=0$，两振动同相，这时方程变为

$$(\dfrac{X}{A}-\dfrac{Y}{B})^2=0\qquad(3\text{-}7\text{-}10)$$

这时合成的轨迹是一条斜率为 $\dfrac{B}{A}$ 的直线。当 $\varphi_2-\varphi_1=\pi$，两振动反相，这时合成的轨迹是一条斜率为 $-\dfrac{B}{A}$ 的直线。当 $\varphi_2-\varphi_1=\dfrac{\pi}{2}$，这时合成的轨迹是一个椭圆

$$\dfrac{X^2}{A^2}+\dfrac{Y^2}{B^2}=1\qquad(3\text{-}7\text{-}11)$$

如果 $\varphi_2-\varphi_1=-\dfrac{\pi}{2}$，这时椭圆运动方向与上述的相反。对任一时刻 t，质点的合成的轨迹是

$$s=\sqrt{A^2+B^2}\cos(\omega t+\varphi_0)\qquad(3\text{-}7\text{-}12)$$

合成的图像如图 3-7-4 所示。

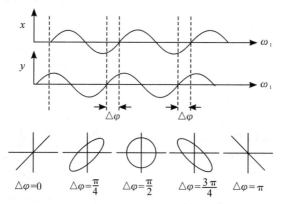

图 3-7-4　用李萨如图形测波长（相位法）

当移动 x 使得示波器上的李萨如图形从斜率为正的直线又回到原来位置时，也就是 x 已变化了一个波长 λ，便可按 $v=f\lambda$ 求得声速。

四、实验内容

1. 声速测量系统的连接

声速测量时，专用信号源、测试仪、示波器之间的连接方法如图 3-7-5 所示。

图 3-7-5　驻波法、相位法测声速连接图

2. 发射信号源谐振频率的调节

根据测量要求初步调节好示波器。先将两换能器彼此靠近（间距约 2 cm），将专用信号源输出的正弦信号频率调节到换能器的谐振频率，使换能器 S_1 发射出较强的超声波，能较好地进行声能与电能的相互转换，得到较好的实验效果，方法如下：

（1）将专用信号源的"发射波形"端接至示波器，调节示波器，能清楚地观察到同步的正弦波信号；

（2）调节专用信号源的上"发射强度"旋钮，使其输出电压在 2.5 V_{P-P} 左右，然后将换能器的接收信号接至示波器，调整信号频率在（37.0±1.0）kHz 左右，观察接收波的电压幅度变化，因不同的换能器或介质而异，在某一频率点处（34.5～39.5 kHz）电压幅度最大，此频率即是压电换能器 S_1、S_2 相匹配频率点，记录此频率 f。

（3）改变 S_2 与 S_1 的距离，使示波器显示的合振幅最大，此时的频率即为谐振频率。在每次的测量中不必再调整谐振频率，但谐振频率可能因时间变化而有少量的漂移，每测量一次 S_2 时，同时记下此时的谐振频率，作 n 次测量后取其谐振频率的平均值 $\overline{f}$。

3. 驻波法测量波长

将测试方法设置到连续方式。按前面介绍的方法，确定最佳工作频率。观察示波器，移动 S_2 找到接收波形的最大值，记录幅度最大时的距离，由数显尺上直接读出或在机械游标卡尺刻度上读出；记下 S_2 位置 x_0，然后向着同方向转动距离调节鼓轮，这时波形的幅度会发生变化，逐个记下振幅最大的 x_1，x_2，…，x_{12} 共 12 个点，点与点之间距离等于 $\lambda/2$，单次测量的波长 $\lambda_i=2|x_i-x_{i-1}|$。用逐差法处理这 12 个数据，便可得到波长 λ，则声速：$v=\overline{f}\lambda$。

4. 相位比较法（李萨如图形法）测量波长

将测试方法设置到连续波方式。确定最佳工作频率，使用单踪示波器时接收波接到"Y"，发射波接到"EXT"外触发端；使用双踪示波器时接收波接到"CH1"，发射波接到"CH2"，设置为"X-Y"显示方式，适当调节示波器，在示波器上可以观察到来自发射、接收换能器 S_1、S_2 振动合成曲线波形所发生的相移，出现李萨如图形。转动距离调节鼓轮，观察波形为一定角度的斜线，$\Delta\varphi=0$，如图 3-7-4 所示，记下 S_2 的位置 x_i，再向前或者向

后（必须是同一个方向）移动距离，假如观察到的波形是出发点时的同样波形，这时来自接收换能器 S_2 的振动波形发生了 2π 相移。记下示波器屏图形变化所对应位置 x_{i+1}，单次测量波长 $\lambda_i = |x_{i+1} - x_i|$，多次测定取其平均值，即可得到波长 $\bar{\lambda}$。将得到波长 $\bar{\lambda}$ 和平均频率 $\bar{f}$，则声速

$$v = \bar{f}\,\bar{\lambda} \tag{3-7-13}$$

因声速还与介质温度有关，故须记下实验前后介质温度 t_1 和 t_2，取其平均值。

五、数据处理

1. 频率和温度取其平均值。
2. 波长值用逐差法处理求得。
3. 由式（3-7-13）计算所测的声速 v，并与式（3-7-1）计算的理论值比较，计算测量结果的相对误差。

用驻波法测声速的参考表格。

实验前温度 $t_1 = $ _____ ℃，实验后温度 $t_2 = $ _____ ℃，$\bar{t} = $ _____ ℃

序号	f（kHz）	S_{1i}（mm）	序号	f（kHz）	S_{2i}（mm）	$\Delta S_i = S_{2i} - S_{1i}$（mm）
1			7			
2			8			
3			9			
4			10			
5			11			
6			12			
6 个半波长长度的平均值 $\overline{\Delta S} = \dfrac{\sum\limits_{i=1}^{6} \Delta S_i}{6}$（mm）						
声波的波长 $\bar{\lambda} = \dfrac{1}{3}\overline{\Delta S}$（mm）						

六、思考题

1. 为什么发射换能器的发射面与接收换能器的接收面要保持互相平行？
2. 声速测量中用共振干涉法、相位法、时差法有何异同？本实验处理数据时，用逐差法求波长，试说明其优点及物理意义。
3. 为什么要在谐振频率条件下进行声速测量？如何调节和判断测量系统是否处于谐振状态？如果信号发生器的频率未调整到谐振状态，对测量结果会不会有影响？为什么？
4. 声音在不同介质中传播有何区别？声速为什么会不同？如何测定超声波在其他媒质（如液体和固体）中的传播速度？

附录　不同介质声速传播测量参数

声波在各种媒质中的传播速度是不同的。下面列出几种供参考。

1. 气体   0 ℃

气体种类	二氧化碳	氧	空气	氢
声速（米/秒）	258	315	331	1263

2. 液体   0 ℃

液体种类	淡水	甘油	变压器油	蓖麻油
声速（米/秒）	1480	1920	1425	1540

3. 固体   0 ℃

固体种类	有机玻璃	尼龙	聚氨酯	黄铜
声速（米/秒）	1800～2250	1800～2200	1600～1850	3100～3650

注：固体材料由于其材质、密度、测试的方法各有差异，故声速测量参数仅供参考。

实验八　电热当量的测定

物理学家焦耳从 1840 年起做了大量的实验，论证了做功和吸收的热量之间总是存在着确定的当量关系，即做功和传热具有等效性。而热功当量就是表征这种当量关系的物理量，即 1 卡热转变为功的焦耳值，它是一个普适常数，与做功方式无关，从而为能量守恒和转换定律的确定奠定了坚实的基础。本实验用电能转化为热能的方法来测定这一物理量。

一、实验目的

1. 用电热法测定热功当量。
2. 学会一种热量散失的修正方法——用作图法修正终温。

二、实验仪器

1. 仪器用具

量热器（附电阻丝）、数字温度计、电流表、电压表、直流稳压电源、秒表、电子天平、开关。

2. 仪器描述

电热当量实验装置如图 3-8-1 所示。

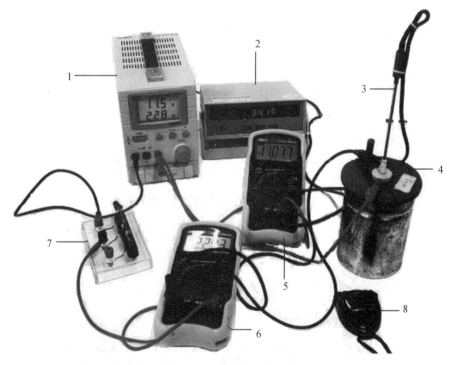

图 3-8-1　电热当量实验装置图
①电源；②数字温度计；③数字温度计传感器；④量热器；⑤电压表（数字万用表）；⑥电流表（数字万用表）；⑦开关；⑧秒表

量热器内部结构如图 3-8-2 所示。

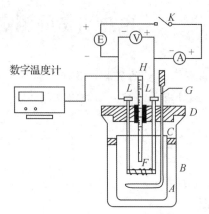

数字温度计

图 3-8-2　量热器内部结构图

A 和 B 分别为量热器的内筒、外筒，C 为绝缘垫圈，D 为绝缘盖，L 为两支金属铜棒，以引入加热电流，F 是连接于两支金属铜棒间的加热电阻丝，G 是搅拌器，H 为温度计，E 为稳压电源。

三、实验原理

1. 电热法测量热功当量

加在电阻丝两端的电压为 U 伏安、强度为 I 安培的电流在 t 秒内通过电阻丝两端时，电场力做功为

$$E = IUt \tag{3-8-1}$$

这些功全部转化为热量，将使一个盛水的量热器内系统的温度从 T_0 升高到 T_f，则系统所吸收的热量为

$$Q = (m_1 C_1 + m_2 C_2 + m_3 C_3 + 0.76V)(T_f - T_0) \tag{3-8-2}$$

上式中 m_1 为量热器内筒质量，C_1 为其比热；m_2 为搅拌器以及铜支架的质量，C_2 为其比热；m_3 为量热器内筒中水的质量，C_3 表示水的比热；V 为温度计沉入水中的体积；T_0 和 T_f 为量热器内筒中水的初温及终温。注意：数字温度计传感器探头由铂电阻外包钢保护层组成，它们的密度与比热乘积为：钢：$\rho_1 c_1 = 7.8 \times 0.107 = 0.83$ 卡/度·厘米^3；铂：$\rho_2 c_2 = 21.5 \times 0.032 = 0.68$ 卡/度·厘米^3。因此，数字温度计的热容量约为 $0.76V$ 卡/度。Q 的单位是卡 (cal)，比热的单位是卡/克·度 (cal/g·℃)，所以，热功当量

$$J = \frac{E}{Q} = \frac{IUt}{(m_1 C_1 + m_2 C_2 + m_3 C_3 + 0.76V)(T_f - T_0)} \tag{3-8-3}$$

J 的标准值 $J_0 = 4.1868$ 焦耳/卡。

2. 散热修正

实验在系统（量热器内筒及筒中的水）的温度与环境的温度平衡后，对电阻丝通电，通电后，系统加热使温度升高。温度升高（高于室温 θ）的过程中，系统不可避免地同外界环境进行热交换，将有一部分热量散失。散热作用使得由温度计读得的终温 T_2 必定比真正的终温 T_f 低，这样就要求对误差进行修正。实验时在相等的时间间隔内，记下相应的温度。以时间为横坐标，温度为纵坐标作 T-t 图，如图 3-8-3 所示。图中 AB 段表示通电以前系统与环境达到热平衡后的稳定阶段，这时的稳定温度（即室温）也就是系统的初温 T_0；BC

段表示在通电时间 t 内，系统温度的变化情况。由于温度变化存在滞后现象，因而断电后系统的温度还会略为上升，如 CD 段所示；而 DE 段则表示系统的自然冷却过程。

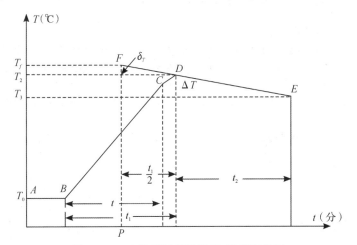

图 3-8-3　电热当量实验温度-时间变化图

根据牛顿冷却定律，当系统的温度 T 与环境的温度 θ 相差不大时，系统处于自然冷却的状况。由于散热，系统的冷却速率可以表示为

$$v=\frac{\mathrm{d}T}{\mathrm{d}t}=K(T-\theta) \tag{3-8-4}$$

即冷却速率 $v=\dfrac{\mathrm{d}T}{\mathrm{d}t}$ 与系统的温度 T 成线性关系，K 是一个常量，与系统的表面状况和比热有关。当环境的温度 θ 不变时，有

$$v=\frac{\mathrm{d}(T-\theta)}{\mathrm{d}t}=K(T-\theta) \tag{3-8-5}$$

取向外界散热的起始温度为 T_2，经时间 t 后系统温度降至 T_3，则式（3-8-5）的解为

$$\ln\frac{T_3-\theta}{T_2-\theta}=Kt \tag{3-8-6}$$

系统散热过程的冷却变化率为

$$K=\frac{1}{t}\ln\frac{T_3-\theta}{T_2-\theta} \tag{3-8-7}$$

将 K 值代入式（3-8-5），即可求出在不同温度下，系统表面由于散热的作用每分钟降低的温度。

从图 3-8-3 可看出，在 BD 段升温过程（t_1 为 BD 段时间）中，实际上是边升温又边伴随着散热，其散热速率相应地从 0 增大到 $v=\dfrac{\Delta T}{t_2}$，$\Delta T=T_2-T_3$，t_2 为 DE 段时间。在 BD 过程中，其平均散热速率为 $\overline{v}=\dfrac{v}{2}=\dfrac{1}{2}\dfrac{\Delta T}{t_2}$，因此系统终温产生的误差为

$$\delta_T=\overline{v}t_1=\frac{t_1}{2}\frac{\Delta T}{t_2} \tag{3-8-8}$$

系统真正的终温

$$T_f=T_2+\delta_T=T_2+\frac{t_1}{2}\frac{\Delta T}{t_2} \tag{3-8-9}$$

数据处理时，可用作图法求 T_f 值。如图 3-8-3 所示，使用外推法将 DE 线段往左外推，再通过 P 点（$\frac{1}{2}t_1$ 点）作横坐标轴的垂线与 DE 的外推线相交于 F 点，则 F 点对应的温度就是系统修正后的终温 T_f。

如果系统起始加热的温度 T_0 不等于室温 θ，则由于开始时的温度冷却速率不等于零，系统的温度修正值不能用式（3-8-5）。从牛顿冷却定律知，当系统与环境的温度相差不大时（小于 15 ℃），其温度冷却速率与温度差成正比。可得到开始加热时的冷却速率 $v_0 = \dfrac{T_0 - \theta}{T_2 - \theta} v$，其中 v 为用温度计测得系统终温 T_2 时的冷却速率，可从图 3-8-3 求得 $v = \dfrac{\Delta T}{t_2}$。所以在 BD 升温过程中系统的平均冷却速率

$$\bar{v} = \frac{1}{2}(v_0 + v) = \frac{1}{2}\left(\frac{T_0 - \theta}{T_2 - \theta} v + v\right) = \frac{T_0 + T_2 - 2\theta}{2(T_2 - \theta)} v$$

系统的真正终温

$$T_f = T_2 + \bar{v} t_1 = T_2 + \frac{T_0 + T_2 - 2\theta}{2(T_2 - \theta)} v t_1$$

$$= T_2 + \frac{T_0 + T_2 - 2\theta}{2(T_2 - \theta)} \frac{\Delta T}{t_2} t_1 \tag{3-8-10}$$

四、实验内容

1. 用电子天平称量量热器内筒的质量 m_1，从量热器上记下搅拌器和胶木铜支架的质量 m_2。

2. 在量热器内筒装入 $\frac{1}{2} \sim \frac{2}{3}$ 容积的水。

3. 按图 3-8-2 接好电路，盖好量热器的盖子，插入温度计浸入水中（不可触及电阻丝）。打开电源并调节直流稳压电源的输出电压，用搅拌器缓慢搅拌量热器内筒的水，使内筒中的水温每分钟升高 1.5 ℃左右，记下电表测得的电流及电压。

4. 断开电源，量热器内筒的温水换为等量的、温度为室温的蒸馏水，用电子天平称其质量 $m_{水实验前}$。

5. 待量热器内筒中的水温度稳定后，记下其值，该温度为初温 T_0。合上电源开关，使电路通电，同时，用秒表开始计时，每隔一分钟分别记录一次温度计、电流表及电压表的读数。实验过程中必须连续缓慢搅拌量热器内筒的水，使其温度均匀。通电 5 分钟后，切断电源。继续搅拌（从通电开始，一直到实验结束，一直保持均匀缓慢搅拌）。断电后系统温度还会略为升高，故必须仔细观察并记下此时系统的终温 T_2 及对应的时间 t_1。接着每隔两分钟记录温度一次，以获得自然冷却数据（六次以上）。

6. 用电子天平称衡实验后内筒中水的质量 $m_{水实验后}$。以 $\dfrac{(m_{水实验前} + m_{水实验后})}{2}$ 作为内筒所加水的质量 m_3。

五、数据处理

1. 将实验数据填入表 3-8-1、表 3-8-2。
2. 作 T-t 变化曲线，由图中求出系统的真正终温 T_f。
3. 把 T_0、T_f 等实验数据代入式（3-8-3）计算热功当量，并求出相对误差。

表 3-8-1　质量与比热数据表

物理量 数　值 名称	质量 m （克）	比热 C （卡/克·度）	热容量 mC （卡/度）
量热器的内筒 m_1		0.092	
搅拌器和胶木的铜 m_2		0.092	
水的质量 m_3（即：$\dfrac{m_{水实验前}+m_{水实验后}}{2}$）		1.00	
数字温度计插入水中的体积 $V\approx\underline{0.50}\mathrm{cm}^3$，代入 0.76 V 卡/度，算出其热容量			
$\sum mC=m_1C_1+m_2C_2+m_3C_3+0.76\,V=\underline{\qquad}$卡/度			

表 3-8-2　温度、电流、电压与时间数据表

时间 t （分）	温度 T （℃）	电流 I （A）	电压 U （V）
0.00			
1.00			
2.00			
3.00			
4.00			
5.00			
$t_1=\underline{\qquad}$分；$T_2=\underline{\qquad}$℃		$\overline{I}=\underline{\qquad}$A　；　$\overline{U}=\underline{\qquad}$V	
7.00			
9.00			
11.00			
13.00		自然冷却	
15.00			
17.00			
19.00			

六、注意事项

1. 数字温度计传感器探头要浸入水中，但不能触及电阻丝。

2. 接入实验电路中的各电表要注意正负极性。

3. 只有当电阻丝浸在水中才能通电，否则电阻丝将会烧坏。

4. 整个实验过程中必须均匀、缓慢地不断搅拌，使温度计的指示值代表系统的温度。

七、思考题

1. 试用不确定度传递公式计算本实验的相对不确定度，指出哪一个直接测量量对测量结果的影响最大。

2. 切断电源后，水温还会上升少许，然后才开始下降，记录 T_2、t_1 及用作图法求 T_f 时，应如何处理方为正确？

3. 为什么要限制加热的温升速率？过大或过小的温升速率对实验结果有什么影响？

4. 从实验数据说明散热修正的必要，若不修正，对结果将产生多大的误差？

实验九　测量冰的熔解热

　　熔解热的测量属于量热学的范围。根据热平衡原理利用混合法观测不同物体之间的热交换过程及其变化规律，是量热技术中的常用方法，实验中使用的基本仪器是量热器。本实验测定冰的熔解热，关键在于测定温度与时间的关系。在实验过程中，由于量热系统不可避免地要参与外界的热交换，因此，必须采用"等效面积补偿法"进行热量散失的修正。

一、实验目的

　　1. 学习用混合法测量冰的熔解热。
　　2. 学会用图解"等效面积补偿法"进行热量散失的修正。

二、实验仪器

　　1. 仪器用具
　　量热器、数字温度计、电子天平、冰、保温杯、电热杯、秒表。
　　2. 仪器描述
　　热量的传递主要由传导、对流和辐射产生。采用量热器的主要目的就是在实验过程中，尽量减少实验系统与周围环境之间的热量传导、对流和辐射。量热器的种类很多，随测量的目的、测量精度的要求不同而异。最简单的一种如图 3-9-1 所示。它的内筒由良导体做成，放在一较大的外筒中。通常在内筒中放水、温度计和搅拌器。内筒置于一绝热架上，外筒用绝热盖盖住，这样空气与外界的对流变得很小。由于空气是不良导体，所以内外筒之间传递的热量可以减至最小。内筒的外壁及外筒的内外壁都电镀得十分光亮，实验时系统和环境之间因辐射而产生热量的传递也非常小。这样设计的量热器可以粗略地认为接近于一个孤立的实验系统。

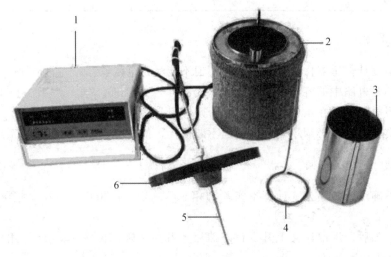

图 3-9-1　冰的熔解热实验装置图
①数字温度计；②绝热外筒；③表面镀亮金属内筒；④搅拌器；⑤温度传感器；⑥绝热盖

三、实验原理

混合法测量冰的熔解热的基本工作思路是：把待测的系统 A 和一个已知其热容的系统 B 混合起来，并设法使它们形成一个与外界没有热量交换的孤立系统 C，$C = A + B$，这样 A（或 B）所放出的热量，全部为 B（或 A）所吸收，并达到热平衡。待测热容的系统在实验过程中所传递的热量可由量热和量温的变化过程来推算。

在一定的压强下，单位质量的固体物质在熔点时从固态全部变成液态所需的热量叫做该物质的熔解热，用 L 表示，单位是卡/克。本实验把一定量的冰放在一定量的水中，测出冰在熔解过程中，水温随时间的变化过程来求得冰的熔解热。

将质量为 M 的 0 ℃ 的冰放入盛在量热器内筒的质量为 m、温度为 T_1 的水中，设冰全部熔解后水温降为 T_2。那么，这些冰由熔化并升温到 T_2 时所吸收的总热量为 $ML + MCT_2$（其中 C 为水的比热）。而量热器放出的热量为 $(mC + m_1 C_1)(T_1 - T_2)$，$m_1$、$C_1$ 分别为量热器内筒（含搅拌器）的质量和比热。当系统达到热平衡状态时冰熔解吸收的热量等于量热器放出的热量，即 $\sum \theta_{吸} = \sum \theta_{放}$，因此 $ML + MCT_2 = (mC + m_1 C_1)(T_1 - T_2)$，由此得冰的熔解热

$$L = \frac{(mC + m_1 C_1)(T_1 - T_2)}{M} - CT_2 \tag{3-9-1}$$

上述混合量热法的基本要求是实验系统为已知的孤立系统，与外界没有热交换。但实际上很难做到与外界没有热交换。在冰熔化过程中，由于热辐射到周围介质空间所产生的散热损失是相当大的，以致测量所得的温度 T_1 和 T_2 按式（3-9-1）来计算熔解热将产生误差，这个误差可用图解法将 T_1 及 T_2 修正为 T_1' 及 T_2'，则

$$L = \frac{(mC + m_1 C_1)(T_1' - T_2')}{M} - CT_2' \tag{3-9-2}$$

下面介绍用"等效面积补偿法"确定 T_1' 和 T_2'。所谓的"等效面积补偿法"是将热交换对实验的影响分离出来，克服和消除散热对实验的影响，减小实验的系统误差。图 3-9-2 为孤立实验系统在冰块投入量热器内筒前后的温度-时间坐标图。在 T-t 图上，AB 线段（先行期）表示未投入冰块前，因量热器向周围散热，水温的自然冷却曲线，它近似为一直线，B 点的温度为投入冰块时水的初温 T_1，BCD 曲线（主要期）表示投入冰块后冰熔

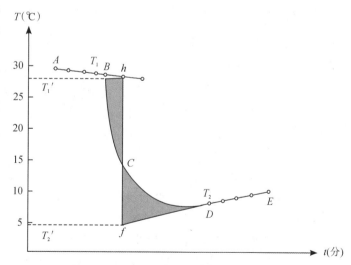

图 3-9-2　温度-时间坐标图（T-t 图）

解过程水的温度变化曲线。设 C 点的温度为室温，D 点的温度为冰块熔化完毕量热器中水的终温 T_2，DE 线段（后续期）表示冰熔化后由于量热器向周围介质吸热而使水温升高的曲线，它也近似为一直线。过 C 点作横坐标的垂直线，它和 AB 的延长线交于 h，和 DE 的

反向延长线交于 f。根据牛顿冷却定律，当一个系统的温度 T 高于环境温度 θ 时，它就要散失热量。实验证明：当两者温度差较小时（不超过 $10\sim15$ ℃），由牛顿冷却定律得出：散热速度和温度差成正比。在 dt 时间内，在物体内部垂直于导热方向上，取两个相距为 H、面积为 S、温度分别 T、θ 的平行平面（$T>\theta$），从一个平面传到另一个平面的热量 dq 满足下式

$$\frac{dq}{dt}=\frac{KS}{H}(T-\theta) \tag{3-9-3}$$

上式为傅立叶热传导方程，式中 K 定义为物质的导热系数。

由式（3-9-3）可得，图 3-9-2 中面积 BCh 与系统向环境散热量有关，面积 CDf 与系统自环境吸热量有关。当面积 BCh 等于面积 CDf 时，可以将 h 点对应的温度记为 T_1'，f 点对应的温度记为 T_2'。

图解法的解释：图 3-9-2 中 BCD 表示冰熔化过程系统温度的变化曲线，在 C 点以上的 BC 段，系统向周围介质散热，在 C 点以下的 CD 段周围介质向系统散热。现在设冰不在 B 点处投入，则由系统向周围介质散热，水温将沿 ABh 线继续下降，假设在 h 处投入冰，而且假设冰投入后它立即熔化，则水温将由 h 点突然降至 f 点，此时仅表现为由于冰的熔化而引起水温的变化。由于假设冰熔化所需的时间为无限短（没有机会进行热量交换），所以在熔化过程的散热损失也就无限小，从而将系统与外界的热交换的影响分离出来。当面积 BCh＝面积 CDf 时（即系统的散失热量等于吸收的热量），可以认为 hf 的温度差就等于无散热时系统温度的实际温差（$T_1'-T_2'$），即 f 点相当于没有散热损失的熔化终温。此后，熔化后的混合水因吸热的作用，其温度将 fDE 线上升。（如果作图时面积 BCh 不等于面积 CDf，则 hf 的温度差只能近似等于实际温差（$T_1'-T_2'$））。

四、实验内容

1. 将水倒入电热杯，插上电源，将水烧热备用。

2. 记下室温 θ，称衡量热器内筒（连同搅拌器）的质量 m_1，将水倒入内筒，水量约内筒的 $\frac{1}{2}$ 高度，再称衡其质量 m_2，由 m_2-m_1 得到水的质量 m。

3. 本实验要求初温 $T_1>$ 室温，终温 $T_2<$ 室温，但又必须高于当时环境条件下的露点，即要求适当选择冰的质量，满足冰、水的适当比例，使室温 θ 居于 T_1 和 T_2 中值附近，这样系统在热平衡过程中吸热和放热相互抵消，从而消除系统误差对实验的影响。为此本实验采用冰和水的比例为 $1:3$，按比例用电子天平称取适量的冰块，称准到"克"。称好后放在保温杯里备用。

4. 使电热杯的水约比室温高 16 ℃左右，装入量热器，用搅拌器连续搅拌，每隔半分钟记一次水温，共测 4 分钟后，将冰块投入量热器的内筒（投入冰块前要用毛巾将其擦干）。投入冰块后，要立即继续搅拌，每隔 15 秒记一次水温。在投冰后开始一分钟内，温度下降很快，记录温度要及时，待温度达最低点再测量水温 $5\sim6$ 分钟。

5. 取出内筒再次称衡总质量，从而求得熔入水中的冰的质量 M。

五、数据记录及处理

1. 实验数据记录

（1）称衡质量（表 3-9-1）；（2）测量水温（表 3-9-2）。

2. 作温度与时间关系图,并用图解法求修正温度 T_1'、T_2'。

3. 以 T-t 值作为 Origin 数据处理软件中的 $A(x)$、$B(y)$ 值输入,在计算机上检验、观察实验数据曲线,与手工作图法作比较。

4. 把数据代入式(3-9-2)计算冰的熔解热 L 值,并计算相对误差(冰的 L 公认值为79.7 卡/克)。

六、注意事项

1. 投冰后的 1~2 分钟内,系统温度会急剧下降,应做好准备工作,及时读数。若投入冰块后 15 秒钟来不及记下温度,此点温度可空缺。接着仍然每隔 15 秒钟记一次温度。

2. 测温度进行到系统温度上升后,至少再继续记录 15 个数据点以上才停止。测温过程中,搅拌器必须不停地搅拌。

七、思考题

1. 水的初温选得太高或太低对实验有何影响?

2. 为什么冰和水的质量要有一定的比例?如果冰投入太多,会产生什么后果?熔化后的水温有什么限制?

3. 为什么实验的温度降落过程要从高于室温变到低于室温?如果整个实验过程中温度变化都低于室温,则结果如何?

表 3-9-1　质量的测量

项目	质量（克）	比热（卡/克·度）
内筒+搅拌器		0.092
内筒+搅拌器+热水		/
热水		1.00
内筒+搅拌器+热水+冰熔化的水		/
冰熔化的水		1.00

表 3-9-2　水温的测量

初温 $T_1'=$ ＿＿＿＿＿℃,终温 $T_2'=$ ＿＿＿＿＿℃,室温 $\theta=$ ＿＿＿＿＿℃

时间 t（分）	0	0.50	1.00	1.50	2.00	2.50	3.00	3.50	4.00
温度 T（度）									
时间 t（分）	4.25	4.50	4.75	5.00	5.25	5.50	5.75	6.00	6.25
温度 T（度）									
时间 t（分）	6.50	7.00	7.50	8.00	8.50	9.00	9.50	10.00	10.50
温度 T（度）									
时间 t（分）	11.00	11.50	12.00	12.50	13.00	13.50	14.00	14.50	15.00
温度 T（度）									
时间 t（分）	15.50	16.00	16.50	17.00	17.50	18.00	18.50	19.00	
温度 T（度）									

实验十　稳态法测量固体导热系数

　　导热系数是表征物质热传导性质的物理量。不同的材料结构或其结构的变化都会对导热系数产生明显的影响，因此材料的导热系数常需要通过实验的方法来测定。本实验采用稳态法，先用热源对待测样品进行加热，并在样品内部形成稳定的温度分布，然后用热电偶进行测量。导热系数测定是热力学物理实验中比较重要的一个实验。

一、实验目的

　　1. 了解不同材料的导热系数的测定方法。
　　2. 学习用稳态法测定出不良导热体的导热系数。

二、实验仪器

　　1. 仪器用具
　　TC-3A 型导热系数测定仪、硅橡胶圆片、杜瓦瓶。
　　2. 仪器描述

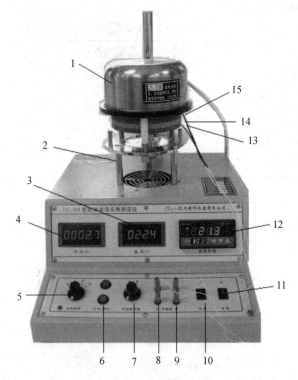

图 3-10-1　TC-3A 型导热系数测定仪

①防火罩；②调节螺杆；③温度显示；④时间显示；⑤加热选择；⑥计时按钮；⑦传感器切换开关；⑧传感器I；⑨传感器II；⑩风扇开关；⑪电源开关；⑫温度控制仪表；⑬散热盘；⑭待测样品；⑮发热盘

　　本实验采用 TC-3A 型导热系数测定仪。该仪器采用低于 36 V 的隔离电压作为加热电源，安全可靠。整个发热圆筒可上下升降和左右转动，发热盘 A 和散热盘 P 的侧面有一小孔，为放置热电偶之用。散热盘 P 放在可以调节的三个螺旋头上，可使待测样品 B 的上下两个表面与发热盘 A 和散热盘 P 紧密接触。散热盘 P 下方有一个轴流式风扇，用来快速散热。两个热电偶的冷端分别插在放有冰水的杜瓦瓶中的两根玻璃管中。热端分别插入发热盘和散热盘的侧面小孔内。冷、热端插入时，涂少量的硅脂，热电偶的两个接线端分别插在仪器面板上的相应插座内。利用面板上的开关可方便地直接测出两个温差电动势，温差电动势采用量程为 20 mV 的数字式电压表测量，再根据附录的铜—康铜热电偶分度表转换成对应的温度值。

　　仪器设置了数字计时装置，计时范围 166 min，分辨率 1 s，供实验时计时用。仪器还设置了 PID 自动温度控制装置，控制精度±1 ℃，分辨率 0.1 ℃，供实验加热时控制温度用。

三、实验原理

　　根据傅立叶导热方程式，在物体内部，取两个垂直于热传导方向、彼此间相距为 h、温度分别为 T_1、T_2 的平行平面（设 $T_1 > T_2$），若平面面积均为 S，在 Δt 时间内通过面积 S 的热量 ΔQ 满足下述表达式

$$\frac{\Delta Q}{\Delta t} = \lambda \frac{(T_1 - T_2)}{h} S \qquad\qquad (3\text{-}10\text{-}1)$$

式中 $\dfrac{\Delta Q}{\Delta t}$ 为热流量，λ 即为该物体的热导率（又称作导热系数），λ 在数值上等于相距单位长度的两平面的温度相差 1 个单位时，单位时间内通过单位面积的热量，其单位是 W/m・K。

　　如图 3-10-1 所示，在支架上先放上 P 盘，在 P 盘的上面放上待测样品 B（圆盘形的不良导热体），再把带发热器的 A 盘放在 B 盘上。发热器通电后，热量从 A 盘传到 B 盘，再传到 P 盘；由于 A 盘、P 盘都是良导热体，其温度即可以代表 B 盘上、下表面的温度 T_1、T_2，T_1、T_2 分别由插入 A 盘、P 盘边缘小孔的热电偶 E 来测量。热电偶的冷端则浸在杜瓦瓶中的冰水混合物中，通过传感器切换开关，切换 A 盘、P 盘中的热电偶与数字式电压表的连接回路。由式（3-10-1）可以知道，单位时间内通过待测样品 B 任一圆截面的热流量为

$$\frac{\Delta Q}{\Delta t} = \lambda \frac{(T_1 - T_2)}{h_B} \pi R_B^2 \qquad\qquad (3\text{-}10\text{-}2)$$

式中 R_B 为样品的半径，h_B 为样品的厚度。当热传导达到稳定状态时，T_1 和 T_2 的值不变，于是通过 B 盘上表面的热流量与由 P 盘向周围环境散热的速率相等，因此，可通过 P 盘在稳定温度 T_2 时的散热速率来求出热流量 $\dfrac{\Delta Q}{\Delta t}$。实验中，在读得稳定时的 T_1 和 T_2 后，即可将 B 盘移去，而使 A 盘的底面与 P 盘直接接触。当 P 盘的温度上升到高于稳定时的 T_2 值若干摄氏度后，再将 A 盘移开，让 P 盘自然冷却。观察其温度 T 随时间 t 变化情况，然后由此求出 P 盘在 T_2 时的冷却速率 $\dfrac{\Delta T}{\Delta t}\Big|_{T=T_2}$，而 $mC\dfrac{\Delta T}{\Delta t}\Big|_{T=T_2} = \dfrac{\Delta Q}{\Delta t}$（$m$ 为紫铜盘 P 的质量，C 为铜材的比热），就是 P 盘在温度为 T_2 时的散热速率。但要注意，这样求出的 $\dfrac{\Delta T}{\Delta t}$ 是 P 盘的全部表面暴露于空气中的冷却速率，其散热表面积为 $2\pi R_P^2 + 2\pi R_P h_P$（其中 R_P 与 h_P 分别为紫铜盘的半径与厚度）。然而，在观察待测样品的稳态传热时，P 盘的上表面（面积为 πR_P^2）是被样品覆盖着的。考虑到物体的冷却速率与它的表面积成正比，则稳态时 P

盘散热速率的表达式应作如下修正

$$\frac{\Delta Q}{\Delta t} = mC\frac{\Delta T}{\Delta t}\frac{(\pi R_P^2 + 2\pi R_P h_P)}{(2\pi R_P^2 + 2\pi R_P h_P)} \tag{3-10-3}$$

将式（3-10-3）代入式（3-10-2），得

$$\lambda = mC\frac{\Delta T}{\Delta t}\frac{(R_P + 2h_P)}{(2R_P + 2h_P)(T_1 - T_2)}\frac{h_B}{\pi R_B^2} \tag{3-10-4}$$

四、实验内容

（一）在测量导热系数前应先对散热盘 P 和待测样品 B 的直径、厚度进行测量，并称出 P 盘的质量。

1. 用游标卡尺测量待测样品 B 的直径 D_B 和厚度 h_B，各测 5 次，然后算出平均值。

2. 用游标卡尺测量散热盘 P 的直径 D_P 和厚度 h_P，各测 5 次，然后算出平均值。

3. 用天平直接称出 P 盘的质量。

（二）不良导热体导热系数的测量

1. 实验时，先将硅橡胶圆片放在散热盘 P 上面，然后将发热盘 A 放在待测样品 B 上方，并用固定螺母固定在机架上，再调节三个螺旋头，使样品的上下两个表面与发热盘 A 和散热盘 P 紧密接触。

2. 在杜瓦瓶中放入冰水混合物，将热电偶的冷端（黑色）插入杜瓦瓶中。将热电偶的热端（红色）分别插入发热盘 A 和散热盘 P 侧面的小孔中，并分别将其插入发热盘 A 和散热盘 P 的热电偶接线连接到仪器面板的传感器 Ⅰ、Ⅱ 上。分别用专用导线将仪器机箱后部分与加热组件圆铝板上的插座间加以连接。

3. 接通电源，在温度控制仪表上设置加温的上限温度。将加热选择开关由"断"打向"1～3"任意一档，此时指示灯亮，当打向"3"档时，加温速度最快，如 PID 设置的上限温度为 100 ℃时。当传感器 Ⅰ 的热电偶读数 V_{T_1} 为 4.2 mV 时，可将开关打向"2"或"1"档，降低加热电压。

4. 大约加热 40 分钟后，传感器 Ⅰ、Ⅱ 的热电偶读数不再上升时，说明已达到稳态，每隔 5 分钟记录 V_{T_1} 和 V_{T_2} 的值。

5. 测量散热盘 A 在稳态值 T_2 附近的散热速率（$\frac{\Delta Q}{\Delta t}$）。移开 A 盘，取下橡胶盘，并使 A 盘的底面与 P 盘直接接触，当与 P 盘连接的热电偶读数上升到高于稳定态的 V_{T_2} 值的一定值（0.2 mV 左右）后，再将 A 盘移开，让 P 盘自然冷却，每隔 30 秒（或自定）记录此时的热电偶读数 V_{T_3}。根据测量值计算出散热速率 $\frac{\Delta Q}{\Delta t}$。

（三）当测量空气的导热系数时，通过调节三个螺旋头，使发热盘与散热盘的距离为 h，并用塞尺进行测量（即塞尺的厚度），此距离即为待测空气层的厚度。注意：由于存在空气对流，所以此距离不宜过大。

五、数据处理

1. 实验数据记录（铜的比热 $C = 0.09197$ cal/g·℃，比重 $\rho = 8.9$ g/cm³）

散热盘 P：质量 $m = \underline{\qquad}$ g，半径 $R_P = \frac{1}{2}D_P = \underline{\qquad}$ cm

	1	2	3	4	5
D_P（cm）					
h_P（cm）					

待测样品 B：半径 $R_B = \frac{1}{2}D_B = $ _____ cm

	1	2	3	4	5
D_B（cm）					
h_B（cm）					

稳态时 T_1、T_2 的值（转换见附录 1 的分度表）$T_1 = $ _____，$T_2 = $ _____

	1	2	3	4	5
V_{T1}（mV）					
V_{T2}（mV）					

散热速率

时间（s）	30	60	90	120	150	180	210	240
V_{T3}（mV）								

2. 根据实验结果，计算出不良导热体的导热系数（导热系数单位换算：1 cal/g·℃ = 418.68 W/m·K），并求出相对误差。

六、注意事项

1. 放置热电偶的发热盘和散热盘侧面的小孔应与杜瓦瓶同一侧，避免热电偶线相互交叉。

2. 实验中，抽出待测样品时，应先旋松发热圆筒侧面的固定螺钉。样品取出后，小心将发热圆筒降下，使发热盘与散热盘接触，注意防止高温烫伤。

【附录 1】 铜-康铜热电偶分度表

	0	1	2	3	4	5	6	7	8	9
0	0	0.038	0.076	0.114	0.152	0.190	0.228	0.266	0.304	0.342
10	0.380	0.419	0.458	0.497	0.536	0.575	0.614	0.654	0.693	0.732
20	0.772	0.811	0.850	0.889	0.929	0.969	1.008	1.048	1.088	1.128
30	1.169	1.209	1.249	1.289	1.330	1.371	1.411	1.451	1.492	1.532
40	1.573	1.614	1.655	1.696	1.737	1.778	1.819	1.860	1.901	1.942
50	1.983	2.025	2.066	2.108	2.149	2.191	2.232	2.274	2.315	2.356
60	2.398	2.440	2.482	2.524	2.565	2.607	2.649	2.691	2.733	2.775
70	2.816	2.858	2.900	2.941	2.983	3.025	3.066	3.108	3.150	3.191
80	3.233	3.275	3.316	3.358	3.400	3.442	3.484	3.526	3.568	3.610
90	3.652	3.694	3.736	3.778	3.820	3.862	3.904	3.946	3.988	4.030
100	4.072	4.115	4.157	4.199	4.242	4.285	4.328	4.371	4.413	4.456
110	4.499	4.543	4.587	4.631	4.674	4.707	4.751	4.795	4.839	4.883
120	4.527									

实验十一　用旋转液体实验仪测量重力加速度

旋转液体实验直观性强，集合了力学、光学、电学等多学科知识。本实验运用现代激光技术测量旋转液体的液面形状，不仅可以测量重力加速度，还可深入研究液面凹面镜与转速的关系，研究凹面镜焦距的变化情况；还可通过旋转液体研究牛顿流体力学，分析流层之间的运动，测量液体的粘滞系数。

一、实验目的

1. 了解旋转液体实验仪的使用。
2. 用旋转液体最高处与最低处的高度差测量重力加速度。
3. 用激光束平行转轴入射测斜率法求重力加速度。

二、实验仪器

1. 仪器用具

旋转液体实验仪、气泡式水平仪、游标卡尺。

2. 仪器描述

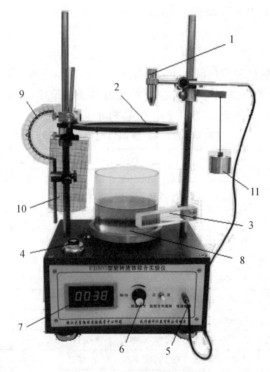

图 3-11-1　旋转液体实验仪

①激光器；②毫米刻度水平屏幕；③水平标线；④气泡水平仪；⑤激光器电源插孔；⑥调速旋钮；⑦速度显示窗；⑧圆柱形实验容器；⑨水平量角器；⑩毫米刻度垂直屏幕；⑪张丝悬挂圆柱体；⑫实验容器内径 $R/\sqrt{2}$ 刻线（见底盘色点）（可自行标注）

三、实验原理

1. 旋转液体抛物面公式推导

当盛有液体的圆柱形容器绕其对称轴匀速转动时，液体的表面将成为抛物面。在转动参考系中看，这是一个静力学平衡问题。容器不旋转时，液面体积元所受外力只有重力，铅直向下，因此液面是水平面。容器旋转时，除重力外，还受到惯性离心力，并且离转轴越远惯性离心力越大，它们的合力偏离铅直方向，越靠近容器边缘偏离越大。液面要垂直于这个合力，因此呈中心下陷的抛物面形状。定量计算时，选取随圆柱形容器旋转的参考系，这是一个转动的非惯性参考系。液体相对于参考系静止，任选一液体体积元 P，其受力如图 3-11-2 所示。F_i 为沿径向向外的惯性离心力，mg 为重力，N 为这一小块液体周围液体对它的作用力的合力，由对称性可知，N 必然垂直于液体表面。分析任一竖直剖面，对于在 X-Y 坐标下的一点 $P(x，y)$，则有

$$N\cos\theta - mg = 0$$
$$N\sin\theta - F_i = 0$$
$$F_i = m\omega^2 x$$
$$\tan\theta = \frac{\mathrm{d}y}{\mathrm{d}x} = \frac{\omega^2 x}{g}$$

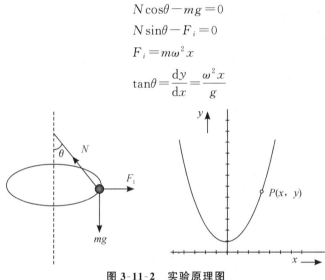

图 3-11-2 实验原理图

根据图 3-11-2 有

$$y = \frac{\omega^2}{2g}x^2 + y_0 \tag{3-11-1}$$

其中 ω 为旋转角速度，y_0 为 $x=0$ 处的 y 值。上式即为抛物线方程。

2. 用旋转液体测量重力加速度 g

在实验系统中，一个半径为 R 的圆柱形容器绕其对称轴以角速度 ω 匀速稳定转动时，液体的表面形成抛物面，如图 3-11-3 所示。设液体未旋转时液面高度为 h，则液体的体积为

$$V = \pi R^2 h \tag{3-11-2}$$

旋转时液体体积可表示为

$$V = \int_0^R y(2\pi x)\mathrm{d}x = 2\pi \int_0^R \left(\frac{\omega^2 x^2}{2g} + y_0\right) x \, \mathrm{d}x \tag{3-11-3}$$

因液体旋转前后体积保持不变，由式（3-11-2）和式（3-11-3）得

$$y_0 = h - \frac{\omega^2 R^2}{4g} \tag{3-11-4}$$

联立式（3-11-1）和式（3-11-4）可得，当 $x=x_0=R/\sqrt{2}$ 时，$y(x_0)=h$，即液面在 x_0 处的高度是恒定值。

方法一：用旋转液体液面最高与最低处的高度差测量重力加速度 g

如图 3-11-3 所示，设旋转液面最高与最低处的高度差为 Δh，点 $(R, y_0+\Delta h)$ 在式（3-11-1）的抛物线上，有 $y_0+\Delta h=\dfrac{\omega^2 R^2}{2g}+y_0$，得

$g=\dfrac{\omega^2 R^2}{2\Delta h}$，又 $\omega=\dfrac{2\pi n}{60}$，则有

$$g=\frac{\pi^2 D^2 n^2}{7200\Delta h} \qquad (3\text{-}11\text{-}5)$$

式中 D 为容器内径，n 为旋转速度（转/分）。

方法二：斜率法测重力加速度

如图 3-11-3 所示，激光束平行转轴入射，经过 BC 透明屏幕，打在 $x_0=R/\sqrt{2}$ 的液面 A 点上，

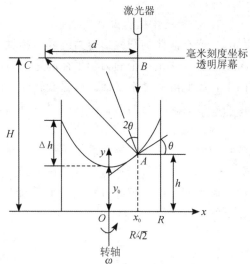

图 3-11-3　实验示意图

反射光点为 C，A 处切线与 x 方向的夹角为 θ，则 $\angle BAC=2\theta$，测出透明屏幕至容器底部的距离 H、液面静止时高度 h，以及两光点 BC 间距离 d，由 $\tan2\theta=\dfrac{d}{H-h}$，求出 θ 值。

因为 $\tan\theta=\dfrac{\mathrm{d}y}{\mathrm{d}x}=\dfrac{\omega^2 x}{g}$，在 $x_0=R/\sqrt{2}$ 处有 $\tan\theta=\dfrac{\omega^2 R}{\sqrt{2}g}$

因为 $\omega=\dfrac{2\pi n}{60}$，则有 $\tan\theta=\left(\dfrac{2\pi n}{60}\right)^2\dfrac{R}{\sqrt{2}g}=\dfrac{4\pi^2 n^2 R}{3600\sqrt{2}g}=\dfrac{2\pi^2 n^2 D}{3600\sqrt{2}g}$

所以

$$g=\frac{\pi^2 n^2 D}{1800\sqrt{2}\tan\theta} \qquad (3\text{-}11\text{-}6)$$

或可作 $\tan\theta\text{-}n^2$ 曲线，求斜率 k，由 $k=\dfrac{\pi^2 D}{1800\sqrt{2}g}$，求出 $g=\dfrac{\pi^2 D}{1800\sqrt{2}k}$。

四、实验内容

1. 仪器调整

（1）水平调整

利用气泡水平仪和平台下的三个可调地脚螺丝，调节平台水平。

（2）激光器位置调整

用游标卡尺测量容器内径。将透明屏幕置于容器上方，用自准法调节激光笔，使其发出的激光竖直照射于静止液面（透明屏幕上的入射光点和经液面反射后的光点重合），然后保持激光笔的竖直状态，将竖直光线平移到距圆柱容器底面中心的 $R/\sqrt{2}$ 处。

2. 测量重力加速度 g

（1）用旋转液体液面最高处与最低处的高度差测量重力加速度 g

改变容器转速 n（转/分）6 次，测量液面最高处与最低处的高度差，计算重力加速度 g。

（2）斜率法测重力加速度

用自准直法调整激光束平行转轴入射，经过透明屏幕，对准容器底部 $x_0=R/\sqrt{2}$ 处的记

号，测出透明屏幕至容器底部的距离 H、液面静止时高度 h。

改变容器转速 n（转/分）6 次，在透明屏幕上读出入射光与反射光点 BC 间距离 d，由 $\tan 2\theta = \dfrac{d}{H-h}$，求出 $\tan\theta$ 值。

五、数据处理

1. 用旋转液体液面最高处与最低处的高度差测量重力加速度 g

所测数据代入式（3-11-5），计算得出重力加速度 g，列表表示。计算实验所得的重力加速度平均值 $\bar{g}$，并计算 $\bar{g}$ 与当地重力加速度公认值之间的相对误差。

容器内径 $D=$＿＿＿＿＿＿ cm

次数	1	2	3	4	5	6
转速 n（转/分）						
高度差 Δh（cm）						
g（m/s^2）						

2. 斜率法测重力加速度

将所测数据列表表示。用最小二乘法拟合 $\tan\theta$-n^2 曲线，求出斜率 k；由 $k = \dfrac{\pi^2 D}{1800\sqrt{2}\,g}$，求出重力加速度 g，并计算与当地重力加速度公认值之间的相对误差。

容器内径 $D=$＿＿＿＿＿＿ cm；屏幕高度 $H=$＿＿＿＿＿＿ cm；液面高度 $h=$＿＿＿＿＿＿ cm

次数	1	2	3	4	5	6
转速 n（转/分）						
BC 间距离 d（mm）						
$\tan 2\theta = \dfrac{d}{H-h}$						
θ						
$\tan\theta$						
n^2						

六、注意事项

1. 不要直视激光束，也不要直视经准镜面反射后的激光束。

2. 调节容器转速时，应缓慢旋转调速开关，逐渐提高转动速度，以免造成电机堵转而损坏电机。测量数据前，应等待一定时间，以确保液面处于平衡态。

3. 实验前应注意将圆形转盘调节至水平位置，避免因液面不稳定而导致测量误差。

4. 在容器中加入的液体应适量，液面离容器筒口约 5 cm 为宜，以免液体旋转时溢出。

七、思考题

1. 本实验产生误差的主要原因是什么？试分析之。

2. 激光在水平屏幕上有时会出现两个以上的反射光点，分析哪一个是本实验要观察的光点，并分析原因。

实验十二　电阻元件伏安特性的测定

伏安特性是电学元件最基本的电学特性，了解各种电学元件的伏安特性，就能知道其导电性能，明确其在电路中的作用。本实验通过对非线性元件伏安特性的测定，加深对实验线路连接方式合理选择的重要性的理解。

一、实验目的

1. 了解伏安法测量电阻时，电表内阻给测量结果带来的系统误差。
2. 学会根据被测电阻、电表内阻的大小及测量精确度要求，选择合适的测量方法。
3. 学会测绘非线性元件的伏安特性曲线。
4. 学会使用数字万用表。

二、实验仪器

电压表、电流表、数字万用表、直流稳压电源、滑线变阻器、二极管、小灯泡。

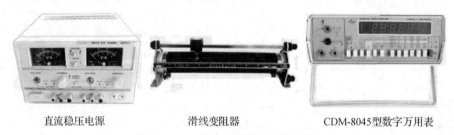

　　直流稳压电源　　　　　滑线变阻器　　　　CDM-8045型数字万用表

图 3-12-1　伏安特性测量常用仪器

三、实验原理

1. 伏安法测电阻的原理

根据欧姆定律

$$R = \frac{U}{I} \tag{3-12-1}$$

在一电阻元件两端，用电压表测出该电阻两端的电压 U，用电流表测出流经该电阻的相应电流 I，就可以求出电阻值 R，这种测电阻的方法称为伏安法。测出一组 U 和对应的 I 后，以电压 U 为横坐标，以电流 I 为纵坐标作图，所得曲线称为伏安特性曲线。有一类元件，例如金属膜电阻（若保持导体温度不变，其阻值为常数），其两端的电压与流经它的电流成正比，它的伏安特性曲线是一条过原点的直线，如图 3-12-2 所示，这类元件称为线性元件。还有一类元件，它两端的电压与流经它的电流不成正比，这类元件称为非线性元件。非线性元件的伏安特性曲线不是

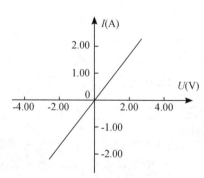

图 3-12-2　线性元件的伏安特性曲线

一条直线，而是一条曲线。我们常用的二极管和小白炽灯泡（其电阻值不是常数），都是非线性元件，它们的伏安特性曲线如图 3-12-3 所示。

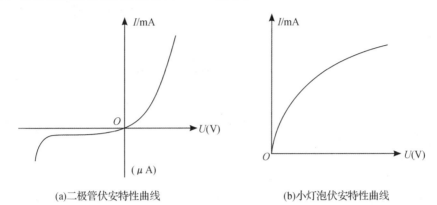

(a)二极管伏安特性曲线　　　　　　　　(b)小灯泡伏安特性曲线

图 3-12-3　非线性元件的伏安特性曲线

由以上讨论可知，线性电阻的阻值不随流经它的电流的大小而变化，它可以由 I-U 直线的斜率的倒数求得，也可以由各点的电阻值取平均值。对非线性电阻，其阻值随流经它的电流而变化，电阻值是相对于伏安特性曲线上某一点而言的，各点的阻值不能取平均值。非线性元件的电阻值有直流电阻和交流电阻两种含意。直流电阻又称静态电阻，它是特性曲线上某一 P 点的电压 U 与电流 I 的比值，即 P 点的直流电阻

$$R=\frac{U}{I}\Big|_{P} \tag{3-12-2}$$

交流电阻又称动态电阻，它是 P 点的电压对电流的变化率，即 P 点的交流电阻为

$$r=\frac{\mathrm{d}U}{\mathrm{d}I}\Big|_{P} \tag{3-12-3}$$

交流电阻只能从伏安特性曲线上通过 P 点作曲线的切线，由切线的斜率的倒数求得。

2. 测量电路的连接方法及电表的接入误差

伏安法测量电路，要求同时测量流经电阻元件的电流和两端的电压。由于电压表、电流表均有一定的内阻，当它们接入测量电路时，都将使电路的参量发生变化，使测量电路产生接入误差。本实验按电流表、电压表在电路中的连接方法，分为电流表内接法和电流表外接法。

（1）电流表内接电路

电路如图 3-12-4 所示。电路的特点是，电流表测得的电流 I 等于流经待测电阻 R_x 的电流 I_x，而电压表测得的电压 U 则包括电流表两端的电压 U_A 和待测电阻两端的电压 U_x，即 $U=U_A+U_x$。由于 $U>U_x$，因此，由式（3-12-1）可知，由电压表和电流表的测量值计算出的电阻 $R_{测}$ 将大于实际值 R_x。由电路图 3-12-4 可以看出，实际上用电流表内接法测量的电阻值 $R_{测}$ 是待测电阻 R_x 和电流表内阻 R_A 的串联电阻，即

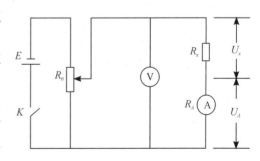

图 3-12-4　电流表内接电路

$$R_{测}=\frac{U}{I}=\frac{U_x+U_A}{I}=R_x+R_A$$

或 $\qquad\qquad\qquad\qquad R_x = R_{测} - R_A$ $\qquad\qquad\qquad$ (3-12-4)

由此可见，电流表内接电路中，由于接入内阻 R_A 不为零的电流表，使得由式（3-12-4）算出的结果存在误差。这种因测量电表的接入而产生的误差称为接入误差或方法误差。电流表内接法产生的接入误差相对值为

$$\frac{\Delta R_x}{R_x} = \frac{R_{测} - R_x}{R_x} = \frac{R_A}{R_x} = \frac{R_A}{R_{测} - R_A} \qquad\qquad (3\text{-}12\text{-}5)$$

（2）电流表外接电路

电路如图 3-12-5 所示。电路的特点是，电压表测得的电压 U 等于待测电阻 R_x 两端的电压 U_x，而电流表测得的电流 I 则包括流经电压表的电流 I_V 和流经 R_x 的电流 I_x，即 $I = I_V + I_x$。由于 $I > I_x$，因此，由式（3-12-1）算出的电阻 $R_{测}$ 将小于实际值 R_x。实际上，用电流表外接法测量的电阻 $R_{测}$ 是 R_x 与电压表内阻 R_V 的并联电阻，即

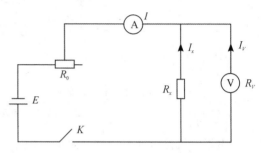

图 3-12-5　电流表外接电路

$$R_{测} = \frac{U}{I} = \frac{U}{I_x + I_V} = \frac{1}{\dfrac{1}{R_x} + \dfrac{1}{R_v}} = \frac{R_x R_V}{R_x + R_V}$$

或 $\qquad\qquad\qquad\qquad R_x = \dfrac{R_V R_{测}}{R_V - R_{测}}$ $\qquad\qquad\qquad$ (3-12-6)

由此可知，在电流表外接电路中，由于接入内阻 R_V 不是无限大的电压表，使得由式（3-12-6）算出的结果存在接入误差。电压表的接入误差相对值为

$$\frac{\Delta R_x}{R_x} = \frac{R_{测} - R_x}{R_x} = -\frac{R_x}{R_x + R_V} = -\frac{R_{测}}{R_V} \qquad\qquad (3\text{-}12\text{-}7)$$

式中负号表示电流表外接电路使测量结果偏小。

（3）电流表接入方法的选择

由式（3-12-4）或式（3-12-5）可知，当 $R_x \gg R_A$ 时，$R_x \approx R_{测}$。这表明：当待测电阻较大，而电流表内阻又较小的情况下，可用电流表内接法测电阻，所得结果的接入误差较小。由式（3-12-6）或式（3-12-7）可知，当 $R_x \ll R_V$ 时，$R_x \approx R_{测}$，这表明当待测电阻较小，而电压表内阻又较大的情况下，用电流表外接法测电阻所得结果的接入误差较小。由此可知，要减小电表的接入误差，就必须选择合适的电流表接入方法。

下面从比较两种接入电路所带来的接入误差的大小入手，得出选择接入电路的具体判别式。

由式（3-12-5）和式（3-12-7）可知，当两种接入误差绝对值相等时，有以下关系

$$\frac{R_A}{R_x} = \frac{R_x}{R_x + R_V}$$

上式的解为

$$R_x = \frac{R_A}{2} \pm \sqrt{\frac{R_A^2}{4} + R_A R_V}$$

注意到一般情况 $R_V \gg R_A$，并舍去无意义的负根，得 $R_x \approx \sqrt{R_A R_V}$ $\qquad$ (3-12-8)

同理可得，当 $\qquad\qquad\qquad\qquad \dfrac{R_A}{R_x} < \dfrac{R_x}{R_x + R_V}$

即

$$R_x > \sqrt{R_A R_V} \qquad (3\text{-}12\text{-}9)$$

此时，电流表内接法所产生的接入误差小于电流表外接法所产生的接入误差，因此，应该选择电流表内接电路进行测量。

而当

$$\frac{R_A}{R_x} > \frac{R_x}{R_x + R_V}$$

即

$$R_x < \sqrt{R_A R_V} \qquad (3\text{-}12\text{-}10)$$

电流表外接法所产生的接入误差小于电流表内接法所产生的接入误差，这时，应该选择电流表外接电路进行测量。

由以上讨论可知，用伏安法测量电阻时，无论是采用电流表内接法还是采用电流表外接法，由于电流表有内阻，均会给测量带来系统误差。要减小接入误差，除了根据被测电阻和所使用的电流表、电压表的内阻的大小，选择合适的测量电路外，还应该选用内阻大的电压表测量电压，选用内阻小的电流表测量电流。在要求精确测量的情况下，要消除电表的接入误差，就必须由式（3-12-4）和式（3-12-6）分别用 R_A、R_V 对测量值 R'_x 进行修正。

本实验备有数字万用表。其中数字电压表具有很高的内阻（10^{10} Ω 以上），在电流表外接电路中，用它来测量电压，可以忽略不计其接入误差。数字电流表的内阻很小（接近于零），在电流表内接电路中，用它来测量电流，可以忽略不计其接入误差。

四、实验内容

1. 测量二极管的伏安特性

待测二极管是锗二极管 2AP4，它的正向最大电流 $I_{max} \leqslant 16$ mA，反向电流为几 μA～几百 μA，反向电阻为 10^5 Ω 数量级，最大反向工作电压 $U_{max} \leqslant 50$ V。

（1）用电流表外接法测量二极管的正向特性

按图 3-12-5 连接电路。图中的电压表用数字万用表；R_x 为二极管，二极管的正极接电路的高电位，负极接低电位。直流稳压电源 E 连续可调（从 0 V 调起）。

测量时，调节 E 或滑线变阻器 R_0，使电流 I 从 0.00 mA 变到大约 15.00 mA，观察相应电压的变化量，然后根据该变化量，选取实验测量的数据点。（根据作图的要求，必须十个左右的数据点，才能较准确地作出一条曲线；而对于直线，则只需 5～6 个数据点。在所测量范围内，数据点选取的原则：对于曲线，在待测量变化较小的地方，数据点的间隔可取得大一些，在待测量变化较大的地方，数据点的间隔应取得小一些；对于直线，则数据点的间隔应均匀。）由于二极管的伏安特性是非线性的，即它的伏安特性为一条曲线，根据作图要求选定数据测量间隔点，记录一组（I，U）数据。

（2）用电流表内接法测量二极管的反向特性

按图 3-12-4 连接电路。图中的电流表用数字万用表；R_x 为二极管，二极管的正极接电路的低电位，负极接高电位。

测量时，调节 E 或 R_0，使 U 从 0.00V 变到大约 15.00 V，根据曲线作图的原则，选取数据点，记录一组（I，U）数据。

2. 测量小灯泡的伏安特性

被测小灯泡的额定电压 6.00 V，额定功率为 4.3 W。R_x 随着通电电流的增大而增大到50 Ω 左右。

C31 型电压表量程 0~7.5 V, 内阻 $R_V = 3.75$ kΩ; 电流表量程 0~750 mA, 内阻 $R = 0.06$ Ω。

（1）由所提供的电表及小灯泡的特性、根据选择测量电路的判别式（3-12-8）、式（3-12-9）和式（3-12-10），选择、设计测量电路。

（2）连接测量电路，并测量小灯泡的伏安特性

测量时，调节 E 或 R_0，使 U 从 0.00 V 变到大约 3.00 V，选取数据点，记录一组（I，U）数据。

五、数据处理

1. 测量二极管伏安特性

（1）测量二极管正向伏安特性

附参考数据表

I (mA)	0.00	0.30	0.50	1.00	2.00	5.00	8.00	11.00	15.00
U (V)									

（2）测量二极管反向伏安特性

附参考数据表

U (V)	0.00	1.00	2.00	3.00	5.00	7.00	9.00	11.00	13.00	15.00
I (μA)										

2. 描绘二极管的伏安特性曲线，计算有关数值

以 U 为横轴，I 为纵轴，作二极管的 I-U 特性曲线，二极管的正反向特性曲线画在同一坐标系上，正向特性曲线在第一象限，反向特性曲线在第三象限，正反向坐标轴选取不同单位。

由曲线可求出当正向 $I = 1.50$ mA 及反向 $U = -6.50$ V 时，它们各自的动态电阻 $r = \dfrac{\mathrm{d}U}{\mathrm{d}I}$ 和静态电阻 $R = \dfrac{U}{I}$。

3. 测量小灯泡的伏安特性

电压表量程：_____；准确度等级：_____；内阻：_____

电流表量程：_____；准确度等级：_____；内阻：_____

附参考数据表

U (V)	0.00	0.25	0.50	1.00	1.50	2.00	2.50	3.00
I (mA)								

4. 描绘小灯泡的伏安特性曲线，计算有关数值

以 U 为横轴，I 为纵轴，作小灯泡的 I-U 特性曲线。

由曲线在电压为 2.70 V 情况下，求出小灯泡直流电阻的测量值 $R_测$ 及通过修正后的实际值 R_x，最后计算其接入误差相对值。

六、注意事项

1. 接好电路后，应检查电源是否调零，或滑线变阻器的滑动端是否移到安全位置。当

滑线变阻器作限流器时，通电前应将滑动端调至接入电阻最大处（此时回路电流最小）；当它作分压器时，应将滑动端调至输出电压最小处后，方可接通电源。

2. 注意电源、电表及二极管的正负极性。

3. 被测元件的工作电压和工作电流不允许超过额定值。

4. 正确选择电表的量程，测量值不得超过满刻度，但应尽可能使电表指针有较大的偏转角度。电表使用前须先校准机械零点，读数时要估读到最小分度的 1/10～2/10。

七、思考题

1. 使用各种电表应注意哪些主要问题？

2. 根据电表的准确度级别，如何确定测量结果的有效数字的位数？

3. 测绘电学元件的伏安特性曲线有何意义？

4. 非线性元件的电阻能否用数字万用表来测定？为什么？

5. 由实验所得的特性曲线，说明静态电阻和动态电阻的区别。

实验十三　电表的扩程与校准

磁电式电表表头满标度电流 I_g 很小，一般只有几～几十微安，最高也只有几毫安。虽可测电压或电流，但其量程太小，限制了它的使用范围。如果要用它来测量较大的电流和电压，或者要用它测量电阻，就必须对表头进行改装以扩大量程。根据分流和分压原理，对表头并联或串联适当的电阻，使表头的指示数反映不同的电流值或电压值；这样，就能将表头改装成不同量程、不同用途的直流电流表和直流电压表。常用的电流表、电压表和万用表都是采用这种方式由表头改装而成。改装后的电表，必须用标准表进行校准并确定它的准确度等级后才能使用。

一、实验目的

1. 掌握电表扩程的原理和方法。
2. 学会测量微安表头满偏电流和内阻的方法。
3. 学会对改装电流表、电压表进行校准的方法，绘制校准曲线及确定电表的准确度等级。

二、实验仪器

微安表头、直流稳压电源、滑线变阻器、电阻箱、数字万用表、单刀双掷开关。

三、实验原理

1. 电流表的扩程

根据电阻并联规律，如果在表头两端并联一个阻值适当的分流电阻 R_P（$R_P < R_g$，R_g 是表头内阻），如图 3-13-1 所示，这样就使被测电流大部分从分流电阻 R_P 流过，而流过表头的电流 I_g 只是总电流 I 的一部分，从而扩大了电表的量程。这种由表头和分流电阻 R_P 组成的整体就是扩程后的电流表。若扩程后电流表的量程为 I，则由图 3-13-1 可得

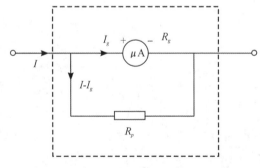

图 3-13-1　表头扩程为电流表的方法

$$R_P = \frac{I_g}{I - I_g} R_g \tag{3-13-1}$$

根据所要求的电流表量程 I，表头的内阻 R_g 和满偏电流 I_g，由式（3-13-1）可算出并联电阻 R_P 的阻值。若电流表量程扩大 n 倍，即 $I = nI_g$，则 $R_P = \dfrac{R_g}{n-1}$。选用不同的分流电阻 R_P，就可以得到不同量程的电流表，可见分流电阻阻值越小，电流表的量程扩展越大。

在多量程电流表中，各分流电阻的连接一般采用图 3-13-2 所示的闭路抽头式分流电路，把各档分流电阻互相串联后，再与表头并联。

图 3-13-2 为两个量程电流表测量电路，R_1、R_2 串联后再与表头 R_g 并联，$I_1(n_1 I_g)$、

$I_2(n_2 I_g)$ 为两个不同的扩程量程。当量程转换开关 K 打在 I_1 时，R_2 与 R_g 串联成为表头的内阻，R_1 是 I_1 的分流电阻；当 K 打在 I_2 时，$R_1 + R_2$ 是 I_2 的分流电阻。由此可知，对 I_1 量程，分流电阻较小，而表头内阻（$R_2 + R_g$）较大，因此量程较大，而对 I_2 量程，分流电阻较大，而表头内阻（R_g）较小，因此量程较小。其值计算如下

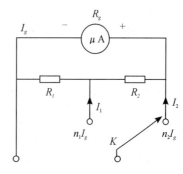

图 3-13-2　多量程电流表结构原理

$$\begin{cases} R_1 + R_2 = \dfrac{1}{n_2 - 1} R_g \\ R_1 = \dfrac{1}{n_1 - 1}(R_g + R_2) \end{cases} \quad (3\text{-}13\text{-}2)$$

即

$$\begin{cases} R_1 = \dfrac{n_2}{n_1(n_2 - 1)} R_g \\ R_2 = \dfrac{n_1 - n_2}{n_1(n_2 - 1)} R_g \end{cases} \quad (3\text{-}13\text{-}3)$$

2. 电压表的扩程

对内阻为 R_g，满偏电流为 I_g 的表头，本身就是一个量程为 $I_g R_g$ 的电压表，此值一般只有几十至几百毫伏，不能用来测量较大的电压。要测量大于 $I_g R_g$ 的电压，就必须给表头串联一个阻值适当的分压电阻 R_S（$R_S > R_g$），如图 3-13-3 所示，这样就可使大部分电压降在串联电阻 R_S 上，使表头两端的电压降只是总电压 U 的一部分。这种由表头和串联电阻 R_S 组成的装置就是扩程后的电压表。

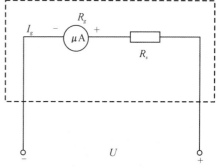

图 3-13-3　表头扩程为电压表的方法

若扩程后电压表的量程为 U，则由图 3-13-3 可得

$$U = I_g(R_S + R_g) \quad (3\text{-}13\text{-}4)$$

串联分压电阻 R_S 为

$$R_S = \frac{U}{I_g} - R_g \quad (3\text{-}13\text{-}5)$$

选用不同大小的分压电阻值 R_S，可以得到不同量程的电压表，R_S 越大，电压表的量程越大。

图 3-13-4 为两个量程电压表测量电路，U_1、U_2 为两个不同的电压量程，由分压原理知，U_1 量程较小，U_2 量程较大。当 AB 端接入电路，改装成量程 U_1 的电压表，则有

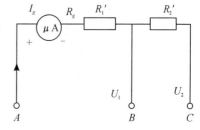

$$I_g(R_g + R_1') = U_1 \quad (3\text{-}13\text{-}6)$$

当 AC 端接入电路，改装成量程为 U_2 的电压表，则有

$$I_g(R_g + R_1' + R_2') = U_2 \quad (3\text{-}13\text{-}7)$$

图 3-13-4　多量程电压表结构原理

由式（3-13-6）和式（3-13-7），可得

$$R_1' = \frac{U_1}{I_g} - R_g \quad (3\text{-}13\text{-}8)$$

$$R_2' = \frac{U_2}{I_g} - R_g - R_1' \quad (3\text{-}13\text{-}9)$$

3. 电表的校准

校准电表的目的：一是检验改装后电表是否达到所要求的准确度等级，另一个是做出校准曲线，以便对改装后的电表准确读数。

本实验采用比较法进行校准，它分为量程校准和逐点校准。扩程以后的电表需要用级别较高的同类表校准鉴定。校准时，将改装表与标准表同时对同一对象进行测量（以电流表为例），读出改装表的指示值 I_x 及标准表的指示值 I_s，求出它们的差值（即更正值、修正值）$\Delta I_x = I_s - I_x$，画出校准曲线。校准曲线如图 3-13-5 所示，以 I_x 为横坐标，ΔI_x 为纵坐标，两个校准点之间用线段连接成折线。由校准曲线可以查出改装表的任一指示值的偏差，以便对改装表的读数进行修正，得到比较准确的结果。例如，改装表的任一读数为 I_x，由校准曲线求得该点对应的更正值为 ΔI_x，则读数的准确值 I_s 为

$$I_s = I_x + \Delta I_x \qquad (3\text{-}13\text{-}10)$$

其中 ΔI_x 是代数值。

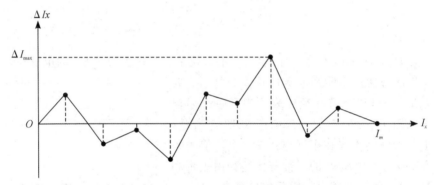

图 3-13-5　电表的校准曲线

根据电表准确度等级的定义，由电表的最大绝对误差 ΔI_{max} 和量程 I_m，可以求出改装表的准确度等级 α 为

$$\alpha = \frac{\Delta I_{max}}{I_m} \times 100\% \qquad (3\text{-}13\text{-}11)$$

校准改装表应遵循以下步骤：

(1) 接通电源前先调整好表头及标准表的机械零点。

(2) 满量程点较准。接通电源，测出 I_g 和 R_g，其值与实际值有一定的误差，根据公式算出的 R_P（或 R_S）不一定与实际值相符，因此，当标准表指示到扩程表量程数值，而扩程表的表头不指满刻度时，应调整 R_P（或 R_S）值，使扩程表指示到满刻度值。如此反复几次，最后标准表指示到扩程表量程数值，同时扩程表也指示到满刻度值，这样就完成满量程点校准。

对于多量程电流表，如图 3-13-7 所示，先通过调节 R_2，校准小量程 I_2，再通过调节 R_1，校准大量程 I_1。对多量程电压表，如图 3-13-8 所示，先通过调节 R_1'，校准小量程 U_1，再通过调节 R_2'，校准大量程 U_2。

(3) 逐点校准。保持调整后的 R_P（或 R_S）值不变，记录表头的由大到小的整刻度值与标准表的对应值；然后，由小到大再校准一次。最后取两次读数的平均值作为最后的校准值。

四、实验内容

1. 测量 μA 表头的满偏电流 I_g 和内阻 R_g

测量表头 I_g 和 R_g 的方法很多，本实验采用对比法测量 I_g，用替代法测量 R_g。测量电路如图 3-13-6 所示。图中 A 为待测的 μA 表头，A_0（标准表）为准确度等级比待测表头高、量程比待测表头略大的同类表。R_0 为滑线变阻器，R_N 是电阻箱。

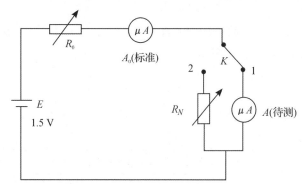

图 3-13-6　测定表头满偏电流 I_g 和内阻 R_g 的电路

测量 I_g 时，将开关 K 置于"1"处，调节滑线变阻器 R_0，使待测表头 A 的指针指在满刻度，这时标准表 A_0 的读数 I_0 就是待测表头的满偏电流，即 $I_g = I_0$。

测量 R_g 时，要求在 E 稳定不变情况下将 K 置于"1"处，调节 R_0，使 A_0 表有一偏转读数 a，然后把 K 倒向"2"处，用 R_N 替代表头 A，固定 R_0 和 E 不变，调节 R_N，重新使 A_0 表的读数仍为 a，这时电阻箱 R_N 的指示值就等于待测表头 A 的内阻，即 $R_g = R_N$。采用同样方法，调节 R_0，改变 A_0 表的偏转读数 a，测量三次 R_g 取平均值。

2. 将表头改装成 2.00 mA、10.00 mA 两个量程的电流表

电流表的结构及校准电路如图 3-13-7 所示。虚线框内的装置是改装后的电流表。

（1）利用所测定的表头内阻 R_g 和满偏电流 I_g，列式计算分流电阻 R_1 和 R_2 的值。

（2）按图 3-13-7 连接电路，R_1、R_2 用计算值接入，图中 mA 表用数字万用表做标准表。

（3）按实验原理中所述的方法、步骤，对改装的电流表进行校准。记下调整后的分流电阻 R_1、R_2 的阻值，以及一组（I_S，I_X）校准数据。

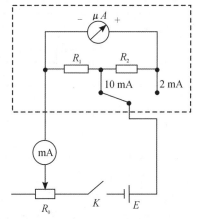

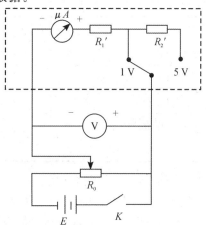

图 3-13-7　电流表结构及校准电路　　　　**图 3-13-8　电压表结构及校准电路**

本实验要求对 10.00 mA 量程逐点较准，画出校准曲线，并求出其准确定度等级。对 2.00 mA 量程只校准其量程点。

3. 将表头改装成 1.00 V、5.00 V 两个量程的电压表

电压表的结构及校准电路如图 3-13-8 所示。图中电压表 V 是用数字万用表作标准表。待校表与标准表并联连接于同一电压两端。

仿照上述方法步骤，进行设计，记下调整后分压电阻 R_1' 和 R_2' 以及一组 (U_s, U_x) 校准数据。

本实验要求对 1.00 V 量程的电压表校准其量程点，对 5.00 V 量程的电压表逐点校准，画出校准曲线，并求出其准确定度等级。

五、数据处理

1. 待测数据及计算结果列表如下。

（1）测量表头参数

用对比法测量 I_g	待测表头满偏时标准表头的读数 I_0 （μA） ＝ I_g （μA）	
用替代法测量 R_g	标准表的偏转读数 a （μA）	$R_g = R_N$ （Ω）
	a_1	
	a_2	
	a_3	
		平均值

（2）把 μA 表头改装成电流表及电压表

改装为电流表（量程：2.00 mA、10.00 mA）			改装为电压表（量程：1.00 V、5.00 V）		
并联分流电阻 R_P	计算值 （Ω）	实际值 （Ω）	串联分压电阻 R_S	计算值 （Ω）	实际值 （Ω）
R_1			R_1'		
R_2			R_2'		

（3）改装 10.00 mA 电流表的校准数据

表头刻度 （μA）	0.0	10.0	20.0	30.0	40.0	50.0	60.0	70.0	80.0	90.0	100.0
改装表读数 I_x （mA）	0.000	1.000	2.000	3.000	4.000	5.000	6.000	7.000	8.000	9.000	10.000
标准表读数 I_s （mA）　由大到小											
由小到大											
平均值 $\overline{I_s}$											
$\Delta I_x = \overline{I_s} - I_x$ （mA）											

（4）改装电压表的校准数据（量程：5.00 V）自行设计数据表，填入数据。

2. 作 ΔI_x-I_x 校准曲线和 ΔU_x-U_x 校准曲线（以待校表读数为横坐标，更正值为纵坐标的折线）。从改装成 10.00 mA 量程电流表 ΔI_x-I_x 曲线中求出 I_x 的指示值为 5.80 mA 的准确值 I_s；从改装成 5.00 V 量程电压表的 ΔU_x-U_x 曲线求 U_x 的指示值为 2.70 V 的准确

值 U_s。

　　3. 计算 10.00 mA 改装表的准确度等级；计算 5.00 V 改装表的准确度等级。

　　4. 校准曲线中应包括 $I_X=0$（或 $U_X=0$）的点，注意更正量 ΔI_X（或 ΔU_X）是代数值，曲线是连接各个实验点的折线。

六、注意事项

　　1. 连接电路时，注意电表的正负极性，不可接反。通过电表的电流不可超过电表的额定值。滑动变阻器的滑动端应放在安全位置。

　　2. 测量电表的校准点时，要取被校表的整数刻度，而不是取标准表的整数刻度，逐点校准。

　　3. 记录时注意测量值的有效数字。

七、思考题

　　1. 假定表头内阻不知道，你能否在改装电压表的同时，确定表头的内阻？

　　2. 测量表头内阻应注意什么？是否还有别的方法？能否用欧姆定律进行测量？能否用电桥来进行测定？

　　3. 若将本实验改装的 10.00 mA 电流表误作直流电压表去测 100 V 电压，这时通过表头的电流为多少？会发生什么后果（不允许试验）？

　　4. 绘制校准曲线有何实际意义？

　　5. 在校准实验中，如果调 R_P（或 R_S）不能使两表同时到达满刻度，该如何解决？

　　6. 校准电表时，如果发现改装表的指示值相对于标准表的指示值总是偏高，试问改装表的分流电阻 R_P 是偏大还是偏小？同理校准电压表，若发现改装表的指示值相对于标准表总是偏低，则改装的分压电阻 R_S 偏大还是偏小？为什么？

实验十四　惠斯登电桥

测量电阻有许多种方法，可以用欧姆表直接测量，也可以采用伏安法或电桥电路进行测量。用欧姆表测量电阻虽较方便，但测量精确度不高；用伏安法测电阻，受所用电表内阻的影响，在测量中往往引入方法误差。在精确测量电阻时，常使用电桥进行测量。电桥是一种用比较法进行测量的仪器，它可以测量电阻、电容、电感等电学量，也可以通过参量对温度、压力等非电学量进行测量，现已广泛地应用于近代工业生产的自动化控制中。电桥种类有很多种，有直流电桥和交流电桥，直流电桥又分为单臂电桥和双臂电桥。本实验使用的单臂电桥仅是其中一种，它是惠斯登在 1943 年发明的，所以也称"惠斯登电桥"，主要用于测量中等阻值的电阻（$10 \sim 10^6 \, \Omega$），具有测试方便、操作简单、测量精确等优点。

一、实验目的

1. 理解惠斯登电桥的原理，掌握其测量电阻的方法。

2. 了解电桥灵敏度对测量结果的影响，掌握电桥灵敏度的测量方法。

3. 了解桥臂电阻准确度等级给测量带来的误差，学会用交换法消除桥臂电阻准确度等级误差。

二、实验仪器

电阻箱（其中 0.1 级的两个，0.02 级的一个）、AC5-4 型直流式检流计、保护盒、待测电阻、直流电源、QJ23 型惠斯登电桥。

三、实验原理

（一）惠斯登电桥

惠斯登电桥又称直流平衡电桥，是用比较电流的方法来测量电阻，其电路如图 3-14-1 所示。待测电阻 R_x 与另外三个电阻 R_1、R_2、R_0 连接成一个闭合环路，每条边（电阻）称为电桥的桥臂，四个电阻的连接点，即 a、b、c、d 称为电桥的顶点。在电桥的一对对顶点 a、c 间连接电源 E，在另一对对顶点 b、d 间连接检流计 G。所谓"桥"就是指 bGd 这条对角线，它的作用是利用检流计将电桥的两个对顶点的电位直接进行比较，当 b、d 两点的电位相等时，通过检流计的电流 $I_g = 0$，电桥处于平衡状态。电

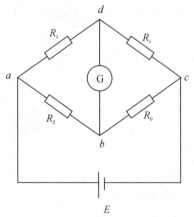

图 3-14-1　惠斯登电桥原理图

桥平衡时，一对对边电阻的乘积等于另一对对边电阻的乘积，即

$$R_1 R_0 = R_2 R_x$$

或

$$R_x = \frac{R_1}{R_2} R_0 \qquad\qquad (3-14-1)$$

上式称为电桥的平衡条件。根据电桥平衡关系式，如果已知 R_1、R_2、R_0 或 R_0、$\dfrac{R_1}{R_2}$ 的值，

就可以求出待测电阻 R_x。在式（3-14-1）中，R_1、R_2 称为电桥的比例臂，它们的比值 $\dfrac{R_1}{R_2}$ 称为电桥的比率，其值一般按 10 的整数次方变化；R_0 称为比较臂（或测定臂），通常采用标准电阻箱；R_x 称为待测臂。

调换电源 E 和检流计 G 的位置，电桥的平衡条件和平衡状态不变。

另外，检流计也可以用毫伏表或微安表来替代，只要检测到 b、d 间的电位差或电流为零即可判定电桥平衡。此方法又称"零示法"。

（二）平衡电桥法测量电阻，其不确定度主要来自两方面

1. 电桥灵敏度不够带来的测量误差

判断电桥是否平衡，是以检流计指针有无偏转来判断的。实际上，检流计指针不偏转不一定没有电流通过，一般只是电流太小，不足以使检流计指针发生偏转。若电桥平衡后，我们把某一桥臂电阻 R 改变一个量 $\pm\Delta R$，这时流过检流计的电流 $I_g \neq 0$；当 ΔR 足够大，使电桥偏离平衡较远，I_g 大就能使检流计偏转显示出来。但如果 I_g 太小或者检流计灵敏度不高使人眼觉察不出检流计指针有偏转，认为电桥是平衡的，这必然带来测量误差。因此，电桥就存在一个灵敏度问题，为此引入电桥相对灵敏度的概念。

电桥平衡后，任一桥臂电阻 R 的相对变化 $\dfrac{\Delta R}{R}$ 引起检流计偏转 Δn 格，这两者的比值称为电桥灵敏度 S，即

$$S = \frac{\Delta n}{\dfrac{\Delta R}{R}} \tag{3-14-2}$$

相同的 $\dfrac{\Delta R}{R}$ 所引起的 Δn 愈大，电桥灵敏度就愈高，对电桥平衡的判断也就愈准确。对一个具体电桥，改变任何一个桥臂电阻得到的电桥灵敏度都是相同的。具体测量时，待测电阻 R_x 是不能改变的，我们改变比较臂电阻 R_0，以 $\dfrac{\Delta R_0}{R_0}$ 来代替 $\dfrac{\Delta R_x}{R_x}$。

由电桥灵敏度的定义式（3-14-2），解基尔霍夫方程组，可以得到电桥灵敏度与桥路参数的关系为

$$S = \frac{S_i E}{R_1 + R_2 + R_0 + R_x + R_g\left(2 + \dfrac{R_1}{R_x} + \dfrac{R_0}{R_2}\right)} \tag{3-14-3}$$

式中 S_i 为检流计的电流灵敏度（$S_i = \dfrac{\Delta n}{\Delta I_g}$），$R_g$ 为检流计内阻，E 为电源电压，其它电阻为电桥的四个桥臂电阻。由此可见：

（1）电桥灵敏度与电桥各参数和内阻 R_g 都有关系。当 R_1 和 R_x 数量级相同，R_2 和 R_0 数量级相同的时候，电桥灵敏度较高。

（2）电桥灵敏度与检流计的电流灵敏度 S_i 成正比。选用 S_i 大、R_g 小的检流计，可以提高电桥灵敏度。

（3）提高电桥的电源电压 E，也可以提高电桥灵敏度，但电源电压不能过高，太高容易损坏电桥，应根据待测电阻大小，适当选择不同电源电压。

（4）同一电桥测量不同电阻，或用不同比率测量同一电阻，电桥灵敏度不一样。选择适当的桥臂比率，可以提高电桥灵敏度，桥臂比率的大小是与测量的精密度相联系的。电桥灵

敏度愈高，测量误差愈小。当 $\Delta n \leqslant 0.2$ 格时，一般人眼觉察不出检流计有偏转，因此电桥灵敏度 S 所决定的测量误差为

$$\frac{\Delta R_x}{R_x} = \frac{\Delta n}{S} = \frac{0.2}{S} \tag{3-14-4}$$

2. 桥臂电阻不够准确造成系统误差

如果桥臂电阻 R_1、R_2 和 R_0 的准确度等级误差分别为

$$\frac{\Delta R_1}{R_1}、\ \frac{\Delta R_2}{R_2} 和 \frac{\Delta R_0}{R_0}$$

则根据不确定度的传递理论和电阻箱准确度等级的意义（$\alpha\% = \dfrac{\Delta R}{R}$），由式（3-14-1）决定的电阻 R_x 的准确度等级误差为

$$\frac{\Delta R_x}{R_x} = \frac{\Delta R_1}{R_1} + \frac{\Delta R_2}{R_2} + \frac{\Delta R_0}{R_0} = \alpha_1\% + \alpha_2\% + \alpha_0\% \tag{3-14-5}$$

一般，测定臂电阻 R_0 选用准确度等级较高的标准电阻箱，由它所带来的准确度等级误差较小，因此待测电阻 R_x 的准确度等级误差主要由比例臂电阻 R_1、R_2 的准确度等级决定。

消除 $\dfrac{R_1}{R_2}$ 比值的系统误差对测量结果的影响，常用以下两种方法。

（1）交换法，又称互易法

当电桥平衡时，由式（3-14-1）测得 R_x 后，保持 R_1、R_2 的阻值和位置不变，交换待测电阻 R_x 和测定臂电阻 R_0 在电桥中的位置，然后再次调节 R_0，使电桥重新平衡，设此时 R_0 的指示值为 R_0'，则待测电阻为

$$R_x = \frac{R_2}{R_1} R_0' \tag{3-14-6}$$

由式（3-14-1）与式（3-14-6）相乘得

$$R_x = \sqrt{R_0 R_0'} \tag{3-14-7}$$

由式（3-14-7）可知，交换后的 R_x 值仅与测定臂电阻有关，而与比例臂电阻 R_1、R_2 无关。根据不确定度的传递理论，由式（3-14-7）决定的待测电阻的准确度等级误差为

$$\frac{\Delta R_x}{R_x} = \frac{1}{2}\left(\frac{\Delta R_0}{R_0} + \frac{\Delta R_0'}{R_0'}\right) = \frac{\Delta R_0}{R_0} = \alpha_0\% \tag{3-14-8}$$

用交换法测量，待测电阻的准确度等级误差仅由测定臂电阻的准确度等级决定。若 R_0 电阻箱的准确度等级为 0.02 级，则 R_0 的指示值误差——准确度等级误差为 $\dfrac{\Delta R_0}{R_0} = 0.02\%$，它给待测电阻所带来的准确度等级误差为 0.02%。

为了保证 R_x 的有效数字的位数，R_1、R_2 要用同数量级的电阻。因为 R_1、R_2 的数量级差别大，R_0、R_0' 的数量级差别也大，利用 $R_x = \sqrt{R_0 R_0'}$ 计算出的 R_x 的有效数字就少，同时电桥灵敏度将下降，误差势必增大，因此失去交换意义。

（2）代替法

当电桥平衡时，由式（3-14-1）测得 R_x，保持 R_1、R_2、R_0 的阻值和位置不变，用准确度较高的可调标准电阻 R_s 代替 R_x，调节 R_s，使电桥重新平衡，这时的平衡关系式为

$$R_s = \frac{R_1}{R_2} R_0 \tag{3-14-9}$$

比较式（3-14-1）和式（3-14-9），得

$$R_x = R_s$$

因而有

$$\Delta R_x = \Delta R_s$$

$$\frac{\Delta R_x}{R_x} = \frac{\Delta R_s}{R_s}$$

　　可见，用代替法测得的电阻 R_x，其准确度等级误差仅由所代替的标准电阻 R_s 的准确度等级所决定，与桥臂电阻 R_1、R_2、R_0 都无关。

四、实验内容

　　1. 用 QJ23 型直流电阻电桥测定三个待测电阻的阻值及相应的电桥灵敏度

　　QJ23 型直流电阻电桥的电路与图 3-14-1 基本相同，只是把整个装置放在一个箱式的盒内。其面板和内部线路如图 3-14-2 所示。比率 $\frac{R_1}{R_2}$ 由面板右侧的一个旋钮调节，共分 $\times 10^{-3}$，$\times 10^{-2}$，$\times 10^{-1}$，$\times 1$，$\times 10$，$\times 10^2$，$\times 10^3$ 七档，采用十进定值制。测定臂 R_0 由面板上四个十进位的电阻箱组成，最小为个位数，最大为千位数。电桥的检流计在面板的中间，其下方有一个指针零点调节旋钮，检流计通电时，旋转之可以使指针指在标度尺的零刻度处。本电桥的电源有 3 V、6 V、15 V 和外接电源四种供选择，以应对测量不同范围电阻之所需。左下方有三个接线柱，分别标有"内接"、"G"、"外接"字样，使用内部检流计时，将"外接"和"G"两接线柱短路而露出"内接"字样；如果不使用内部检流计，可将"内接"和"G"两接线柱短路，在"外接"和"G"的两接线柱间接入更加灵敏的检流计。

　　测量时，待测电阻由"R_x"的两接线柱间接入。面板上标明"B"和"G"字样的按钮分别表示电源和检流计的按钮开关，按下时电路接通，放开时电路切断。当按下并将按钮顺时间方向旋转可以将按钮锁住，保持电路常通，将锁住的按钮倒转到原处就可以退锁，以切断电路。电源按钮开关"B"便于快按快放，以减少电源电能的消耗；电桥的调节，是一个从不平衡到平衡的渐变过程，开始调节时往往会遇到有较大的电流通过，轻按快放检流计的按钮开关"G"，可马上切断电路，避免检流计损坏。"B"和"G"这两个按钮开关在操作时要注意先按下"B"后按下"G"，断开时先放开"G"再放开"B"的顺序进行。

　　在测量电感性电阻（如电机、变压器等）时，电源的突然通断可能产生较大的感应电动势，瞬时电流很大而损坏检流计，也应先接通"B"，后接通"G"，这样检流计是在电路工作稳定后通电，电路不存在自感电动势；断开时，应先放开"G"，后放开"B"，电路的自

（a）面板图

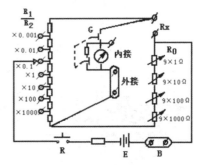

（b）内部线路图

图 3-14-2　QJ23 型惠斯登电桥

感电动势所产生的电流已不通过检流计，这样的操作能避免检流计受到大电流的冲击。在判断电桥平衡时，开关应该用跃按方式进行。电桥使用完毕，必须断开"G"和"B"按钮，并将检流计的连接片接在"内接"和"G"位置，将内部检流计短路阻尼，以保护检流计。

（1）测量待测电阻

每个电阻测量一次，要求待测电阻 R_x 有四位有效数字。

电桥的准确度等级和测量范围有关，在仪器铭牌上可查得具体数值（如图 3-14-3 所示）。本实验测量结果要求有四位有效数字，因此 R_0 的第一位读数旋钮（$\times 1000\ \Omega$ 位）不能置"0"。具体测量方法步骤如下。

a. 选工作电压、定比率，确定待测电阻的数量级

先将测定臂 R_0 的第一位读数旋钮调在"1"处，其它读数旋钮均放在"0"处，这时 $R_0 = 1000\ \Omega$。然后跃按开关"B"和"G"，同时逐档调节比率 $\dfrac{R_1}{R_2}$ 旋钮，直到检流计指针往相反方向偏转时，将比率旋钮放在较小的一档。例如当比率 $\dfrac{R_1}{R_2}=1$ 时，检流计指针向右偏转，而 $\dfrac{R_1}{R_2}=0.1$ 时，检流计指针向左偏转，这说明待测电阻 $R_x = \dfrac{R_1}{R_2}R_0$ 在 1000 Ω 和 100 Ω 之间，即 R_x 为 10^2 数量级。为了保证 R_0 的第一位读数旋钮的值不为"0"，$\dfrac{R_1}{R_2}$ 应放在 0.1 位置。

b. 调节测定臂，使电桥平衡

为了使电桥较快调至平衡，测定臂 R_0 的调节应从高位数到低位数一一确定。在确定第一位旋钮读数时，其它位的读数旋钮统统置在"0"处。调节第一位读数旋钮，逐渐增加第一位读数，跃按"B"和"G"，当检流计指针方向反偏时，将第一位读数旋钮放在较小的一档，接着调节第二位读数旋钮（第三、四位读数旋钮仍然置"0"），以此方法进行到最后一位，使电桥最终达到平衡或指针偏转角度最小。记下这时 R_0 的数值。

（2）测定 QJ23 型直流电阻电桥的灵敏度及其对测量结果带来的不确定度

当电桥平衡后，测定待测电阻 R_x 时，采用调节测定臂电阻，使 R_0 有一个改变量 ΔR_0（改变 R_0 最小步进值 $\pm 1\ \Omega$），若检流计相应偏转 Δn（Δn 约 3～5 格），表明电桥灵敏度 S 符合要求。由式（3-14-2）可以算出测量每一个电阻时电桥灵敏度，由式（3-14-4）可以算出电桥灵敏度对测量结果所带来的不确定度 $\dfrac{0.2}{S}$。待测电阻测量的相对误差 $\dfrac{\Delta R_x}{R_x} = \alpha\% + \dfrac{0.2}{S}$（$\alpha$ 为电桥的准确度等级）。

如果 $\Delta R_0 = \pm 1\ \Omega$，而相应的偏转 $\Delta n > 5$ 格，则视为电桥有足够的灵敏度，那么由电桥灵敏度引入的误差比电桥准确度等级误差项小很多，可以忽略不计，这时可将电桥等级误差

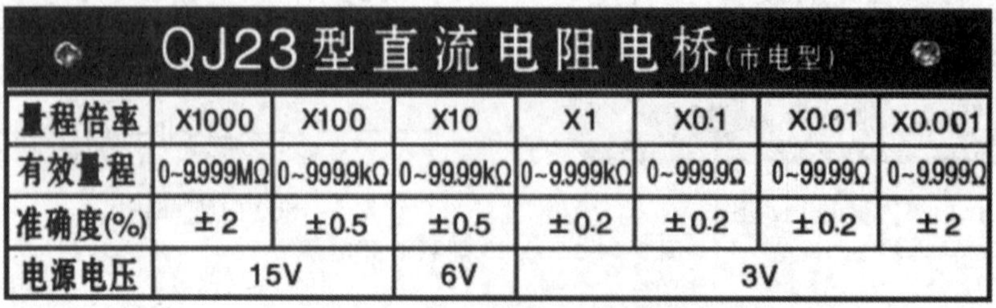

量程倍率	X1000	X100	X10	X1	X0.1	X0.01	X0.001
有效量程	0~9.999MΩ	0~999.9kΩ	0~99.99kΩ	0~9.999kΩ	0~999.9Ω	0~99.99Ω	0~9.999Ω
准确度(%)	±2	±0.5	±0.5	±0.2	±0.2	±0.2	±2
电源电压	15V		6V		3V		

图 3-14-3　QJ23 型惠斯登电桥铭牌

作为待测电阻的测量相对误差，即 $\dfrac{\Delta R_x}{R_x} = \alpha\%$。

2. 用电阻箱组装惠斯登电桥并测量待测电阻

（1）组装电桥

按图 3-14-4 连接电路。电桥电源 E 取 4.5 V；若 E 太大，会烧灼电阻箱，E 太小，电桥灵敏度低。R_1、R_2、R_0 都是电阻箱，其中 R_0 的准确度较高。检流计 G 要串联一个保护盒（它是由两个不同阻值的电阻和导线分别和三个按钮开关 K_1、K_2、K_3 串联，然后并联在一起装在盒子内），使用时，先按串联大电阻的开关 K_3，判断平衡后依次再按下 K_2、K_1 直至电桥最终平衡。

AC5-4 型检流计外形如图 3-14-5 所示。检流计本身附有按钮，检流计按钮按下，电路即通。为了促使指针快速停下，它装有"短路"阻尼按钮。

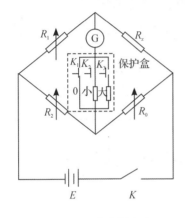 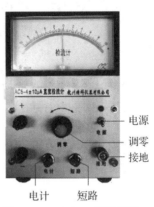

图 3-14-4　组装电桥电路　　　　图 3-14-5　AC5-4 型检流计

（2）测量电阻

用已组装好的电桥测量前面的三个待测电阻，要求测量结果有四位有效数字，R_0 电阻箱的第一位读数旋钮的值不为 0。具体测量方法步骤同 QJ23 型电桥实验。在电桥平衡后，记下 R_1、R_2、R_0 的值及它们的准确度等级。

（3）用交换法测量电阻

把以上比率等于 1 的待测电阻，用"交换法"再测量一次。

当电桥平衡时，保持 R_1 和 R_2 的阻值和位置不变，交换 R_0 和 R_x 的位置，再调节 R_0 使电桥重新平衡，记下这时测定臂的读数 R_0'。

五、数据处理

按以下数据表的要求，把所测数据填入表中并进行处理；并将待测电阻表达为 $R = R_x \pm \Delta R_x$ 的形式。

1. QJ23 型直流电阻电桥测量数据表

电阻	比率 C	R_0 （Ω）	$R_x=CR_0$ （Ω）	电桥灵敏度误差				电桥准确度等级误差			$\Delta R_x=\Delta R_{xS}+\Delta R_{xE}$ （Ω）	$R_x\pm\Delta R_x$ （Ω）
				ΔR_0 （Ω）	Δn （格）	$S=\dfrac{\Delta n}{\dfrac{\Delta R_0}{R_0}}$	$\dfrac{\Delta R_{xS}}{R_x}=\dfrac{0.2}{S}$ （%）	ΔR_{xS} （Ω）	$\dfrac{\Delta R_{xE}}{R_x}=\alpha\%$	ΔR_{xE} （Ω）		
R_{x1}												
R_{x2}												
R_{x3}												

2. 自组装电桥测量数据表

电阻	R_1 （Ω）	R_2 （Ω）	$\dfrac{R_1}{R_2}$	R_0 （Ω）	R_x （Ω）	电阻箱准确度等级误差		$R_x\pm\Delta R_x$ （Ω）
						$\dfrac{\Delta R_x}{R_x}$ （%）	ΔR_x （Ω）	
R_{x1}								
R_{x2}								
R_{x3}								

3. 交换法测量数据表

R_0 （Ω）	R_0'（Ω）	$R_x=\sqrt{R_0 R_0'}$ （Ω）	电阻箱准确度等级误差		$R_x\pm\Delta R_x$ （Ω）
			$\dfrac{\Delta R_x}{R_x}=\dfrac{\Delta R_0}{R_0}$ （%）	ΔR_x （Ω）	

六、注意事项

1. 实验前，须将检流计调零，即调节"零点旋钮"使指针指 0。

2. 测量电阻，特别是测量有感电阻时，应先闭合电源开关"B"，后按检流计开关"G"。松开时，应先放开"G"，后放开"B"，以免因反电动势使检流计损坏。

在平衡电桥过程中，检流计的开关一般只能跃按，这是因为电桥最后平衡的判断，不是以检流计指针是否指在"0"刻线为依据，而是以在电桥通电的情况下，检流计开关按下和松开时检流计指针均不动为依据；另一方面，当通过检流计的电流 I_g 较大（电桥偏离平衡较远）时，跃按"G"（按后马上松开），可以保护检流计。

3. 电桥通电时间要尽量短，以免因电阻发热而变值。

4. 实验中，若发现接通电源后，无论桥臂电阻如何改变，检流计指针始终不偏转（没有电流通过检流计），其原因是检流计支路或电源支路不通（断线、漏接等）。若桥臂电阻无论如何改变，检流计指针始终偏向一边，其原因是某一桥臂支路不通（断线、漏接，电阻箱旋钮没有放在档上）或短路。发现故障后，应先断开电源，排除故障后，再合上电源开关进行测量。

5. 测量完毕后，必须断开按键"B"和"G"。

七、思考题

1. 比较"伏安法"和"惠斯登电桥"测量电阻有何不同。

2. 在电桥实验操作中，应注意哪些问题？总结使电桥较快达到平衡的方法。

3. 如何用惠斯登电桥测量微安表的内阻 R_g，测量时用什么办法保护待测表头？

4. 电桥达到平衡后，若互换电源和检流计的位置，电桥是否仍保持平衡？

实验十五　用双电桥测低电阻

在测量低值电阻时，由于实验电路中的接线电阻和接触电阻（数量级约为 $10^{-2}\sim10^{-3}$ Ω）可能和被测电阻阻值量级相同，甚至更大。如果用传统的单电桥（惠斯登电桥）测量此类低值电阻，结果会存在较大的误差。为了减少或消除接线电阻和接触电阻的影响，本实验对单电桥测量方式进行改进，提出双电桥的测量方法。

一、实验目的

1. 掌握双电桥的设计思想，理解双电桥测量低电阻的工作原理。
2. 学会用双电桥测量低电阻的方法。

二、实验仪器

1. 仪器用具

QJ36 型直流单双臂电桥、AC15 型直流检流计、标准电阻、待测金属棒、游标卡尺、直流电桥四端低阻测试夹具、双向开关。

2. 仪器描述

本实验所用的 QJ36 型直流单双臂电桥为精密型电工测量仪器，可用于测量导体的电阻。采用不同的连接方式，可以组成单电桥电路和双电桥电路。测量 $10^2\sim10^3$ Ω 的电阻时，常采用单电桥电路；测量 $10^{-6}\sim10^2$ Ω 的电阻时，采用双电桥电路。其面板如图 3-15-1 所示。

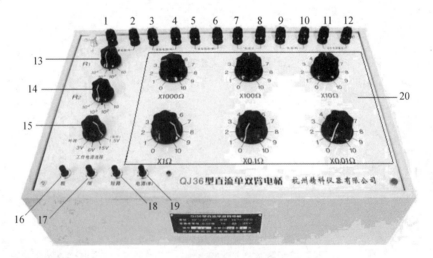

图 3-15-1　QJ36 型直流单双臂电桥面板

①、②标准电阻接线柱；③、④双电桥未知电阻接线柱；⑤、⑥单电桥未知电阻接线柱；⑦、⑧检流计接线柱；⑨、⑩单电桥外接电源接线柱；⑪、⑫双电桥电源输出端；⑬桥臂电阻 R_1；⑭桥臂电阻 R_2；⑮单（双）电桥工作电源选择旋钮；⑯检流计支路"粗"调开关；⑰检流计支路"细"调开关；⑱"短路"阻尼按钮；⑲单电桥电源开关；⑳由六个十进位电阻箱构成电阻 R_A

三、实验原理

1. 采用四端接线法消除附加电阻对测量结果的影响。

首先要弄清楚接线电阻和接触电阻它们是怎样影响测量结果的。根据欧姆定律 $R=U/I$，采用伏安法测量金属棒 AD 两端电阻的一般电路如图 3-15-2 所示。考虑到接线电阻和接触电阻的存在，其等效电路如图 3-15-3 所示。

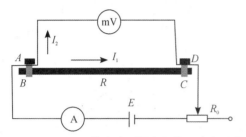
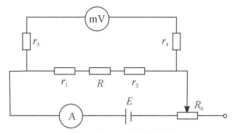

图 3-15-2　用伏安法测量金属棒两端电阻电路　　　图 3-15-3　图 3-15-2 的等效电路

其中 r_1 为安培表与金属棒接头处的接触电阻；r_2 为变阻器与金属棒接头处的接触电阻；r_3 为毫伏表与金属棒、安培表间的接触电阻和接线电阻；r_4 为毫伏表与金属棒、变阻器间的接触电阻和接线电阻；R 为金属棒电阻。由图 3-15-2 可知，通过安培表的电流 I 在接头 A 处分为 I_1、I_2 两支流，I_1 流经接触电阻 r_1 流入 R，I_2 流经接触电阻和接线电阻 r_3 后流入毫伏表；同理，当 I_1、I_2 在接头 D 处汇合时，I_1 通过接触电阻 r_2 流出，而 I_2 经过接触电阻和接线电阻 r_4 后流出。因此电阻 r_1 和 r_2 与 R 相串联，电阻 r_3 及 r_4 与毫伏表相串联。这样，由毫伏表测得的电压实际上包括了 r_1、r_2 和 R 的电压降。由于 r_1、r_2 的阻值和 R 具有相同的数量级，有的甚至比 R 还大几个数量级，此时测得的电压值并不是 R 两端的实际电势差，如果直接利用毫伏表和安培表的指示值来计算电阻，就会得到不准确的结果。

为了解决上述问题，我们把图 3-15-2 的连接改成图 3-15-4 的连接方式，对低电阻采用四个端子接头，将通电流的接头（简称电流接头）AD 和测量电压的接头（简称电压接头）BC 分开，并且把电压接头放在里面。对图 3-15-4 进行电路分析，可得到如图 3-15-5 所示的等效电路，其中 r_1、r_2、r_3 和 r_4 的意义同前，但它们在电路中的位置不同。由于毫伏表的内阻远大于 r_3、r_4 和 R，所以毫伏表和安培表的读数可以相当准确地反映电阻 R 上的电压降和通过它的电流。这样，利用 $R=U/I$ 算出的 R，可以减少或消除接触电阻和接线电阻对测量结果的影响。

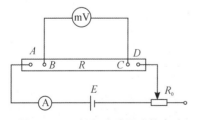
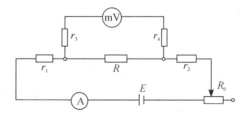

图 3-15-4　低阻四端子连接电路　　　图 3-15-5　图 3-15-4 的等效电路

根据上述四点法原理，一些级别较高的标准电阻用于减少接触电阻引起的误差，它常有两对接线端子，较粗的一对用作电流接头，较细的一对用作电压接头。

2. 直流双电桥原理

把以上的方法应用到电桥电路中，就构成如图 3-15-6 所示的双电桥。图中 R_X 和 R_S 为待测电阻和标准电阻，R_X 和 R_S 都是四端子结构。R_X 和 R_S 之间的电流接头 C_{X2} 和 C_{S1} 用粗导线连接起来，电压接头 P_{X2} 和 P_{S1} 分别接上电阻 R_B 和 R_2，再和检流计相接，从而构成"双桥"，这样的桥路称为双电桥（又称开尔文电桥）。由图 3-15-6 的桥路分析可知，电压接头 P_{X1} 处的接触电阻和接线电阻 r_1 与 R_A 串联，P_{S2} 处的接触电阻和接线电阻 r_2 与 R_1 串联，P_{X2} 处的接触电阻和接线电阻 r_3 与 R_B 串联，P_{S1} 处的接触电阻和接线电阻 r_4 与 R_2 串联。于是，我们画出了图 3-15-6 的等效电路，如图 3-15-7 所示，其中 r 为电流接头 C_{X2} 和 C_{S1} 之间的接线电阻和接触电阻。

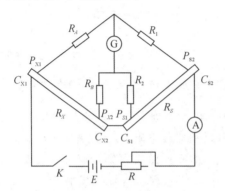
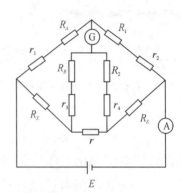

图 3-15-6　双电桥电路　　　　图 3-15-7　图 3-15-6 的等效电路

下面我们推导双电桥的平衡条件。从这个过程中可以看出，在一定条件下，接触电阻、接线电阻 r_1、r_2、r_3、r_4 及 r 对测量的影响可以完全消除掉。

电桥平衡时，$I_g = 0$。设这时流过 R_A 和 R_1 的电流为 I，流过 R_X 和 R_S 的电流为 I_0，流过 R_B 和 R_2 的电流为 i，则由检流计两端的电位相等，可得

$$\begin{cases} (R_A + r_1)I = R_X I_0 + (R_B + r_3)i \\ (R_1 + r_2)I = R_S I_0 + (R_2 + r_4)i \\ (R_B + r_3 + R_2 + r_4)i = (I_0 - i)r \end{cases} \tag{3-15-1}$$

一般 R_A、R_1、R_B 和 R_2 均取几十欧姆或几百欧，而接触电阻、接线电阻 r_1、r_2、r_3、r_4 均在 $0.1\ \Omega$ 以下，即 $R_A \gg r_1$，$R_1 \gg r_2$，$R_B \gg r_3$，$R_2 \gg r_4$，因此式 (3-15-1) 可以简化为

$$\begin{cases} R_A I = R_X I_0 + R_B i \\ R_1 I = R_S I_0 + R_2 i \\ (R_B + R_2)i = r(I_0 - i) \end{cases} \tag{3-15-2}$$

解方程组 (3-15-2) 可得

$$R_X = \frac{R_A}{R_1} R_S + \frac{R_2 r}{R_B + R_2 + r}\left(\frac{R_A}{R_1} - \frac{R_B}{R_2}\right) \tag{3-15-3}$$

由式 (3-15-3) 可以看出，用双电桥测电阻时，R_X 由两项决定，第一项与单电桥相同，第二项为修正值。

当电桥平衡时，若满足条件

$$\frac{R_A}{R_1} = \frac{R_B}{R_2} \tag{3-15-4}$$

并且在整个测量调节过程中保持不变（设计电桥时，通常 $R_A = R_B$，$R_1 = R_2$），则式 (3-

15-3) 的修正项为零。在这种情况下，双电桥的平衡条件为

$$R_X = \frac{R_A}{R_1} R_s \tag{3-15-5}$$

从以上的讨论可知，采用双电桥结构，即电流接头和电压接头分开的四端连接方式（将电压接头放在里面），这样可以把各部分的接触电阻和接线电阻分别引入到电流回路、电源回路中，使它们与电桥平衡无关；或者引入到大电阻支路中，减小它们的影响。这就是双电桥减小或消除接触电阻及接线电阻影响的设计思想。

为了保证测量的准确性，连接 R_X 和 R_s 的电流接头 C_{X2} 和 C_{S1} 的导线应尽量粗而且短，使附加电阻 r 尽可能小。这样，即使条件 $\frac{R_A}{R_1} = \frac{R_B}{R_2}$ 不完全满足（实际如此），也可以使式 (3-15-3) 中的修正项尽可能小。

3. QJ36 型直流单双臂电桥测量线路原理

双电桥测量线路原理如图 3-15-8 所示。图中虚线框内为双电桥内部结构（G 为外接检流计），其中 R_A、R_B 为同轴联动的可调的电阻。在整个调节过程中，保持 R_A 等于 R_B，R_1 和 R_2 均为可调的电阻。为保证式（3-15-4）成立，必须分别调节 R_1 和 R_2，使 R_1 等于 R_2。调节 $R_A(=R_B)$ 六个读数盘，使电桥平衡，这时，R_X 可按式（3-15-5）计算。

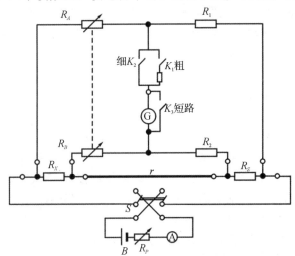

图 3-15-8　QJ36 型双电桥测量线路原理图

4. 双电桥的灵敏度

当双电桥平衡后，将电阻 R_A（或其它电阻）调偏一个量 ΔR_A，这时由于电桥偏离平衡，将引起检流计偏转 Δn 格，与惠斯登电桥一样，定义双电桥的灵敏度 S 为

$$S = \frac{\Delta n}{\dfrac{\Delta R_A}{R_A}} \tag{3-15-6}$$

双电桥灵敏度 S 与桥路哪些因素有关，下面我们仅作近似讨论。在图 3-15-7 中，设 r 近似为零，则双电桥就简化成为惠斯登单电桥了。这时检流计支路电阻变为 $R_g + R_B//R_2$。参照惠斯登电桥灵敏度的表达式，可得双电桥灵敏度与电路参数的关系式为

$$S = \frac{S_i E}{R_A + R_1 + R_s + R_X + (R_g + R_B//R_2)(2 + \dfrac{R_A}{R_X} + \dfrac{R_s}{R_1})}$$

式中 S_i 为检流计的电流灵敏度。利用关系式

$$\frac{R_A}{R_1}=\frac{R_B}{R_2}; \quad \frac{R_X}{R_S}=\frac{R_A}{R_1}; \quad E=I_0(R_X+R_S); \quad R_A+R_1+R_S+R_X\approx R_A+R_1$$

则上式可简化为

$$S=\frac{S_iI_0(R_X+R_S)}{R_A+R_1+(R_g+\dfrac{R_AR_1}{R_A+R_1})(2+\dfrac{R_A}{R_X}+\dfrac{R_X}{R_A})} \tag{3-15-7}$$

由式 (3-15-7) 可知，要使双电桥有足够的灵敏度，必须 (1) 选用电流灵敏度 S_i 高、内阻 R_g 小的检流计；(2) 提高电源电压 E，即增大工作电流 I_0；(3) 选取合适的桥臂电阻。与惠斯登电桥不同的是，检流计支路中串联了一个电阻 $R_B \// R_2$，使灵敏度降低。从提高电桥灵敏度考虑，$R_A(=R_B)$、$R_1(=R_2)$ 应取小些，而为了减小电压接头接触电阻和接线电阻的影响，$R_A(=R_B)$、$R_1(=R_2)$ 应取足够大。一般 $R_A=R_B$、$R_1=R_2$ 的取值在 10 $\sim 10^3$ Ω 范围内。

5. 采用双向开关消除热电动势的影响

电流通过线路时，各部分结构不均匀会引起温度不均匀，从而产生附加的热电动势。热电动势只与焦耳热 I^2R 有关，而与电流的方向无关。当电流方向改变时，电阻上原有的电压降方向就会改变。热电动势产生的影响一次是相加，另一次是相减，故两次求的电阻值将不同。采用电流换向后，所得的是两个阻值的平均值，因此消除了热电动势的影响。

四、实验内容

1. 按图 3-15-10 连接实验电路

接线时注意以下几点：

(1) 将待测金属棒安装在夹具上，锁紧螺丝 1~4，如图 3-15-9 所示。夹具内侧刀口的两个接线柱 6、7 与金属棒的接触点 2、3 相连，即为 R_X 的电压接头，其间距离就是待测电阻的长度；夹具外侧刀口的两个接线柱 5、8 与金属棒的接触点 1、4 相连，即为 R_x 的电流接头。实验时将接线柱 6、7 与电桥面板上 3、4 端相连，接线柱 5、8 接入电流回路。

(2) 将四端标准电阻 R_S 的电流接头和电压接头分开接好。

(3) R_S 与 R_X 之间的电流接头用多股粗且短的导线连接。

(4) 连接时各接线柱电位高低顺序要一致。

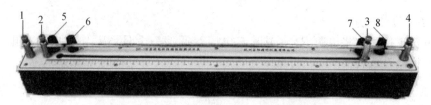

图 3-15-9　直流电桥四端低阻测试夹具

2. 接通检流计电源，调好"零点"旋钮。

3. 测量铜棒电阻

(1) 电源换向开关 K 合在任一方，接通电源。当电桥使用市电时，双桥测量用的电源由电桥内部输出（即图 3-15-1 中⑪、⑫两接线柱间有电压输出），此时"工作电源选择"开关应转至"（双桥）1.5 V"位置。因电桥内部设计有限流和保护电路，所以一般情况下可

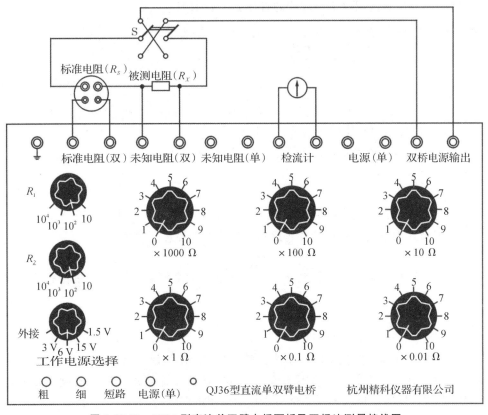

图 3-15-10　QJ36 型直流单双臂电桥面板及双桥法测量接线图

省略外接限流电阻。如电桥不用市电时，其双桥测量所需电源及检流计需外接，开关转至外接。

（2）确定电阻 R_1、R_2 的值，使测量臂电阻 R_A 的第一个读数盘的读数不为零。具体方法是：将测量臂 R_A 旋钮 I 旋在"1"处，而其它旋钮均旋在"0"处，然后按大小顺序调节 R_1 和 R_2（使 $R_1 = R_2$），当 R_1（R_2）在某两档之间变化，检流计指针朝相反方向偏移时，将 R_1（R_2）放在较大值位置，这时，由式（3-15-5）可知，$R_A \geqslant 1000.00\ \Omega$，只要测量仪器有足够灵敏度，$R_A$ 的读数数字可达六位。

（3）调节 R_A 读数盘，使电桥平衡。调节时，遵从由高位数到低位数，先"粗"后"细"的原则。接通检流计的按钮开关时，判断电桥是否平衡，是以"细"按钮按下和松开时，指针是否偏转为准。

（4）改变电流方向作同样测量（要求动作迅速），在不同电流方向两种情况下，各测量六次，取平均值以减小系统误差。

（5）记下电桥平衡时的 R_1（$= R_2$）、R_A 和 R_S 的值，求出 R_X 值。

4. 测量电桥灵敏度 S

在电桥平衡后，将读数盘电阻调偏 ΔR_A，使检流计指针偏移 Δn 格（$\Delta n = 2 \sim 3$ 格），记下 ΔR_A 和 Δn，由式（3-15-6）计算电桥灵敏度 S。测量 S 时只要求在任一电流方向下进行一次测量。

5. 测量铜棒的电阻率 ρ

（1）记下夹具内侧两刀口间距离 L。

（2）用游标卡尺测量铜棒不同部位的直径 D，要求测量六次。

均匀金属导体的电阻率

$$\begin{cases} \rho = \dfrac{\pi D^2 R_X}{4L} \\ \dfrac{U_\rho}{|\rho|} = \sqrt{\left(\dfrac{2U_D}{D}\right)^2 + \left(\dfrac{U_L}{L}\right)^2 + \left(\dfrac{U_{R_X}}{R_X}\right)^2} \end{cases} \qquad (3\text{-}15\text{-}8)$$

式中 R_X、D 和 L 分别为导体的电阻值、直径和长度。

6. 按以上的要求，测量铝棒的电阻、电阻率及该电桥的灵敏度。

五、数据处理

1. 列表记录并计算待测金属棒电阻 R_{X1}、R_{X2} 及相应的电桥灵敏度 S_1、S_2。

2. 列表记录并用不确定度理论计算待测金属棒的直径，并表示成

$$D = \overline{D} \pm U_D$$

3. 由公式（3-15-8）计算待测金属棒的电阻率 ρ 及其不确定度 U_ρ，并表示成 $\overline{\rho} \pm U_\rho$ 的形式。

六、注意事项

1. 被测金属棒表面要擦拭干净，接线柱要拧紧，以防接触不良。

2. 当测量的灵敏度较高时，按下检流计"细"按钮，即使未接通电桥电源，也可能使指零仪偏离零位，这时应再次调零，然后再接通电桥电源进行测量。

3. "粗"、"细"、"短路"、"电源（单）"四个按钮按下并旋转 90° 即可锁住，但在实际操作中尽量不要锁住，应间歇通、断使用。单桥和双桥测试时，不能将工作电源长时间接通。双桥测试时，控制电源（1.5 V）的通与断，可转动"工作电源选择"开关，如转至单桥电源（3 V、6 V、15 V）任意一档，双桥工作电源就断开，以免电流长时间流过电阻，使电阻元件发热，从而影响测量准确性。

4. 为了消除热电动势和接触电动势等系统误差的影响，要求改变电源极性进行测量，然后取平均值。

5. 若环境湿度较低，测量时发生静电干扰，可将电桥接地端钮接地，消除静电。

6. 标准电阻内装有变压器油，切勿倒置。

七、思考题

1. 双电桥电路中式（3-15-4）是否一定要满足？为什么？

2. 为了减小电阻率 ρ 的测量误差，在被测量 R_X、D 和 L 中应特别注意哪个物理量的测量？

3. 如果低电阻的电流接头和电压接头接反了，对测量结果有何影响？

4. 双桥与惠氏电桥区别何在？

实验十六　应用霍尔效应测量磁场

霍尔效应是1879年美国物理学家霍尔在研究载流导体在磁场中受力状况时发现的一种磁电现象。利用这种现象制成的各种霍尔元件，已广泛地应用于自动化技术、检测技术、传感器技术及信息处理等方面。在现代工业生产中，作为敏感元件之一的霍尔元件，将有着更广阔的应用前景。

一、实验目的

1. 了解霍尔效应测量磁场的基本原理及霍尔元件的性能，学习用"换向法"消除系统误差，测量霍尔元件的 $U_H\text{-}I_s$ 特性曲线。

2. 测量电磁铁的 $B\text{-}I_m$ 励磁特性曲线。

3. 测量电磁铁气隙间的 $B\text{-}X$ 磁场分布曲线。

二、实验仪器

1. 仪器用具

霍尔效应实验仪、霍尔效应测试仪、导线若干。

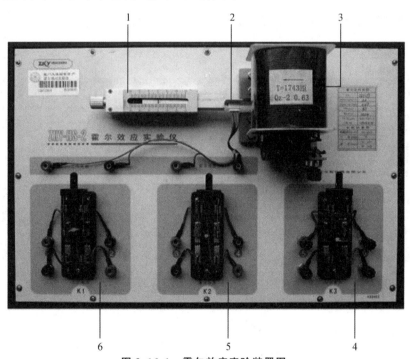

图 3-16-1　霍尔效应实验装置图

①霍尔传感器移动标尺；②霍尔片；③电磁铁；④励磁电流输入；⑤霍尔电压输出；⑥工作电流输入

2. 仪器描述

本实验的实验装置由霍尔效应实验仪和霍尔效应测试仪两大部分组成。

(1) 霍尔效应实验仪

包括电磁铁磁场测量装置、霍尔元件样品和样品架。

电磁铁磁场测量装置：图 3-16-2 是测量电路示意图。

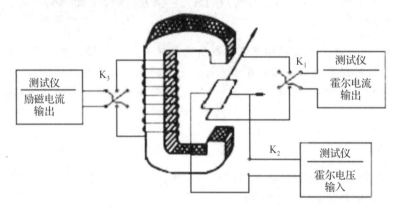

图 3-16-2　电磁铁磁场测量电路

（2）霍尔效应测试仪

霍尔效应测试仪由两组直流恒流源和一组直流数字毫伏表组成，可以独立使用，其面板如图 3-16-3 所示。提供霍尔元件的控制电流 I_s 在 1.50～10.00 mA 范围内连续可调，提供电磁铁的励磁电流 I_m 在 0～1 A 范围内连续可调，它们分别由面板上相应的接线端钮输出。待测霍尔电压由面板上的霍尔电压输入端输入，测量范围为：±199.9 mV。输出的电流值 I_s 和 I_m 以及测量的电压均由数码管显示。

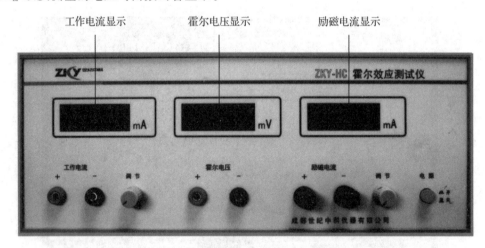

图 3-16-3　霍尔效应测试仪面板图

三、实验原理

1. 霍尔效应及其测量磁场的原理

霍尔效应是一种磁电效应。从本质上讲，它是带电粒子在磁场中受洛仑兹力作用后运动发生偏转而形成的一种效应。

如图 3-16-4 所示，将一块半导体薄片放在垂直于它的恒定磁场 B 中，在薄片的四个侧面 A、A'、D 和 D' 分别引出两对电极，当沿 AA' 方向通过电流 I_s 时，薄片内定向移动的载流子（图中假设为电子）将受到洛仑兹力 f_B 的作用。若 q 为载流子的电荷，v 为载流子

的定向移动速率，则 f_B 的大小为

$$f_B = qvB \qquad (3\text{-}16\text{-}1)$$

f_B 指向薄片的侧面 D'，它使载流子向侧面 D' 偏转，形成电荷积累，结果在薄片的 DD' 方向形成电场 E_H，这个电场又给载流子一个电场力 f_E，f_E 的方向与 f_B 的方向相反，它阻碍载流子继续向侧面 D' 偏转。当两力大小相等时，电荷的积累达到动态平衡，这时在薄

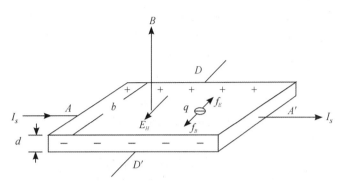

图 3-16-4　霍尔效应原理图

片两侧面 D、D' 之间所建立的电场 E_H 称为霍尔电场，相应的电压 $U_{DD'}$ 称为霍尔电压，记为 U_H。这样的现象称为霍尔效应。而根据霍尔效应制成的磁电变换的器件就称为霍尔元件。

霍尔电压 U_H 的大小除了与磁感应强度 B、控制电流 I_s 的大小有关外，还与霍尔片的材料、结构有关。设霍尔片的宽度为 b，则

$$f_E = qE_H = q\frac{U_H}{b}$$

动态平衡时，电场力与洛仑兹力大小相等，故由上式和式（3-16-1）可得

$$q\frac{U_H}{b} = qvB$$

即

$$U_H = bvB \qquad (3\text{-}16\text{-}2)$$

若霍尔片中载流子的浓度为 n，霍尔片的厚度为 d，则电流 I_s 与载流子的速率 v 的关系为

$$I_s = bdqvn$$

或者

$$v = \frac{I_s}{bdqn}$$

将上式代入式（3-16-2），得

$$U_H = \frac{1}{nq}\frac{I_sB}{d} \qquad (3\text{-}16\text{-}3)$$

令 $R = \dfrac{1}{nq}$，则式（3-16-3）可写成

$$U_H = R\frac{I_sB}{d}$$

R 称为霍尔系数。在应用中，常将霍尔电压表示为

$$U_H = K_H B I_s \qquad (3\text{-}16\text{-}4)$$

式中的系数

$$K_H = \frac{R}{d} = \frac{1}{nqd}$$

称为霍尔元件的灵敏度，它的大小与材料性质及薄片的厚度有关。若 I_s 的单位用 mA，U_H 的单位用 mV，B 的单位用 T（特斯拉），则 K_H 的单位为 mV（mA・T）$^{-1}$。作为磁电传感器（将磁量转换为电量），一般要求霍尔元件的灵敏度要高。由于 K_H 与载流子的浓度 n 成

反比，而半导体的载流子浓度又远比金属的载流子浓度小，所以用半导体材料做霍尔元件，灵敏度比较高。K_H 还与霍尔片的厚度 d 成反比，所以霍尔片都做得很薄，一般厚度只有 0.1 mm，由半导体材料制成。

由式（3-16-4）可以看出，如果知道了霍尔元件的灵敏度 K_H，用仪器测出控制电流 I_s 和霍尔电压 U_H，就可以算出霍尔片所在的磁感应强度 B 的大小。这就是霍尔效应测量磁场的原理。霍尔片由于其尺寸很小，可以近视为一个几何点，因此可以用它测量任何磁场中某一点的磁感应强度。

由于建立稳定的霍尔电场的时间极短，约为 $10^{-12} \sim 10^{-14}$ s，因此霍尔元件也可以在音频的交流电流下工作，产生交流的霍尔电压。若交流控制电流为

$$i = I_0 \sin\omega t$$

则交流霍尔电压为

$$U_H = K_H Bi = K_H B I_0 \sin\omega t$$

显然，在使用交流控制电流的情况下，式（3-16-4）仍然适用，只是式中的 I_s 和 U_H 应理解为有效值。

2. 霍尔元件的副效应及其影响的消除方法

霍尔元件在产生霍尔电压 U_H 的同时，还伴随着一些副效应。副效应产生的附加电压叠加在霍尔电压上，造成测量**系统误差**，从而影响磁感应强度 B 的测量准确度。为此，需要用实验方法予以消除。

影响测量结果的副效应主要有不等电位电势差、能斯托效应、爱廷豪森效应、里纪-勒杜克效应等。

（1）不等电位电势差 U_0

当给霍尔片通以电流时，在其内部要形成等势面。由于制造上的困难及材料的不均匀性，霍尔片上下两侧的电极很难做到在同一等位面上。如图 3-16-5 所示，即使不加磁场也会产生附加电压 $U_0 = I_s r$，其中 r 为 D-D' 电极所在的两个等位面之间的电阻。U_0 的方向只与电流 I_s 的方向有关，而与外磁场 B 的方向无关。

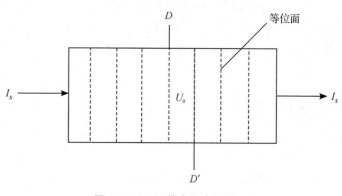

图 3-16-5　不等电位电压降

（2）能斯托（Nernst）效应

通电流的电极在 A-A'（如图 3-16-4 所示）侧面上的接触电阻不可能完全相同，因此当电流 I_s 通过不同接触电阻时，会产生不等的焦耳热，并因温差而产生热电子流。这附加的热电子流也受磁场的作用而在上下（D-D'）两侧产生附加的电压 U_N。U_N 的方向与控制电流 I_s 的方向无关，只与磁场 B 的方向有关（如图 3-16-6（a）所示）。

（3）爱廷豪森（Ettinghausen）效应

爱廷豪森（Ettinghausen）效应是一种温度梯度效应。由于半导体内载流子的迁移速度不相等，它们在磁场作用下，对速度大的载流子，洛仑兹力起主导作用，对速度小的载流

子，霍尔电场力起主导作用。这样，速度大的载流子和速度小的载流子将分别向两端偏转，偏转的载流子的动能将转化为热能，使得两端的温升不同，即慢载流子的能量比快载流子的能量小，它们偏向的那边比对边冷些。两端面之间由于温度差而出现温差电压 U_E（如图 3-16-6（b）所示）。由此产生的温差电动势，叠加在霍尔电压上。如同霍尔效应一样，由此产生的电位差 U_E 与磁场 B、电流 I_s 的方向都有关系，而且与霍尔电压分不开，一般情况 $U_E \ll U_H$，可以忽略不计。

（4）里纪-勒杜克（Right-Leduc）效应

在能斯托（Nernst）效应的基础上，热扩散载流子的速率并不相同，于是又如同爱廷豪森（Ettinghausen）效应一样，慢载流子受磁场偏转的那边冷些，这样又产生温差电动势 U_{RL}（如图 3-16-6（c）所示）。由此在霍尔片上、下两侧产生的电位差 U_{RL} 只与 B 的方向有关，与控制电流 I_s 的方向无关，一般 $U_{RL} \ll U_H$。

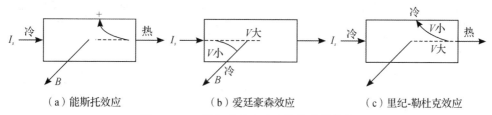

（a）能斯托效应 （b）爱廷豪森效应 （c）里纪-勒杜克效应

图 3-16-6 霍尔效应实验中的几种副效应

为了消除副效应电压 U_0、U_N 和 U_{RL} 的影响（忽略 U_E 的影响），实际测量时，运用"换向法"分别改变控制电流 I_s 的方向和磁场 B 的方向，测量以下四种情况时的电压，然后取平均值。具体方法如下：

当 B 为正（电磁铁励磁电流 I_m 为正）、I_s 为正时，测得的电压记为 U_1，此时，令各种电压均为正，则有

$$U_1 = U_H + U_0 + U_N + U_{RL} \tag{3-16-5}$$

B 仍为正、I_s 换为负，此时 U_H 和 U_0 换向，而 U_N 和 U_{RL} 不换向，测得的电压为

$$U_2 = -U_H - U_0 + U_N + U_{RL} \tag{3-16-6}$$

B 换为负、I_s 仍为负，此时 U_H 又换成正，U_0 仍为负，而 U_N 和 U_{RL} 换为负，测得的电压为

$$U_3 = +U_H - U_0 - U_N - U_{RL} \tag{3-16-7}$$

B 仍为负、I_s 再换为正，此时 U_H 为负，U_0 为正，而 U_N 和 U_{RL} 仍为负，测得的电压为

$$U_4 = -U_H + U_0 - U_N - U_{RL} \tag{3-16-8}$$

由式（3-16-5）至式（3-16-8）可得

$$U_1 - U_2 + U_3 - U_4 = 4U_H$$

即

$$U_H = \frac{1}{4}(U_1 - U_2 + U_3 - U_4) \tag{3-16-9}$$

上式即为经过"换向法"后得到的霍尔电压表达式。除了爱廷豪森效应以外，其他副效应的影响都可以通过"换向法"消除掉。

本实验测量的电磁铁气隙中心的磁场，在忽略漏磁效应的情况下，可用磁路定理推导得出以下公式

$$B = \frac{\mu_0 N I_m}{\dfrac{l_1}{\mu} + l_2} = K_m I_m \tag{3-16-10}$$

式中 I_m 为励磁电流，l_1 为 U 形电磁铁的平均周长，l_2 为气隙宽度，N 为线圈匝数，μ 是磁化电流为 I_m 时磁铁的相对磁导率，μ_0 为真空磁导率，$\mu_0 = 4\pi \times 10^{-7}$ H/m，K_m 为该电磁铁的励磁系数，单位为特斯拉/安培（T/A）。

电磁铁的励磁电流 I_m、霍尔元件的控制电流 I_s 分别由"霍尔效应测试仪"的两组电流源提供。双向双掷开关 K_1 用于改变励磁电流 I_m 的方向，从而改变电磁铁气隙磁场 B 的方向。双向双掷开关 K_2 用于改变霍尔元件控制电流 I_s 的方向。霍尔电压 U_H 由"霍尔效应测试仪"的直流数字毫伏表测量，由于 B 或 I_s 方向改变时，U_H 的极性也改变，其正负极性由直流数字毫伏表显示。

四、实验内容

按图 3-16-2 连接电路。

将霍尔效应测试仪的 I_m、I_s、U_H 接线端分别与霍尔效应实验仪上的"励磁电流"、"工作电流"、"霍尔电压"接线柱对应相连接，不允许接错！线路接完后，经老师检查允许，方可通电进行以下测量。

1. 测量霍尔片的 U_H-I_s 特性曲线

（1）将霍尔片置于电磁铁气隙的中心处（磁场最大处）。

（2）固定电磁铁的励磁电流 I_m，取 $I_m = 600$ mA。

（3）改变霍尔元件的控制电流 I_s，分别取 $I_s = 0.00$ mA，1.00 mA，2.00 mA，3.00 mA，4.00 mA，5.00 mA，6.00 mA，7.00 mA，8.00 mA。用换向法测出对应于每一 I_s 值的霍尔电压 U_H。为了消除副效应的影响，测量每个电流对应的霍尔电压时，都应交叉改变 I_s 和 I_m 的方向，读出四个相应的电压值 U_1、U_2、U_3、U_4，再由式（3-16-9）算出 U_H。

2. 测量电磁铁的 B-I_m 励磁特性曲线

（1）将霍尔片置于电磁铁气隙的中心处。

（2）固定霍尔元件的控制电流 I_s，取 $I_s = 5.00$ mA。

（3）改变电磁铁的励磁电流值，取 $I_m = 0$ mA，100 mA，200 mA，300 mA，400 mA，500 mA，600 mA，700 mA，800 mA，测出对应于每个电流的霍尔电压 U_H。

3. 测量电磁铁气隙间的 B-X 磁场分布曲线

（1）固定霍尔元件控制电流 I_s 和电磁铁励磁电流 I_m。可取 $I_s = 5.00$ mA，$I_m = 600$ mA。

（2）调节 X 位移螺旋钮，使霍尔片从标尺一端到另一端，用换向法测出各个位置的霍尔电压 U_H。共测 35 个左右实验点，在气隙边缘磁场变化较大，实验点应取密些。

五、数据处理

由所读得的电压值 U_1、U_2、U_3、U_4，代入式（3-16-9）计算出霍尔电压 U_H。将所得数据列表表示。实验的数据处理方法如下：

1. 由式（3-16-9）计算出相应的霍尔电压 U_H，以 I_s 为横轴，U_H 为纵轴，作霍尔电压与控制电流关系的 U_H-I_s 特性曲线，求得该曲线斜率，再根据该曲线斜率及霍尔元件灵敏度 K_H，由式（3-16-4）计算出气隙中心的磁感应强度 B，再根据式（3-16-10）求出励磁系数 K_m。

2. 由式（3-16-4）算出相应的磁感应强度 B，以 I_m 为横轴，B 为纵轴，作电磁铁的 B-I_m 励磁特性曲线，该曲线斜率即为 K_m，求出 K_m 值。

3. 由式（3-16-4）算出相应的磁感应强度 B，以 X 为横轴，B 为纵轴，作电磁铁气隙间的 B-X 磁场分布曲线。

六、注意事项

1. 霍尔片又薄又脆，切勿受意外机械损伤，不宜用手抚弄。

2. 霍尔元件允许通过的电流较小，本实验条件取 $I_s \leqslant 10.00$ mA，不允许超过。

3. 电磁铁通电时间太长，线圈热量会影响测量结果。

4. 实验后要将 I_s、I_m 值调至最小。

七、思考题

1. 若霍尔片的法线方向与磁场 B 的方向不一致，将如何影响霍尔电压测量结果？

2. 如何测量霍尔元件的灵敏度？

3. 如何利用霍尔元件测量电磁铁芯的相对磁导率 μ？

4. 若磁感应强度 B 和霍尔元件平面不完全正交，根据式（3-16-4）算出的磁感应强度 B 比实际值大还是小？如果霍尔元件在空间可自由转动，怎样判断 B 与元件平面是否垂直？要准确测定磁场，实验应怎样进行？

5. 用霍尔元件也可以测量交变磁场，在图 3-16-2 中将 I_m 电流源换成低压交流电源，那么，为了测量磁极间隙中的交变磁场，图中的装置和线路应作哪些改变？

附：测量电磁铁气隙间的 B-X 磁场分布数据表格

霍尔元件的灵敏度 $K_H =$ _____ mV（mA·T）$^{-1}$，控制电流 $I_s =$ _____ mA，励磁电流 $I_m =$ _____ mA。

霍尔元件位置(mm)	电压（mV）					磁场（T）
	U_1 $(+I_m, +I_s)$	U_2 $(+I_m, -I_s)$	U_3 $(-I_m, -I_s)$	U_4 $(-I_m, +I_s)$	$U_H = \dfrac{(U_1-U_2+U_3-U_4)}{4}$	$B = \dfrac{U_H}{K_H I_s}$

实验十七　半导体制冷控温与温度传感器特性的研究

传感器技术是现代信息技术的重要基础。温度传感器的特性测量是高校理工科中的一个基本物理实验，温度的测量和控制在工业自动化、能源、交通、医疗卫生、航天等领域有着广泛的应用。

一、实验目的

1. 了解半导体制冷的原理和控温方法。
2. 研究热敏电阻和集成电路温度传感器特性。

二、实验仪器

温度传感器特性和半导体制冷实验仪、数字万用表、NTC 热敏电阻、PTC 热敏电阻、AD590 集成电路温度传感器。

三、实验原理

本实验仪器采用温度传感器实时测量，由半导体制冷器控制温度的变化，形成温度可调的实验环境。从而实现对热敏电阻和集成电路温度传感器温度特性的研究，并利用此特性制作数字式摄氏温度计。

　1. 半导体制冷和制热

半导体制冷器是利用特种半导体所制成的一种冷却装置，于 1960 年左右才出现，然而其理论基础珀尔贴效应可追溯到 19 世纪初。图 3-17-1 是由 X 及 Y 两种不同的金属导线所组成的封闭线路。通上电源之后，冷端的热量被传递到热端，导致冷端温度降低，热端温度升高，这就是著名的珀尔贴效应（热电效应）。这现象最早是在 1821 年，由一位德国科学家 Thomas Seeback 首先发现的，不过他当时做了错误的推论，并没有领悟到背后真正的科学原理。直到 1834 年，法国物理学家 Jean Peltier 才发现背后真正的原因。但当时由于使用的金属材料的热电性能较差，使这个现象直到近代随着半导体的发展才有了实际的应用，也就是"制冷器"的发明。

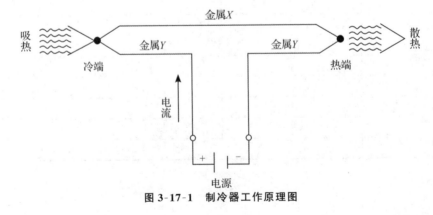

图 3-17-1　制冷器工作原理图

半导体制冷器如图 3-17-2 所示，由许多 N 型和 P 型半导体材料互相排列而成，而 N 型和 P 型半导体之间通常以铜、铝或其他金属导体相连接而成完整线路，最后由两片陶瓷片像夹心饼干一样夹起来。陶瓷片必须绝缘且导热良好。

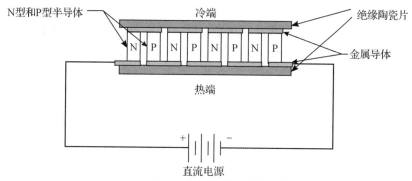

图 3-17-2 半导体制冷器结构图

2. NTC（负温度系数）热敏电阻的电阻－温度特性

NTC 热敏电阻通常由 Mg、Mn、Ni、Cr、Co、Fe、Cu 等金属氧化物中的 2～3 种按一定比例混合压制后，在 600～1500 ℃下烧结而成。由这类金属氧化物半导体制成的热敏电阻，具有很大的负温度系数，在不太宽的温度范围内（小于 450℃），NTC 热敏电阻的电阻值与温度的关系满足下列经验公式

$$R = R_0 e^{B\left(\frac{1}{T} - \frac{1}{T_0}\right)} \qquad (3\text{-}17\text{-}1)$$

式中，R 为该热敏电阻在热力学温度 T 时的电阻值；T_0 为初始温度，R_0 为热敏电阻处于热力学温度 T_0 时的电阻值；B 是热敏电阻的热敏指数，它不仅与材料性质有关，而且与温度有关，在一个不太大的温度范围内，B 是常数，单位为 K。

由式（3-17-1）可得，NTC 热敏电阻在热力学温度 T_1 时的电阻温度系数 α 为

$$\alpha = \frac{1}{R_0}\left(\frac{dR}{dT}\right)\bigg|_{T=T_1} = -\frac{Be^{B\left(\frac{1}{T_1} - \frac{1}{T_0}\right)}}{T_1^2} \qquad (3\text{-}17\text{-}2)$$

由式（3-17-2）可知，NTC 热敏电阻的电阻温度系数是与热力学温度有关的量，单位为 1/K。在不同的温度下，α 值不相同。

对式（3-17-1）两边取对数，得

$$\ln R = B\left(\frac{1}{T} - \frac{1}{T_0}\right) + \ln R_0 \qquad (3\text{-}17\text{-}3)$$

在一定温度范围内，$\ln R$ 与 $\frac{1}{T}$ 成线性关系，可以用作图法或最小二乘法求得斜率 B 的值，并由式（3-17-2）求得某一温度时 NTC 热敏电阻的电阻温度系数 α。

3. PTC（正温度系数）热敏电阻的电阻－温度特性

PTC 热敏电阻具有独特的电阻－温度特性，这一特性是由其微观结构决定的。当温度升高超过 PTC 热敏电阻突变点温度时，其材料结构发生了突变，它的电阻值可以在几秒内从 10 Ω 变化到 10^7 Ω。PTC 热敏电阻的温度大于突变点的温度时电阻值随温度变化符合以下经验公式

$$R = R_0 e^{A(T - T_0)} \qquad (3\text{-}17\text{-}4)$$

其中，T 为热敏电阻的热力学温度，R 为热敏电阻在温度 T 时的电阻值，R_0 为热敏电阻在

温度 T_0 时的电阻值，A 的值在某一温度范围内近似为常数，它的单位为 1/K。根据材料不同，PTC 热敏电阻分为陶瓷 PTC 热敏电阻和有机材料 PTC 热敏电阻两种。对陶瓷 PTC 热敏电阻，在小于突变点温度时，为负温度系数性质；在大于突变点温度时，为正温度系数性质。此突变点温度称为居里点。而对有机材料 PTC 热敏电阻，在突变点温度上下均为正温度系数性质，但是其 A 值在突变点处发生了突变，即 A 值在温度高于突变点温度后明显激增。

4. 集成电路温度传感器的特性

AD590 为电流输出型集成电路温度传感器，由多个参数相同的晶体管和电阻组成。该器件的两引出端当加有一定直流工作电压时（一般工作电压可在 4.5 V 至 20 V 范围内），它的输出电流与温度满足以下关系

$$I = k\theta + b \tag{3-17-5}$$

式中，I 为输出电流，单位 μA，θ 为摄氏温度，k 为斜率（一般 AD590 的 $k=1\ \mu A/℃$，即如果该温度传感器的温度升高或降低 1 ℃，则传感器的输出电流增加或减少 1 μA），b 为摄氏零度时的电流值，该值恰好与冰点的热力学温度 273.15 K 相对应（对一般的 AD590，该值从 273～278 μA 略有差异）。由于 AD590 集成电路温度传感器具有上述特性，故被广泛应用于各种精确度较高的温度测量和控制中。采用非平衡电桥原理，可以制作一台简单的数字式摄氏温度计，即当 AD590 器件处于 0 ℃时，数字万用表显示值为 "0"，而当 AD590 器件处于 θ ℃时，数字万用表显示值为 "θ"。

四、实验内容

1. 测量 NTC 热敏电阻的温度特性，计算热敏电阻材料常数 B

(1) 把 NTC 热敏电阻插入实验样品室中，盖上塑料盖，当仪器测量样品室中的温度保持不变时，用四位半数字万用表测量 NTC 热敏电阻的电阻值 R_0。（注意：通过热敏电阻的电流应小于 300 μA，以避免热敏电阻自身发热对实验测量产生影响）。

(2) 改变仪器温控设定的温度，每当温度稳定时，测量相应的一组 θ_i 与 R_i 的值，要求温度在 0～65 ℃范围内测出 8～10 组数据，用公式 $T=273.15+\theta$，把摄氏温度 θ 换算成热力学温度 T。

2. 测量 PTC 热敏电阻的温度特性，计算热敏电阻材料常数 A

(1) 把 PTC 热敏电阻插入实验样品室中，盖上塑料盖，当仪器测量样品室中的温度保持不变时，用四位半数字万用表测量 PTC 热敏电阻的电阻值 R_0。（注意：通过热敏电阻的电流应小于 300 μA，以避免热敏电阻自身发热对实验测量产生影响）。

(2) 改变仪器温控设定的温度，每当温度稳定时，测量相应的一组 θ_i 与 R_i 的值，要求温度在 0～65 ℃范围内测出 8～10 组数据，用公式 $T=273.15+\theta$，把摄氏温度 θ 换算成热力学温度 T。

(3) 用最小二乘法求出温度从居里点到 65 ℃范围内的材料常数 A。

3. 测量 AD590 集成电路温度传感器的电流 I 与温度 θ 的关系

(1) 按图 3-17-3 连接线路（注意：AD590 的正负极不能接错！）。测量 AD590 集成电路温度传感器的电流 I 与温度 θ 的关系，取样电阻 R 阻值为 1.00 kΩ。

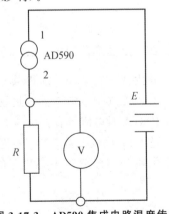

图 3-17-3　AD590 集成电路温度传感器温度特性测量接线图

（2）改变仪器温控设定的温度，每当温度稳定时，测量相应的一组电流 I 与温度 θ 值，要求温度在 0～65 ℃ 范围内测出 8～10 组数据。

（3）将实验数据用最小二乘法进行直线拟合，求斜率 k、截距 b 以及相关系数 r。

（4）制作量程为 0～50 ℃ 范围的数字摄氏温度计。

五、数据处理

实验数据表格如下：

1. NTC 热敏电阻温度特性测量

$T = 273.15 + \theta$　数字万用表用 20 kΩ 和 2 kΩ 档。

表 3-17-1

θ（℃）	0	5	10	15	20	25	30
T（K）							
R（Ω）							
θ（℃）	35	40	45	50	55	60	65
T（K）							
R（Ω）							

（1）作 $\ln R$-$\dfrac{1}{T}$ 图，并用最小二乘法求出温度在 0 ℃ 到 65 ℃ 范围内 NTC 热敏电阻的材料常数 B。

（2）用公式（3-17-2）计算 NTC 热敏电阻在温度 $\theta = 50$ ℃ 时的电阻温度系数 α。

2. PTC 热敏电阻温度特性测量

$T = 273.15 + \theta$　数字万用表用 2 kΩ 档。

表 3-17-2

θ（℃）	0	5	10	15	20	25	30
T（K）							
R（kΩ）							
θ（℃）	35	40	45	50	55	60	65
T（K）							
R（kΩ）							

（1）作 R-T 图，找出 PTC 热敏电阻的居里点，并说明本实验样品所用的材料。

（2）作 $\ln R$-T 图，并用最小二乘法分段计算 PTC 热敏电阻在居里点前后的材料常数 A。

3. AD590 电流的温度特性测量，如图 3-17-3 所示

实验电路参数：电源 $E = 2.00$ V，取样电阻 $R = 1.00$ kΩ。

表 3-17-3

θ（℃）	0	5	10	15	20	25	30
U（V）							
I（mA）							
θ（℃）	35	40	45	50	55	60	65
U（V）							
I（mA）							

根据式（3-17-5），作电流-温度曲线图。用最小二乘法进行直线拟合，求出斜率 k、截距 b 以及相关系数 r。

4. PN 结电压的温度特性测量，如图 3-17-4 所示。（选做）

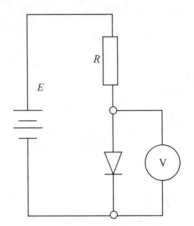

图 3-17-4　PN 结电压的温度特性测量接线图

实验电路参数：电源 $E=2.00$ V，限流电阻 $R=1.00$ kΩ，$T=273.15+\theta$。

表 3-17-4

θ（℃）	0	5	10	15	20	25	30
T（K）							
U（V）							
θ（℃）	35	40	45	50	55	60	65
T（K）							
U（V）							

作电压-温度曲线图，求出 U-T 近似函数关系式。

六、注意事项

1. 实验时半导体制冷温控实验仪的风扇开关应始终处于打开的位置，并时时确认风扇是否正在转动，以免烧坏半导体制冷片。

2. 实验时样品室的温度应以温控仪的测量指示窗内温度值为准，且该温度需保持一定的时间。实验中可适当调高或调低 0.1～0.5 ℃来补偿周围环境的散热作用。

3. 一般须保温 10～20 分钟以上才有可能使实验样品的温度内外一致，故每一记录温度点应保持 15 分钟以上才可记录数据。

4. 不可频繁将温控仪的温度从高温向低温或从低温向高温改变。

5. 对热敏电阻不可长时间持续通电，以减少器件自身发热所产生的影响。

七、思考题

1. 对半导体制冷效率的影响因素有哪些？你能想出几种提高此效率的方法？

2. 在实验测量中流过热敏电阻的电流应小于 300 μA，为什么？如何保证此实验条件的实现？

3. PTC 热敏电阻与 NTC 热敏电阻在电阻温度特性方面有哪些区别？它们各有哪些应用？

4. 电流型集成电路温度传感器有哪些特性？它比半导体热敏电阻、热电偶有哪些优点？

5. 如何用 AD590 集成电路温度传感器制作一个热力学温度计？画出电路图，说明设计原理。

实验十八　示波器的使用

示波器是一种能把随时间变化的电过程用图像显示出来的电子测量仪器。利用示波器不仅能直接观察电学量，而且还可以对一切可转换为电压变化的非电学量进行测量。因此，示波器已广泛应用于现代工业、农业、医疗、遗传学等科学研究中。

一、实验目的

1. 了解示波器的基本工作原理和主要性能。
2. 掌握示波器的使用方法。
3. 应用示波器测量各种信号的波形参数。

二、实验仪器

1. 仪器用具

GOS-620 型双踪示波器、AFG-2005 型数字函数信号发生器、XJ1631 型数字函数信号发生器、GAG-810 型音频信号发生器。

2. 仪器描述

（1）GOS-620 型双踪示波器（如图 3-18-1 所示）

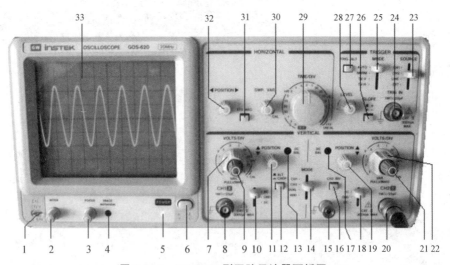

图 3-18-1　GOS-620 型双踪示波器面板图

CRT 显示屏

②辉度（INTEN）：轨迹及光点亮度控制钮。

③聚焦（FOCUS）：轨迹聚焦调整钮。

④扫描旋转（TRACE ROTATION）：使水平轨迹与刻度线成平行的调整钮。

⑥电源（POWER）：按下接通市电。

③显示屏

垂直扫描部分

⑦㉒垂直衰减旋钮（VOLTS/DIV）：选择 CH1 及 CH2 的输入信号衰减幅度，范围为 5 mV/DIV～5 V/DIV，共 10 档。

⑧CH1（X）输入：CH1 的垂直输入端；在 X-Y 模式中，为 X 轴的信号输入端。

⑨㉑灵敏度微调控制（VARIABLE）：至少可调到显示值的 1/2.5。在 CAL 位置时，灵敏度即为档位显示值。当此旋钮拉出时（×5MAG 状态），垂直放大器灵敏度增加 5 倍。

⑩⑱输入信号耦合选择按键组（AC-GND-DC）

AC：垂直输入信号电容耦合，截止直流或极低频信号输入。

GND：按下此键则隔离信号输入，并将垂直衰减器输入端接地，使之产生一个零电压参考信号。

DC：垂直输入信号直流耦合，AC 与 DC 信号一起输入放大器。

⑪⑲位移调节旋钮（POSITION）：轨迹及光点的垂直位置调整钮。

⑫ALT/CHOP：当在双轨迹模式下，放开此键，则 CH1&CH2 以交替方式显示（一般用于较快速的水平扫描）。当在双轨迹模式下，按下此键，则 CH1&CH2 以切割方式显示（一般用于较慢速的水平扫描）。

⑬⑰DC BAL：调整直流平衡点。

⑭垂直操作模式（VERT MODE）

CH1：设定示波器以 CH1 单一频道方式工作。

CH2：设定示波器以 CH2 单一频道方式工作。

DUAL：设定示波器以 CH1 及 CH2 双频道方式工作，此时并可切换 ALT/CHOP 模式来显示两轨迹。

ADD：用以显示 CH1 及 CH2 的相加信号；当 CH2 INV 键⑯为压下状态时，即可显示 CH1 及 CH2 的相减信号。

⑯CH2 INV：此键按下时，CH2 的信号将会被反向。CH2 输入信号于 ADD 模式时，CH2 触发截选信号（Trigger Signal Pickoff）亦会被反向。

⑳CH2（Y）输入：CH2 的垂直输入端；在 X-Y 模式中，为 Y 轴的信号输入端。

水平扫描部分

㉙扫描时间选择钮（TIME/DIV）：扫描范围从 0.2 μs/DIV 到 5 s/DIV 共 20 档位。X-Y：设定为 X-Y 模式。

㉚扫描时间的可变控制旋钮（SWP. VAR.）：旋转此控制钮，扫描时间可延长至指示数值的 2.5 倍；将此旋钮置于"CAL"时，则指示数值将被校准。

㉛水平放大键（×10 MAG）：按下此键可将扫描信号放大 10 倍。

㉜位移调节旋钮（POSITION）：轨迹及光点的水平位置调整旋钮。

触发系统

㉓触发信号源选择开关（SOURCE）：内部触发源信号及外部输入信号选择器。

CH1/CH2：当 VERT MODE 选择器⑭在 DUAL 或 ADD 位置时，以 CH1/CH2 输入端的信号作为内部触发源。

LINE：将 AC 电源线频率作为触发信号。

EXT：将 TRIG IN 端输入的信号作为外部触发信号源。

㉔外部触发信号输入端：使用它时，须将 SOURCE㉓置于 EXT 位置上。

㉕触发模式选择开关（TRIGGER MODE）

AUTO：当没有触发信号或触发信号的频率小于 25 Hz 时，扫描会自动产生。

NORM：当没有触发信号时，扫描将处于预备状态，屏幕上不会显示任何轨迹。本功能主要用于观察频率 ≤ 25 Hz 的信号。

TV-V：用于观测电视讯号之垂直画面信号。

TV-H：用于观测电视讯号之水平画面信号。

㉖触发斜率选择键（SLOPE）：凸起时（＋）为正斜率触发即当信号正向通过触发准位时进行触发；压下时（－）为负斜率触发即当信号负向通过触发准位时进行触发。

㉗触发源交替设置键（TRIG ALT）：当 VERT MODE 选择器⑭在 DUAL 或 ADD 位置，且 SOURCE 选择器㉓置于 CH1 或 CH2 位置时，按下此键，示波器即会自动设定 CH1 和 CH2 的输入信号以交替方式轮流作为内部触发信号源。

㉘触发准位调整钮（LEVEL）：旋转此钮以同步波形，并设定该波形的起始点。将旋钮向"＋"方向旋转，触发准位会向上移；将旋钮向"－"方向旋转，则触发准位向下移。

其他功能

①CAL（2V$_{P-P}$）：它会输出一个 2V$_{P-P}$，1 kHz 的方波，用以校正测试棒及检查垂直偏向的灵敏度。

⑮GND：示波器的接地端。

（2）AFG-2005 型数字函数信号发生器（如图 3-18-2 所示）

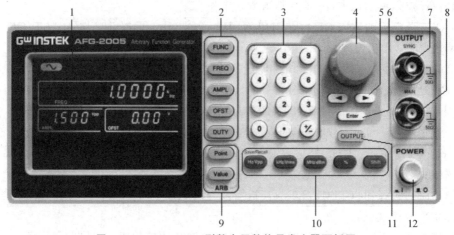

图 3-18-2　AFG-2005 型数字函数信号发生器面板图

①LCD 显示屏。

②功能键

FUNC：选择输出波形类型。

FREQ：设置波形频率。

AMPL：设置波形幅值。

OFST：设置波形的 DC 偏置。

DUTY：设置方波和三角波的占空比。

③小键盘：用于输入数值和参数，常与方向键和可调旋钮一起使用。

④可调旋钮：用于编辑数值和参数，步进 1 位。与方向键一起使用。

⑤方向键：编辑参数时，用于选择数位。

⑥输入键：用于确认输入值。

⑦SYNC 输出端口（50 Ω 阻抗）。

⑧主输出端口（50 Ω 阻抗）。

⑨任意波形编辑键

Point：设置 ARB 的点数。

Value：设置所选点的幅值。

⑩操作键

Hz/V$_{P-P}$：选择单位 Hz 或 V$_{P-P}$。

kHz/Vrms：选择单位 kHz 或 Vrms。

MHz/dBm：选择单位 MHz 或 dBm。

％：选择单位％。

Shift：用于选择操作键的第二功能。

⑪输出控制：启动/关闭输出。

⑫电源开关：启动/关闭仪器电源。

（3）XJ1631 型数字函数信号发生器（如图 3-18-3 所示）

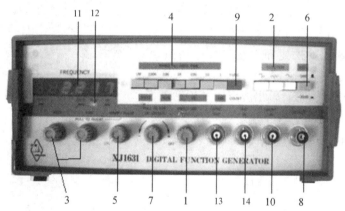

图 3-18-3　XJ1631 型数字函数信号发生器面板图

①电源开关/幅度调节（POWER/AMPLITUDE）旋钮：旋钮逆时针旋足即关掉电源，顺时针旋足，函数信号最大。

②函数开关（FUNCTION）：由三个互锁按键开关组成，用来选择输出波形：方波、三角波、正弦波。

③频率调节开关（MAIN FINE）：这对旋钮作函数信号输出频率调节，"MAIN"为频率粗调，"FINE"为频率细调，"FINE"拉出可对脉冲波、锯齿波进行倒相。

④频率档级/闸门时间（RANGE Hz/GATE TIME）按钮开关：频率档级由七个互锁按键开关组成，用来选择信号频率的档级。

⑤锯齿波/脉冲波（DUTY RAMP/PULSE）占空比调节旋钮

该旋钮用来调节锯齿波或脉冲波的占空比，当旋钮逆时针转到底时置校准位置"CAL"，此时，占空比为 50％，在非校准位置时，占空比可调范围为 10％～90％。

⑥衰减开关（ATT）：该开关按入时对函数信号输出衰减约 30 dB，对外接频率计数信

号衰减约 20 dB，当其弹出时不衰减。

⑦直流偏置（PULL TO VAR DC OFFSET）：当该旋钮弹出时，直流偏置电压加到输出信号上，其范围在－10 V～＋10 V之间变化。

⑧信号输出（OUTPUT）：该连接器对正弦波、方波、三角波、脉冲、锯齿波输出信号。

⑨函数/计数显示控制开关（FUNC/COUNT）：该按键弹出时数码显示管显示函数信号频率，按入时将显示外接计数频率。

⑩频率计数输入（COUNT IN）：该连接器用来连接被测频率计数信号。

⑪数码管频率显示器（FREQUENCY）：当按键⑨弹出时，四位数码管显示函数频率；当⑨按入时，六位数码管显示计数频率。

⑫发光二极管：发光二极管（Hz，kHz）用来指示频率量程。发光二极管（GATE）闪烁表示闸门时间长短，发光二极管（OVFL）亮表示溢出，当测量频率超过显示器容量时，此指示灯便会发亮，可将频段档级扩大，直到指示灯熄灭。

（4）GAG-810 型音频信号发生器（如图 3-18-4 所示）

①电源指示灯：电源打开时，指示灯亮。

②POWER SWITCH 电源开关

③ATTENUATOR 衰减器：6 段式衰减器可选择 0 dB 到－50 dB 衰减度，每段为 10 dB。

④OUTPUT TERMINAL 输出端

输出端用于输出正弦波和方波。黑色端用于外壳接地。

⑤WAVE FORM 波形：输出波形选择开关。

⑥FREQ RANGE 频率控制钮

振荡频率选择开关，共 5 档。

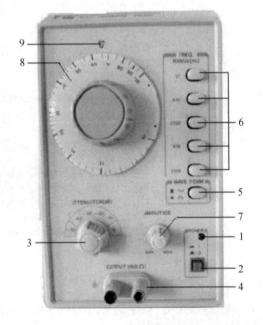

图 3-18-4　GAG-810 型音频信号发生器面板图

×1　　　　　10 Hz～100 Hz
×10　　　　100 Hz～1 kHz
×100　　　1 kHz～10 kHz
×1 k　　　10 kHz～100 kHz
×10 k　　100 kHz～1 MHz

⑦AMPLITUDE 调幅控制钮：振幅调节器，用于连续不断地改变输出电压的振幅。

⑧频率拨盘：调整振荡频率。

⑨刻度指示器：显示频率的刻度盘。

三、实验原理

示波器能显示各种周期信号的波形。通常用来测量交流信号的幅度、频率、相位差等波形参数，也可以用来测量直流信号的电压。示波器具有灵敏度高、工作频带宽、速度快和输入阻抗大等优点。

1. 示波器主要由示波管（阴极射线管）和提供示波管工作的电子线路组成。

（1）示波管

如图 3-18-5 所示，示波管主要包括电子枪、偏转系统和荧光屏三部分。

电子枪由阴极灯丝、控制栅极、聚焦电极以及阳极即加速电极组成。灯丝通电后，阴极升温发射电子。电子在阳极（加有高压）的加速下，打在荧光屏上，使荧光物质发光形成亮点。控制栅极相对于阴极为负电位，对电子有排斥作用，调节电位器（辉度控制钮）可控制飞向荧光屏的电子数，从而改变荧光屏上

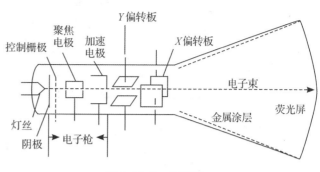

图 3-18-5 示波管

光点的亮度。聚焦电极及加速阳极组成一个电子透镜，调节电位器（聚焦旋钮）可实现电子束的聚焦。

偏转系统由 X 偏转板和 Y 偏转板组成。两对偏转板各自加上电压后，可控制通过它的电子束的方向，使之打在荧光屏上的位置能按所观察电压的变化而变化。在一定的范围内，荧光屏上光点的位移与偏转板上所加的电压成正比。因此，光点的运动轨迹描绘出 X 轴和 Y 轴的信号的合成运动规律的图像。

（2）电子线路

不同型号示波器由于用途不同，可能有各自特殊的辅助电路，但是它们的基本组成是相同的，电子线路主要部分有：放大系统、扫描整步系统和电源部分（高、低电源）等。

放大系统：它包括 X 轴电压及 Y 轴电压的放大和衰减系统。它的作用是放大弱信号或衰减强信号，调节偏转板上的电压大小，使荧光屏上显示的信号图形大小适中，便于观察。

扫描整步系统：它包括扫描波发生器和整步装置两部分。

扫描波发生器产生一个如图 3-18-6 所示的锯齿波电压，它经 X 轴放大器后，送至 X 偏转板上。电子束在这样的周期性锯齿波线形电压（即 $U_X = kt$）的作用下沿水平方向反复自左向右偏转，亮点在荧光屏上自左向右往复运动，如果锯齿波频率较高，则在屏上呈现一条水平亮线，这一过程叫"扫描"，这一亮线叫扫描线。

整步装置的作用是使扫描电压与 Y 轴输入的被观察的电压保持确定的频率关系和相位关系，即保持同步关系，使荧光屏上的图形稳定。

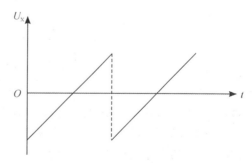

图 3-18-6 锯齿波扫描电压波形

2. 波形显示原理

如果示波器的两对偏转板都不加信号电压，荧光屏上只出现一个亮点，如果在 Y 偏转板上加有正弦信号电压，而 X 偏转板不加电压，荧光屏上只出现一条垂直亮线。如果在 Y 偏转板上加正弦电压，又在 X 偏转板上加锯齿波扫描电压，则荧光屏上亮点的运动将是两个相互垂直振动的合成，荧光屏上将显示出正弦图形。当扫描电压的周期正好是正弦电压周期的两倍时，荧光屏上将显示出两个完整的正弦波图形。

图 3-18-7 是波形的显示原理图。图中 U_X 和 U_Y 的瞬时位置相互对应，当 U_Y 在 a 点时，U_X 在 a' 点，屏上亮点的位置在 a'' 点，当 U_Y 在 b 点时，U_X 在 b' 点，屏上亮点的位置在 b'' 点，…，亮点由 a'' 经 b''、c''、d'' 至 e''，描绘出整个完整的正弦图形。依此类推，显示下一

波形 ($e-f-g-h-i\cdots$)。

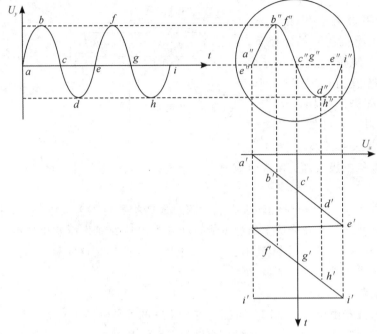

图 3-18-7　示波器波形显示原理

综上所述，在荧光屏上构成简单、稳定的示波图形的条件是，X 偏电压的周期 T_X 等于 Y 偏电压周期 T_Y 的整数倍，即

$$\frac{T_X}{T_Y}=n \qquad (n=1,\ 2,\ 3,\ \cdots)$$

或

$$\frac{f_Y}{f_X}=n \tag{3-18-1}$$

式中，f_Y 为 Y 偏电压频率；f_X 为 X 偏电压频率；n 为荧光屏上完整波形的数目。

在实际观测信号波形时，必须细心调节加于 X 偏转板上的锯齿波电压的频率，使式 (3-18-1) 的条件满足。然而，由于输入电压 U_Y 和扫描电压 U_X 都可能不稳定，只要 f_Y 或 f_X 中一个发生变化，都会使波形不稳定。为了解决这个问题，需要在 f_Y 与 f_X 基本满足倍数关系的基础上，再加入整步控制，使获得的波形稳定。

四、示波器的使用

1. 示波器使用步骤

(1) 开机前预置："辉度"②，"聚焦"③顺时针旋至合适位置；"垂直位移"⑪（或⑲）、"水平位移"㉜旋至适中位置；"垂直模式"⑭选 CH1（或 CH2）；"触发源"㉓选 CH1（或 CH2）；"输入耦合"⑩（或⑱）置于 AC；"扫描方式"㉕选 AUTO。将扫描时间可变旋钮㉚旋至 "CAL" 位置，水平放大键㉛弹出，并保持此两旋钮不变。

(2) 打开开关，屏上会出现扫描线。若无扫描线，将"输入耦合"⑩（或⑱）置于 GND，调节"垂直位移"⑪（或⑲）、"水平位移"㉜，找出扫描线并调至合适位置，然后重新将"输入耦合"⑩（或⑱）置于 AC。

（3）被测信号由探头输入，探头的接地端必须与被测信号的地端连接。当要测第一通道的信号时，应将垂直通道工作方式选择开关⑭调至 CH1，同时触发系统的触发信号源选择开关㉓要调至 CH1，若要测第二通道，则两者都要调至 CH2。

（4）根据被测信号的频率和电压幅度，适当选择 T/DIV㉙（扫描范围）与 V/DIV⑦、⑨或㉑，㉒（Y 轴灵敏度），使屏幕上显示的波形便于观察和分析（显示 1～2 周期的波形），如果波形不是很稳定，可适当调整"触发准位调整"旋钮㉘，直至波形稳定。

2. 测量信号

（1）电压测量

a. 直流电压测量

测量前必须将"Y 轴微调"⑨调至"CAL"位置，输入选择⑩置于"GND"位置，然后调整"Y 轴位移"⑪使扫描基线位于屏幕中心。再将"输入选择"开关⑩拨至"DC"位置加入被测信号，如果向上偏移则电压为正，如果向下偏移则电压为负，此时所测直流电压为

$$V = D_Y \times H_Y \tag{3-18-2}$$

式中：D_Y——所选择的 Y 轴灵敏度档级

　　　H_Y——扫描基线垂直偏转格数

b. 交流电压测量

利用示波器只能测出交流电压的峰-峰值或任意两点间的电位差值，至于电压的峰值或有效值均须换算求得。

将"Y 轴微调"⑨放在"CAL"位置，"输入选择"开关⑩拨至"AC"位置，适当调节"Y 轴灵敏度"（V/DIV）⑦和"扫描范围"（T/DIV）㉙，使显示波形垂直偏移尽可能大，稳定显示一个至数个周期的波形，则所得波形的峰-峰值为

$$V_{P-P} = D_Y \times H_Y \tag{3-18-3}$$

式中：D_Y——所选择的 Y 轴灵敏度档级

　　　H_Y——信号波形峰-峰值在 Y 轴上的高度（格数）

c. 交、直流合成电压测量

在实际测量中，被测信号往往既有直流成分又有交流成分，脉冲电压就是典型例子，其测量方法基本与上述方法一样。首先必须确定零电位线（基准电平线），固定"Y 轴位移"⑪，"输入选择"⑩置于"DC"位置，加入被测信号，调节"触发准位调整钮"㉘与"扫描时间选择钮"㉙，使荧光屏上显示稳定的波形。若荧光屏波形如图 3-18-8 所示，信号未经衰减，"V/DIV"置于 0.5 V/DIV 档，则测得

直流分量 $V = 0.5 \times H_{Y1}$ 　　　　　　　　　　　　　　　（3-18-4）

交流分量 $V_{P-P} = 0.5 \times H_{Y2}$ 　　　　　　　　　　　（3-18-5）

瞬时电压 $V_0 = 0.5 \times H_{Y3}$ 　　　　　　　　　　　　　（3-18-6）

（2）时间测量

时间的测量指的是对信号波形的周期、宽度、边沿时间等参数的测量。当"扫描微调"置于校准位置"CAL"时，"扫描范围"各档的标称值就表示荧光屏水平刻度所代表的时间。

例如测量一个三角波的周期 T，显示波形如图 3-18-8 所示。如果此时"T/DIV"置于 20 μs/div 档，则所测的周期

$$T = D_X \times H_X = 20 \times 5.00 = 100 \ (\mu s) \qquad (3\text{-}18\text{-}7)$$

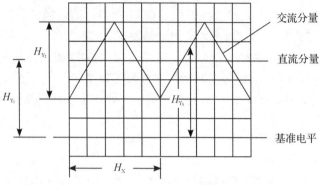

交流分量

直流分量

基准电平

H_{Y_2}

H_{Y_1}

H_{Y_3}

H_X

图 3-18-8　被测信号波形图

其中，D_X 表示所选择的扫描范围档（T/DIV）；H_X 表示波形的一个周期内所扫描到的水平范围（格数）。

（3）频率测量

用示波器测量信号重复频率常用以下两种方法。

a. 利用上述测量时间的方法测量被测信号的周期 T，再取其倒数，即 $f = 1/T$。

b. 李萨如图形法

如果在示波器的 X 偏转板和 Y 偏转板分别加上正弦电压 U_X 和 U_Y，当这两个正弦电压的频率相同或成整数比时，电子束亮点的轨迹将在 U_X 和 U_Y 共同作用下形成一闭合曲线，该闭合曲线称为李萨如图形。

李萨如图形产生的原理如图 3-18-9 所示。若 X 偏转板和 Y 偏转板上所施加的两个正弦电压振幅和初相位都不同，但两个信号的频率之比为整数比时，则屏上将显示出稳定和复杂的李萨如图形，如图 3-18-10 所示。

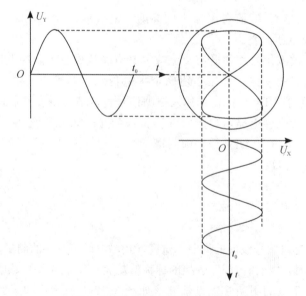

图 3-18-9　李萨如图形产生原理

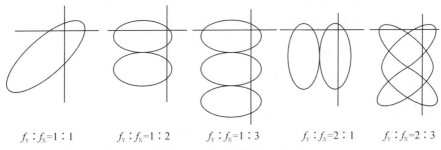

$f_Y:f_X=1:1$　　$f_Y:f_X=1:2$　　$f_Y:f_X=1:3$　　$f_Y:f_X=2:1$　　$f_Y:f_X=2:3$

图 3-18-10　李萨如图形

李萨如图形通常使用割线法来测定未知信号的频率。设 f_Y、f_X 分别为 Y 偏转板和 X 偏转板的电压频率，n_X 为水平割线与图形的最多交点数，n_Y 为垂直割线与图形的最多交点数，如图 3-18-10 所示。由理论分析可得频率和最多割点数的比例关系为

$$f_Y:f_X=n_X:n_Y \tag{3-18-8}$$

若已知频率 f_X，测出 n_X 和 n_Y，则可求出 f_Y。

五、实验内容

1. 熟悉示波器面板上各旋钮的作用及调节方法

（1）如何检验示波器的垂直和水平灵敏度？

（2）在示波器荧光屏上怎样确定零电平的位置？

2. 测量一般方波参数

（1）数字函数信号发生器输出端与示波器的 CH2 的输入端连接，打开数字函数信号发生器开关，将占空比调节旋钮调至校准位置"CAL"，函数开关选择方波，频率档级开关选择 1k，调节频率调节旋钮，使输出方波频率为 2.000 kHz。将幅度调节旋钮旋至适中位置。

（2）调节示波器的垂直工作方式选择开关放在 CH2，选定 CH2 的输入耦合方式为 AC 档（调零时耦合方式应选择 GND）。

（3）适当调节 CH2 的垂直电压灵敏度旋钮及扫描时间调节旋钮，使示波器至少显示一个周期幅度适中的完整波形，如图 3-18-11 所示。

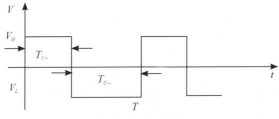

图 3-18-11　方波

（4）调节数字函数信号发生器的幅度调节旋钮，使示波器上显示的方波的幅度为 3 V。

（5）读取并计算如图 3-18-11 所示的几个参数，填入表 3-18-1。

3. 测量正弦波的峰-峰值

（1）将音频信号发生器输出的正弦波信号接入示波器的 CH1 的输入端。

（2）示波器垂直工作方式选择开关放在 CH1，选定 CH1 的输入耦合方式为 AC 档。

（3）首先调节输入信号的频率为 5 kHz、峰-峰值为 10 V（衰减旋钮置于 0 db 档），适当调节 CH1 扫描时间调节旋钮和垂直电压灵敏度旋钮，使示波器显示至少一个周期的完整波形。然后调节音频信号发生器的衰减旋钮分别置于 10 db、20 db、30 db、40 db 时，测量正弦波的峰-峰值 V_{P-P}。计算电压的有效值：$V = \dfrac{1}{2\sqrt{2}} V_{P-P}$，填入表 3-18-2。

4. 测量正弦波的周期与频率

（1）将数字函数信号发生器输出的正弦波信号接入示波器的 CH2 的输入端。

（2）使数字函数信号发生器的输出频率分别为 1 kHz，20 kHz，50 kHz，100 kHz。

（3）此时示波器垂直工作方式选择开关放在 CH2，选定 CH2 的耦合方式为 AC 档，适当调节 CH2 的垂直电压灵敏度旋钮及扫描时间调节旋钮，使示波器至少显示一个周期幅度适中的完整波形。

（4）测量波形的周期，计算其频率，并将数据填入表 3-18-3。

5. 显示李萨如图形

将示波器的扫描时间调节旋钮置于 X-Y 工作方式，音频信号发生器的信号函数输出接示波器 CH1 的输入端，数字函数信号发生器的信号输出接示波器 CH2 的输入端。使数字函数信号发生器输出正弦波信号，频率 f_Y 固定为 1 kHz；使音频信号发生器同样输出正弦波信号，并调节信号频率 f_X，显示图 3-18-10 中前三种情况的李萨如图形，测量并利用割线法计算这三种情况下音频信号发生器的输出频率 f_X。

六、数据处理

1. 测量方波参数（表 3-18-1）

信号频率	占空比（%）	V_H（V）	V_L（V）	T_{U+}（ms）	T_{U-}（ms）	T（ms）
2 kHz						

2. 测量正弦波峰-峰值（表 3-18-2）

衰减系数（db）	10	20	30	40
测量 V_{P-P}（V）				
计算电压有效值（V）				

3. 测量正弦波的周期与频率（表 3-18-3）

频率示值（Hz）	1 k	20 k	50 k	100 k
测量周期 T				
计算频率 f				

4. 用图形表示三种情况下的李萨如图形，测量并用割线法计算未知频率（表 3-18-4）

李萨如图形	f_Y（Hz）	n_X	n_Y	f_X 测量值（Hz）	$f_X = f_Y \dfrac{n_Y}{n_X}$（Hz）

七、注意事项

1. 示波器的电源开关在开或者关之前，应将辉度旋钮反时针旋到尽头。

2. 示波器荧光屏上的光点不能太亮，不能久留一处，以免损坏荧光屏。

3. 信号发生器的电源开关在开或者关之前，应将输出调节到最小。

八、思考题

1. 示波器正常，但开机后荧光屏上看不到亮点，问这是由于哪些旋钮调节不当造成？

2. 用示波器观察波形，若在荧光屏上出现以下几种情况，应该调整哪些相关旋钮才能观察到稳定的波形？

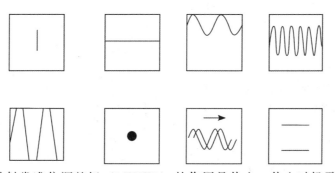

3. 示波器上的触发准位调整钮（LEVEL）的作用是什么？什么时候需要调节它？

4. 观察李萨如图形时，能否调节示波器上的 LEVEL 旋钮，使图形稳定？为什么？

附录　GOS-6021/6020 示波器使用说明

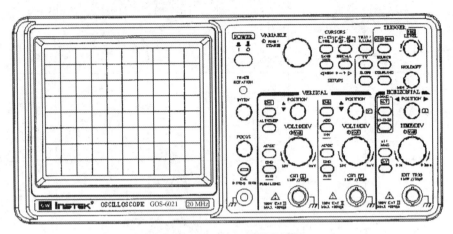

GOS-6021/6020 示波器前面板

一、前面板

(一)显示器控制：显示器控制钮调整屏幕上的波形，提供探棒补偿的信号源

（1）POWER

当电源接通时，LED 全部会亮，一会
儿以后，一般的操作程序会显示，然后执
行上次开机前的设定，LED 显示进行中的
状态。

（2）TRACE ROTATION

TRACE ROTATION 是使水平轨迹
与刻度线成平行的调整钮，这个电位器可
用小螺丝刀来调整。

（3）INTEN——控制钮

这个控制钮用于调节波形轨迹亮度，
顺时针方向调整增加亮度，反时针方向减
低亮度。

（4）FOCUS

轨迹和光标读出的聚焦控制钮。

（5）CAL

它输出一个 $0.5\ V_{P-P}$、1kHz 的参考信
号，给探棒使用。

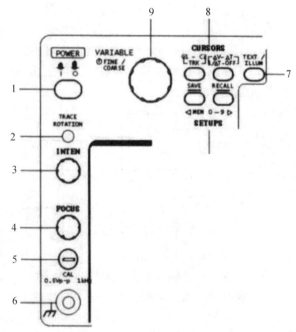

（6）GROUND SOCKET——香蕉接头接到安全的地线

此接头可作为直流的参考电位和低频信号的测量。

（7）TEXT/ILLUM——具有双重功能的控制钮

这个按钮用于选择 TEXT 读值亮度功能和刻度亮度功能。以"TEXT"或"ILLUM"显示在显示屏中。以下次序将发生（按钮后）："TEXT"—"ILLUM"—"TEXT"，TEXT/ILLUM 功能和 VARIABLE（9）控制钮相关。顺时针旋转此按钮增加 TEXT 亮度或刻度亮度，反时针则减低。按此按钮可以打开或关闭 TEXT/ILLUM 功能。

（8）光标测量功能（CURSORS MEASUREMENT FUNCTION）（GOS-6021）

这两个按钮和 VARIABLE（9）控制钮有关。

▽ V—▽ T—1/▽ T—OFF 按钮

当此按钮按下时，三个测量功能将以下面的次序选择：

▽ V：出现两个水平光标，根据 VOLTS/DIV 的设置，可计算两条光标之间的电压；▽ V 显示在 CRT 左上部。

▽ T：出现两个垂直光标，根据 TIME/DIV 设置，可计算出两条垂直光标之间的时间；▽ T 显示在 CRT 左上部。

1/▽ T：出现两个垂直光标，根据 TIME/DIV 设置，可计算出两条垂直光标之间时间的倒数；1/▽ T 显示在 CRT 左上部。

C1—C2—TRK 按钮

光标 1 和光标 2 可由此按钮选择，按此按钮将以下面次序选择光标：

C1：使光标 1 在 CRT 上移动（被选择光标有▼或▶符号显示）。

C2：使光标 2 在 CRT 上移动（被选择光标有▼或▶符号显示）。

TRK：同时移动光标 1 和光标 2，保持两个光标的间隔不变（两光标都有▼或▶符号显示）。

（9）VARIABLE

通过旋转或按 VARIABLE 按钮，可以设定光标位置、TEXT/ILLUM 功能。

在光标模式中，按 VARIABLE 控制钮可以在 FINE（细调）和 COARSE（粗调）之间选择光标位置，如果旋转 VARIABLE，选择 FINE 调节，光标移动得慢，选择 COARSE 光标移动得快。FINE（细调）和 COARSE（粗调）可通过按压 VARIABLE 控制钮切换。

在 TEXT/ILLUM 模式，这个控制钮用于选择 TEXT 亮度和刻度亮度，请参考 TEXT/ILLUM（7）部分。

（10）◀MEMO—0～9 ▶—SAVE/RECALL

此仪器包含 10 组稳定的记忆器，可用于存储和呼叫所有电子式的选择钮的设定状态。

按◀或▶按钮选择记忆位置，此时"M"字母后 0～9 之间的数字，显示存储位置。

每按一下▶，存储位置的号码会一直增加，直到数字 9。按◀钮则一直减小到 0 为止。按住 SAVE 约 3 秒将状态存储到记忆器，并显示"SAVE"信息。屏幕上有"↵"显示。

呼叫先前的设定状态。如上述方式选择呼叫记忆器，按住 RECALL 按钮 3 秒，即可呼叫先前设定状态，并显示"RECALL"的信息。屏幕上有"↰"显示。

（二）垂直控制：选择输出信号及控制幅值

（11）CH1—按钮

（12）CH2—按钮

快速按下 CH1（CH2）按钮，通道 1（通道 2）处于导通状态，偏向系数将以读值方式显示。

（13）CH1 POSITION—控制钮

（14）CH2 POSITION—控制钮

通道 1 和通道 2 的垂直波形定位可用这两个旋钮来设置。X-Y 模式中，CH2 POSITION 可用来调节 Y 轴信号偏转灵敏度。

（15）ALT/CHOP

这个按钮有多种功能，只有两个通道都开启后，才有作用。

ALT—在显示屏显示交替通道的扫描方式。在仪器内部每一时基扫描后，切换至 CH1 或 CH2，反之亦然。

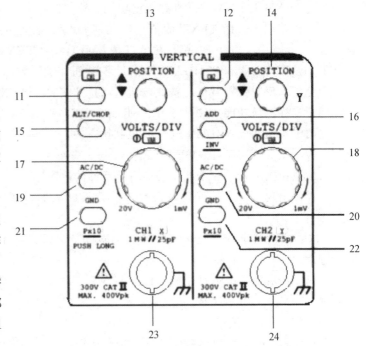

CHOP—切割模式的显示。每一扫描期间，不断于 CH1 和 CH2 之间作切割扫描。

（16）ADD—INV—具有双重功能的按钮

ADD—显示屏显示"＋"号表示相加模式。输入信号相加或是相减的显示，由相位关系和 INV 的设定决定，两个信号将成为一个信号显示。为使测试正确，两个通道的偏向系数必须相等。

INV—按住此按钮一段时间，设定 CH2 反向功能的开/关，反向状态将会于显示屏上显示"↓"号。反向功能会使 CH2 信号反向 180°显示。

（17）CH1 VOLTS/DIV

（18）CH2 VOLTS/DIV—CH1/CH2 的控制钮有双重功能

顺时针方向调整旋钮，以 1—2—5 顺序增加灵敏度，反时针则减小。档位从 1mV/DIV 到 20V/DIV。如果关闭通道，此控制钮自动不动作。使用中通道的偏向系数和附加资料都显示在显示屏上。

VAR

按住此按钮一段时间，选择 VOLTS/DIV 作为衰减器或作为调整的功能。开启 VAR 后，以"＞"符号显示，反时针旋转此按钮以降低信号的高度，且偏向系数成为非校正条件。

（19）CH1 AC/DC

（20）CH2 AC/DC

按一下此按钮，切换交流（～的符号）或直流（＝的符号）的输入耦合。此设定及偏向系数显示在显示屏上。

（21）CH1 GND—Px10

（22）CH2 GND—Px10—双重功能按钮

GND

按一下此按钮，使垂直放大器的输入端接地，接地符号"⏚"显示在显示屏上。

Px10

按一下此按钮一段时间，取 1：1 和 10：1 之间的显示屏的通道偏向系数，10：1 的电压的探棒以符号表示在通道前（如"P10"，CH1）。在进行光标电压测量时，会自动包括探棒的电压因素，如果 10：1 衰减探棒不使用，符号不起作用。

（23）CH1-X—输入 BNC 插座

此 BNC 插座是作为 CH1 信号的输入。在 X-Y 模式，此输入信号是为 X 轴偏移，为安全起见，它外部接地端直接连到仪器接地端，此接地端同时连接到电源插座。

（24）CH2-Y—输入 BNC 插座

此 BNC 插座是作为 CH2 信号的输入。在 X-Y 模式信号是为 Y 轴的偏移，为安全起见，接地端也连接到电源插座。

（三）水平控制：选择时基操作模式和调节水平刻度、位置和信号的扩展

（25）H POSITION

此控制钮可将信号以水平方向移动，与 MAG 功能合并使用，可移动屏幕上任何信号。在 X-Y 模式中，控制钮调整 X 轴偏转灵敏度。

（26）TIME/DIV—VAR 控制旋钮

以 1—2—5 的顺序递减时间偏向系数，反方向旋转则递增其时间偏向系数。时间偏向系数会显示在显示屏上。

在主时基模式时，如果 MAG 不动作，可在 0.5 s/DIV 和 0.2 μs/DIV 之间选择以 1—2—5 的顺序的时间常数偏向系数。

VAR

按住此按钮一段时间，选择 TIME/DIV 控制钮为时基或可调功能。打开 VAR 后，时间的偏向

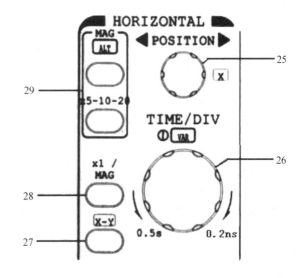

系数是校正的。直到进一步调整，反时针方向旋转 TIME/DIV 以增加时间偏转系数（降低系数），偏向系数为非校正的（按压此按钮 3 秒），当前的设定以"＞"符号显示在显示屏中。

（27）X-Y

按住此按钮一段时间，仪器可作为 X-Y 示波器用。X-Y 符号将取代时间偏向系数显示在显示屏上。在这个模式中，在 CH1 输入端加入 X（水平）信号，CH2 输入端加入 Y（垂直）信号。Y 轴偏向系数范围为少于 1 mV/DIV 到 20 V/DIV，带宽 500 kHz。

（28）×1/MAG

按下此按钮，将在×1（标准）和 MAG（放大）之间选择扫描时间，信号波形将会扩展（如果用 MAG 功能），因此，只有一部分信号波形将被看见，调整 H POSITION 可以看到信号中要看到的部分。

(29) MAG FUNCTION（放大功能）

x5—x10—x20 MAG

当处于放大模式时，波形向左右方向扩展，显示在显示屏中心。有三个档次的放大率 x5—x10—x20 MAG，按 MAG 按钮可分别选择。

ALT MAG

按下此按钮，可以同时显示原始波形和放大波形。放大扫描波形在原始波形下面 3DIV（格）距离处。

（四）触发控制：触发控制决定两个信号及双轨迹的扫描起点

(30) ATO—NML 按钮及指示 LED

此按钮选择自动或一般触发模式，LED 会显示实际的设定。

每按一次控制钮，触发模式依下面次序改变：

ATO—NML—ATO

ATO（AUTO，自动）

选择自动模式，如果没有触发信号，时基线会自动扫描轨迹，只有 TRIGGER LEVEL 控制钮被调整到新的电平设定时触发电平才会改变。

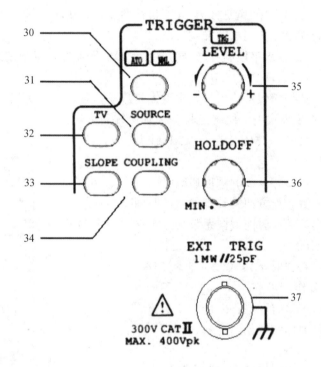

NML（NORMAL）

选取一般模式，当 TRIGGER LEVEL 控制钮设定在信号峰之间的范围有足够的触发信号，输入信号会触发扫描，当信号未被触发，就不会显示时基线轨迹。当使同步信号变成低频信号（25Hz 或更少）时，使用这一模式。

(31) SOURCE

此按钮选择触发信号源，实际的设定由显示屏显示（"SOURCE，SLOPE，COUPLING"）。

当按钮按下时，触发源以下列顺序改变：

VERT—CH1—CH2—LINE—EXT—VERT

VERT（垂直模式）

为了观察两个波形，同步信号将随着 CH1 和 CH2 上的信号轮流改变。

CH1　触发信号源，来自 CH1 的输入端。

CH2　触发信号源，来自 CH2 的输入端。

LINE　触发信号源，从交流电源取样波形获得，对显示与交流电源频率相关的波形极有帮助。

EXT　触发信号源从外部连接器输入，作为外部触发源信号。

（32）TV—选择视频同步信号的按钮

从混合波形中分离出视频同步信号，直接连接到触发电路，由 TV 按钮选择水平或混合信号，当前设定以 SOURCE，VIDEO，POLARITY，TV-V 或者 TV-H 显示。当按钮按下时，视频同步信号以下列次序改变：

TV-T—TV-H—OFF—TV-V

TV-V

主轨迹始于视频图线的开端，SLOPE 的极性必须配合复合视频信号的极性（“┐└┌”为负极性），以便触发在 TV 信号的垂直同步脉冲。

TV-H

主轨迹始于视频图线的开端，SLOPE 的极性必须配合复合视频信号的极性（“┐└┌”为负极性），以便触发在 TV 信号的水平同步脉冲。

（33）SLOPE—触发斜率选择按钮

按一下此按钮选择信号的触发斜率以产生时基，每按一下此按钮，斜率方向会从下降缘移动到上升缘，反之亦然。

此设定在“SOURCE，SLOPE，COUPLING”状态下显示在显示屏上。如果在 TV 触发模式中，只有同步信号是负极性，才可同步，符号“┐└┌”显示在显示屏上。

（34）COUPLING

按下此按钮，选择触发耦合，实际的设定由显示屏显示（SOURCE，SLOPE，COUPLING）。每次按下此按钮，触发耦合以下列次序改变：

AC—HFR—LFR—AC

AC

将触发信号衰减到频率在 20Hz 以下，阻断信号中的直流部分，交流耦合对有大的直流偏移的交流波形的触发有很大帮助。

HFR（High Frequency Reject）

将触发信号中 50kHz 以上的高频部分衰减，HFR 耦合提供低频成分复合波形的稳定显示，并对除去触发信号中干扰有帮助。

LFR（Low Frequency Reject）

将触发信号中 30kHz 以下的低频部分衰减，并阻断直流成分信号。LFR 耦合提供高频成分复合波形的稳定显示，并对除去低频干扰或电源杂音干扰有帮助。

（35）TRIGGER LEVEL—带有 TRG LED 的控制钮

旋转控制钮可以输入一个不同的触发信号（电压），设定在合适的触发位置，开始波形触发扫描。触发电平的大约值会显示在显示屏上。顺时针调整控制钮，触发点向触发信号正峰值移动，反时针则向负峰值移动，当设定值超过观测波形的变化部分，稳定的扫描将停止。

TRG LED

如果触发条件符合时，TRG LED 亮，触发信号的频率决定 LED 是亮还是闪烁。

（36）HOLD OFF—控制钮

当信号波形复杂，使用 TRIGGER LEVEL（35）不可获得稳定的触发，旋转此按钮可以调节 HOLD OFF 时间（禁止触发周期超过扫描周期）。

当此按钮顺时针旋转到头时，HOLD OFF 周期最小，反时针旋转时，HOLD OFF 周期增加。

（37）TRIG EXT—外部触发信号的输入端 BNC 插头

按 TRIG SOURCE（31）按钮，一直到出现 "EXT，SLOPE，COUPLING" 在显示屏中。外部连接端被连接到仪器地端，和安全地端线相连。输入端不要加入比限定值更高的电压。

二、测量应用（GOS-6021）

此示波器有一个测量系统，可精确、直接地进行电压、时间、频率测量。这个单元所描述的测量，是测量的典型应用例子。

按以下步骤，利用光标进行测量：

1. 按［△V－△T－1/△T－OFF］按钮，打开光标读出测试。

2. 按一下此按钮，按次序选择以下四种测试功能△V－△T－1/△T－OFF。

3. 按［C1－C2－TRK］按钮，选择 C1（▼）光标、C2（▼）光标和轨迹光标。

4. 旋转 VARIABLE 控制钮定位被选择的光标，按 VARIABLE 控制钮将选择 FINE（细调）或者 COARSE（粗调）光标移动速度。

5. 在显示屏上读出测量值。设定 VOLT/DIV 和 TIME/DIV 控制钮可自动控制测量值。

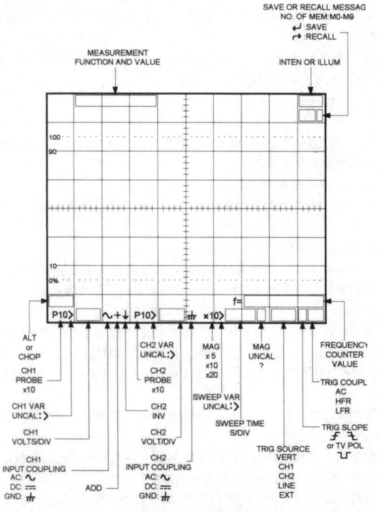

GOS-6021/6020 示波器读出面板

（a）使用△V（电压差）进行电压测量。打开 CH1 和 CH2 时，显示 CH1（△V1）测量值。

（b）使用△T（时间差）进行上升时间测量。测量上升时间可由屏幕左边 0％、10％、90％、100％刻度线辅助进行测量。

（c）使用 1/△T 进行频率的测量。控制［C1－C2－TRK］和 VARIABLE 两按钮将两个光标移到同一周期波形的两个边缘点，测量值显示在显示屏上边。

注意：当 VOLTS/DIV 或 TIME/DIV 控制钮被设定在不校正状态时，△V 和△T 测试值会以 DIV 方式显示。当 VERTICAL MODE 设定在 ADD 模式，CH2 和 CH2 的 VOLTS/DIV 控制钮设定在不同的刻度时，△V 测试值会以 DIV 方式显示。

实验十九　RLC串联谐振特性的研究

　　RLC串联谐振特性广泛应用于无线电技术中，收音机的调谐电路就是利用RLC串联谐振特性提高电路的品质因数Q值，增强电路的灵敏度，从许多不同频率的电台中选取所要接听电台的频率。当接收回路的固有频率和广播电台的发射频率一致时，电流幅度达到极大值，整个回路阻抗出现极小值（呈纯电阻性），接收回路接收到该电台的信号最强。

　　电路谐振时产生的高电压也可能击穿电工设备中电感或电容的绝缘，使仪器损坏，因而要认识谐振可能产生的危害。可见事物具有两重性。

一、实验目的

　　1. 观察交流电路串联谐振的现象，掌握测量谐振曲线的方法。
　　2. 研究RLC电路元件对串联电路谐振特性的影响及电路品质因数Q值的测定。

二、实验仪器

　　函数信号发生器、双通道毫伏表、电阻箱、电感箱、电容箱、导线若干。

三、实验原理

　　1. RLC串联电路
　　如图3-19-1所示，RLC串联电路由电阻器R_0、电感器L和电容器C与信号源E串联而成。U_m、I_m分别代表电压和电流的幅值，ω为信号源的角频率，$\omega = 2\pi f$，回路的总电阻$R = R_0 + r_L + r_C$，其中r_L为电感器L的耗损内阻，r_C为电容器C的耗损内阻，可以忽略。若接入正弦交流电压$u = U_m \sin\omega t$，则回路的电流为$i = I_m \sin(\omega t - \varphi)$，$U_m$、$I_m$除于$\sqrt{2}$，即是电压和电流的有效值，回路的总阻抗$Z$表示为

$$Z = \sqrt{R^2 + (\omega L - \frac{1}{\omega C})^2} \tag{3-19-1}$$

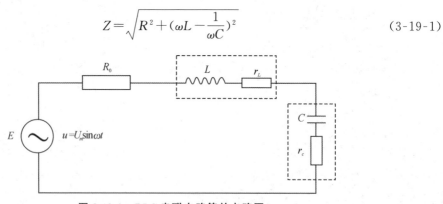

图3-19-1　RLC串联电路等效电路图

　　回路的电流有效值I表示为

$$I = \frac{U}{Z} = \frac{U}{\sqrt{R^2 + (\omega L - \frac{1}{\omega C})^2}} \tag{3-19-2}$$

电流与信号源电压 U 的相位差 φ 可表示为

$$\varphi = \mathrm{tg}^{-1}\frac{\omega L - \dfrac{1}{\omega C}}{R} \tag{3-19-3}$$

2. RLC 串联电路的相频特性

(1) 由式（3-19-1）、式（3-19-2）和式（3-19-3）可知，Z、I、φ 都随信号频率 f 而变化。在交流电路中电感和电容的作用是相反的，具有互相抵消的作用。下面分别对三种情况进行讨论。

a. 如图 3-19-2（a）所示，当 $\omega L - \dfrac{1}{\omega C} = 0$ 时，$Z = \sqrt{R^2 + (\omega L - \dfrac{1}{\omega C})^2} = R$，此时回路的总阻抗最小，电路呈纯电阻性，此时回路的电流有效值 I 有最大值 $I_{\max} = \dfrac{U}{R}$；I 与 U 的相位差 $\varphi = \mathrm{tg}^{-1}\dfrac{\omega L - \dfrac{1}{\omega C}}{R} = 0$，$U_L = U_C$，电流与电压同相，这就是所谓的回路谐振。此时对应的信号频率 $f_0 = \dfrac{1}{2\pi\sqrt{LC}}$ 称为谐振频率，又称为回路的固有频率，它决定于回路的元件参数 L 和 C，而与 R 无关。

b. 如图 3-19-2（b）所示，当 $\omega L - \dfrac{1}{\omega C} > 0$，即 $U_L > U_C$ 时，$\varphi = \mathrm{tg}^{-1}\dfrac{\omega L - \dfrac{1}{\omega C}}{R}$ 是正值，电压超前于电流。电感的作用大于电容的作用，电路呈电感性。

c. 如图 3-19-2（c）所示，当 $\omega L - \dfrac{1}{\omega C} < 0$，即 $U_L < U_C$ 时，$\varphi = \mathrm{tg}^{-1}\dfrac{\omega L - \dfrac{1}{\omega C}}{R}$ 是负值，电压落后于电流。电容的作用大于电感的作用，电路呈电容性。

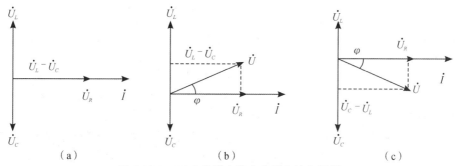

（a）　　　　　　　　　（b）　　　　　　　　　（c）

图 3-19-2　RLC 串联电路中电压电流矢量图

(2) 选择不同的 f、L、C 或 R 的值，可以实现不同的相移 φ，RLC 串联电路的相频特性曲线如图 3-19-3 所示。当 $\omega L = \dfrac{1}{\omega C}$ 时，$\varphi = 0$，$\omega = \omega_0$，电路处于谐振状态。当 $\omega L > \dfrac{1}{\omega C}$ 时，$\varphi > 0$，U 超前 I，回路呈电感性；当 ω 很大时，φ 接近于 $\dfrac{\pi}{2}$；当 $\omega L < \dfrac{1}{\omega C}$ 时，$\varphi < 0$，U 落后 I，回路呈电容性；当 ω 很小时，φ 接近于 $-\dfrac{\pi}{2}$。

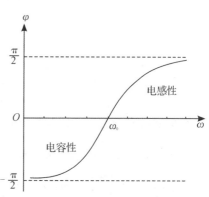

图 3-19-3　RLC 串联电路的相频特性曲线

3. RLC 串联电路的谐振特性

RLC 串联电路的谐振特性，常用电路的电流与频率的关系曲线即 I-f 谐振曲线来描述。如图 3-19-4 所示，谐振曲线的形状，与 RLC 的取值有关；谐振曲线的形状，常用"通频带宽度"来描述，"通频带宽度"规定为当电流 I 是最大值 I_m 的 $\dfrac{1}{\sqrt{2}}=70.7\%$（称为半功率点）时的频率宽度 $\Delta f = f_2 - f_1$。

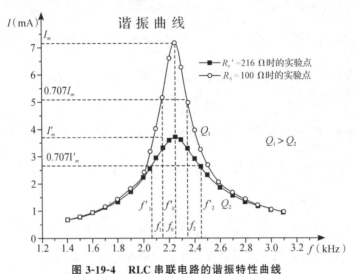

图 3-19-4　RLC 串联电路的谐振特性曲线

根据带宽的定义，可求得带宽的两个边界频率 f_1、f_2 分别为

$$f_1 = \frac{\sqrt{R^2 + \dfrac{4L}{C}} - R}{4\pi L} \;;\; f_2 = \frac{\sqrt{R^2 + \dfrac{4L}{C}} + R}{4\pi L}$$

因而

$$\Delta f = f_2 - f_1 = \frac{R}{2\pi L} \tag{3-19-4}$$

$$f_0 = \sqrt{f_1 f_2} = \frac{1}{2\pi\sqrt{LC}} \tag{3-19-5}$$

4. 回路的品质因数 Q 值

Q 值的大小反映着谐振电路的特性，称为回路的品质因数。由于谐振曲线半功率点处曲线的斜率最大，f_1、f_2 可以比较准确地确定，因此由 f_1、f_2 确定的谐振频率 f_0 和品质因数 Q 值都比较准确。由它们的关系可以求得 Q 值为

$$Q = \frac{f_0}{\Delta f} = \frac{\sqrt{f_1 f_2}}{f_2 - f_1} \tag{3-19-6}$$

Q 值的理论计算公式为

$$Q = \frac{1}{R}\sqrt{\frac{L}{C}} = 2\pi f_0 \frac{L}{R} = \frac{1}{2\pi f_0}\frac{1}{RC} \tag{3-19-7}$$

可见 Q 值只与回路的电路元件参数有关。L 值越大，Q 值越高；R、C 越小，Q 值越高。回路的 Q 值越大，谐振曲线越尖锐。U_{R_0}、U_L 和 U_C 均随频率 f 而变化，当 $f = \dfrac{1}{2\pi\sqrt{LC}}$（即 $f = f_0$）时，$U_L = U_C$，即 $U_{L0} = U_{C0} = QU$；当 $f < f_0$ 时，$U_L < U_C$；当 $f > f_0$ 时，$U_L > U_C$；

说明低频信号主要降在电容 C 上，而高频信号主要降在电感 L 上；具体变化关系用幅频特性曲线表示于图 3-19-5 中。

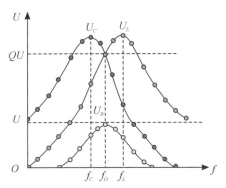

图 3-19-5　RLC 串联电路的幅频特性曲线

综上所述，回路谐振时，U_{R_0} 有极大值，且等于信号源电压值 U，即 $U_{R_0m}=U$，同时 $U_{L0}=U_{C0}=QU$，即谐振时，电容或电感两端的电压是信号源电压的 Q 倍，因此，RLC 串联谐振又称电压谐振，Q 值亦可定义为

$$Q=\frac{U_{L0}}{U}=\frac{U_{C0}}{U} \tag{3-19-8}$$

四、实验内容

根据图 3-19-6 连接电路，用双通道毫伏表的一路毫伏表 mV_1 接在信号源的输出端，监测信号源的电压，毫伏表 mV_1 的"地"（机壳）与信号源的"地"接在一起。双通道毫伏表的另一路毫伏表 mV_2 轮换用于测量电压 U_{R_0}、U_L、U_C。测量 U_{R_0} 时，毫伏表 mV_2 的"地"端与信号源的"地"端接在一起。测量电压 U_L 或 U_C 时，毫伏表 mV_2 注意选择适当的量程。

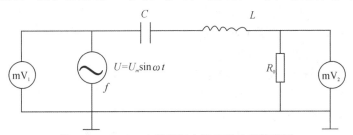

图 3-19-6　RLC 串联谐振电路实验连接线路图

1. 测量 I-f 谐振曲线

（1）选择电路元件参数，选取 $L=0.100$ H，$C=0.0500$ μF，$R_0=100.0$ Ω，$U=0.900$ V；这时，回路的总电阻 $R=R_0+r_L$。

（2）测量时，用双通道毫伏表中的毫伏表 mV_2 测量电阻 R_0 两端的电压 U_{R_0}。改变频率 f，每间隔 100 Hz 测量一次 U_{R_0}；在谐振点附近，电压变化较大，数据点要取密些，可以每间隔 50 Hz 测一次 U_{R_0}。注意：测量过程中，要保持信号源电压 U 为恒定值，即始终保持为 0.900 V。

（3）改变电阻器电阻值，使 $R'_0=2R_0+r_L$，此时，回路的总电阻 $R'=2(R_0+r_L)=2R$；其他电路元件参数不变，重复以上实验步骤。

2. 观察 RLC 电路的谐振现象

（1）将双通道毫伏表的 mV_2 分别接到 R_0、L 和 C 的两端，连续调节信号源频率 f，观察电压 U_{R_0}、U_L 和 U_C 各自随频率 f 的变化情况。观察时，要注意双通道毫伏表中的 mV_2 量程，U_L 和 U_C 可能很大。

（2）分别测出电压 U_{R_0}、U_L 和 U_C 为最大值时所对应的信号频率 f_0、f_L 和 f_C，比较它们之间的大小关系。

（3）在谐振频率 f_0 处，测量电感器 L 和电容器 C 两端的电压 U_{L0} 和 U_{C0}。

五、数据处理

1. 将测得的实验数据分别填入表 3-19-1、表 3-19-2 中，并按表中的项目要求整理好数据。

2. 在同一个坐标系中，绘出两条谐振曲线，分别由图求出电流 $I=0.707I_m$ 时的 f_1 和 f_2。

3. 根据实验数据及谐振曲线，计算出电路的通频带宽度 Δf、谐振频率 f_0 和品质因数 Q 值，并与理论值比较。

4. 分别对通频带宽度 Δf、谐振频率 f_0 和品质因数 Q 值作相对误差分析。

六、注意事项

1. 以电抗元件作负载，信号源的输出电压会随频率而改变，故在测量电压时每改变一次频率都要调节信号源电压 U，以保持 U 为恒定值。

2. 使用双通道毫伏表时，必须校准零点，以保证读数准确；测量时由于谐振点附近 U_{R_0}、U_{L0} 和 U_{C0} 变化较大，一定要先换好适当的量程，再进行测量。

七、思考题

1. 对本实验电路，当电源频率处于低频段（相对于 f_0）时，哪个元件上的电压值与信号源电压接近？频率处于高频段时又如何？

2. 为什么 RLC 串联谐振又称电压谐振？

3. 在达到谐振时，电阻器 R_0 两端的输出电压 U_{R_0m} 是最大还是最小？为什么？

4. 在实际测量中，谐振时电阻器 R_0 的两端电压 U_{R_0m} 小于信号源两端电压 U 的原因是什么？

5. 如何应用谐振法测量电容或电感？

表 3-19-1　测量 I-f 谐振曲线数据表

数值 ＼ 项目　　　　f（kHz）	$L=0.100$ H, $r_L=$＿＿＿ Ω, $C=0.0500$ μF, $U=0.900$ V			
	$R_0=100.0$ Ω		$R_0'=2R_0+r_L=$＿＿＿ Ω	
	U_{R_0}（mV）	$I=\dfrac{U_{R_0}}{R_0}$（mA）	$U_{R_0'}$（mV）	$I'=\dfrac{U_{R_0'}}{R_0'}$（mA）
1.4000				
1.5000				
1.6000				
1.7000				
1.8000				
1.9000				

续表

f (kHz)	$L=0.100$ H, $r_L=$ _____ Ω, $C=0.0500$ μF, $U=0.900$ V			
	$R_0=100.0$ Ω		$R_0'=2R_0+r_L=$ _____ Ω	
	U_{R0} (mV)	$I=\dfrac{U_{R0}}{R_0}$ (mA)	U_{R0}' (mV)	$I'=\dfrac{U_{R0}'}{R_0'}$ (mA)
2.0000				
2.0500				
2.1000				
2.1500				
2.2000				
2.2500				
2.3000				
2.3500				
2.4000				
2.4500				
2.5000				
2.6000				
2.7000				
2.8000				
2.9000				
3.0000				
3.1000				

表 3-19-2　观察谐振现象记录表

电路	项目	f_L (kHz)	f_C (kHz)	f_0 (kHz)	U_{L0} (V)	U_{C0} (V)
$L=0.100$ H $r_L=$ _____ Ω $C=0.0500$ μF $U=0.900$ V	$R_0=100.0$ Ω					
	$R_0'=$ _____ Ω					

表 3-19-3　谐振电路的通频带宽度 Δf、谐振频率 f_0、品质因数 Q 值

电路	项目	通频带宽度 Δf				谐振频率 f_0			品质因数 Q 值	
		f_1 (kHz)	f_2 (kHz)	测量值 $\Delta f=f_2-f_1$ (kHz)	理论值 $\Delta f=\dfrac{R}{2\pi L}$ (kHz)	曲线峰点 f_0 (kHz)	测量值 $f_0=\sqrt{f_1 f_2}$ (kHz)	理论值 $f_0=\dfrac{1}{2\pi\sqrt{LC}}$ (kHz)	测量值 $Q=\dfrac{\sqrt{f_1 f_2}}{f_2-f_1}$	理论值 $Q=\dfrac{1}{R}\sqrt{\dfrac{L}{C}}$
$L=0.100$ H $C=0.0500$ μF $r_L=$ __ Ω	$R=(R_0+r_L)$ $=$ __ Ω									
	$R'=2(R_0+r_L)$ $=$ __ Ω									

实验二十　分光计调节及三棱镜折射率的测量

　　分光计是一种可精确测量光线偏折角度的光学仪器，常用于测量折射率、光波波长、色散率等一些光学参数及观测光谱。分光计作为一种典型的光学仪器，其基本结构和调节方法与某些其他光学仪器（如摄谱仪、单色仪等）类似。学会分光计的调节和使用，将有助于理解和掌握其它较复杂的光学仪器原理及操作。

　　折射率是反映介质材料光学性质的重要参量。当光在两种介质的平滑界面上发生折射时，入射角的正弦与折射角的正弦比是一个常数，而该值与两介质的折射率有关。物质的折射率 n 与入射光的波长 λ 有关，通常棱镜的折射率 n 随着波长 λ 的减小而增大。测量折射率 n 的方法有几何光学法和物理光学法，本实验采用的最小偏向角法和极限法属几何光学法。

一、实验目的

　　1. 了解分光计的构造，掌握分光计的调节方法。
　　2. 掌握角游标读数及校正偏心差的方法。
　　3. 学会测量玻璃三棱镜的折射率。

二、实验仪器

　　1. 仪器用具
　　分光计、三棱镜、平面反射镜、钠光灯、毛玻璃。
　　2. 仪器描述
　　本实验室所用分光计为 JJY 型，测量精度为 1′，其外形如图 3-20-1 所示。

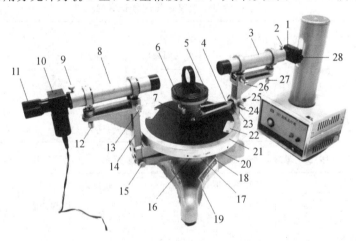

图 3-20-1　JJY 型 1′分光计结构图

①狭缝装置；②狭缝装置锁紧螺丝；③平行光管部分；④制动架（一）；⑤载物台；⑥载物台调节螺丝(3只)；⑦载物台锁紧螺丝；⑧望远镜部件；⑨目镜锁紧螺丝；⑩阿贝式自准直目镜；⑪目镜视度调节手轮；⑫望远镜光轴高低调节螺丝；⑬望远镜光轴水平调节螺丝；⑭支臂；⑮望远镜微调螺丝；⑯转座与度盘止动螺丝；⑰望远镜止动螺丝；⑱制动架（二）；⑲底座；⑳转座；㉑刻度盘；㉒游标盘；㉓立柱；㉔游标盘微调螺丝；㉕游标盘止动螺丝；㉖平行光管光轴水平调节螺丝；㉗平行光管光轴高低调节螺丝；㉘狭缝宽度调节手轮

整台仪器主要由准直管、望远镜、载物台及游标读数装置构成，其中除准直管被固定外，其他部分均可以绕仪器的中心竖轴转动。现将这几个部分作简要介绍如下：

（1）准直管

准直管是一个产生平行光的装置，它由可相对滑动的两个套筒组成。外套筒的一端装有一消色差的复合透镜，内套筒的另一端装有一宽度可调的狭缝。调节平行光管光轴高低调节螺丝㉗可改变准直管的倾斜度，调节手轮㉘可以改变狭缝的宽度，调节狭缝装置锁紧螺丝㉒可前后移动内套管，以改变狭缝与透镜间的距离。当狭缝处于透镜的焦平面上时，产生平行光。

（2）望远镜

望远镜是用来观察和确定光束行进方向的装置。望远镜由 A 筒、B 筒及目镜 C 组成，其结构如图 3-20-2（a）所示。

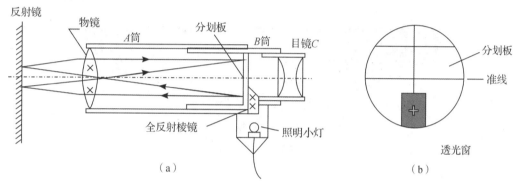

图 3-20-2 （a）望远镜结构 （b）视场图

A 筒的一端固定着物镜，另一端套有可前后移动的 B 筒，而 B 筒中安装有分划板、辅助光源、全反射棱镜及目镜 C。辅助光源发出的光线被 45°全反射的直角棱镜反射，经透光绿十字由望远镜射出。透光绿十字与分划板上的叉丝可视为在同一截面上，透光绿十字与分划板叉丝的上交点对于望远镜中心轴上下对称。B 筒中的目镜 C 可以旋转，旋转目镜 C 可改变目镜与分划板间的距离。实验中可以旋转目镜 C 使分划板通过目镜在观察者的明视距离中生成放大的虚像。移动 B 筒又可改变分划板与物镜的距离，使分划板位于物镜的焦平面上时，即射入望远镜的平行光，经望远镜射出后仍是平行光，这时称望远镜聚焦于无穷远。图 3-20-2（b）为适当调节目镜 C 与分划板间距后，从目镜中看到的视场。

（3）载物台

载物台是用来放置棱镜或其他光学元件的圆形平台。它套在仪器的转轴上，可绕仪器主轴转动。台下有 B_1、B_2 及 B_3 三个螺丝，这三个螺丝所处的位置形成一个正三角形，调节这三个螺丝可使载物台平面与仪器旋转中心主轴垂直。载物台的高度可通过螺丝⑦进行调节。

（4）游标读数装置

分光计的读数装置由刻度盘和角游标盘组成。刻度盘㉑及游标㉒套在仪器的中心转轴上，且可绕转轴转动。刻度盘（外盘）上有 0～360°的圆刻度，最小刻度为 0.5°（即刻有 720 等分线），在刻度盘直径的两端即对径方向上设有两个游标，两窗口相距约为 180°。游标上有 30 个分格，它和主刻度盘上 29 个分格相当，因而最小读数为 1′。

读数方法是以游标的零线为准，读出整分格之数，再找游标上与刻度盘上刚好重合的刻度线，为所求之分数。举例说明如下：

a. 如图 3-20-3（a）中游标尺上 10 与刻度盘上的刻度线重合，故读数为 294°10′。

b. 如图 3-20-3（b）中游标尺上 10 与刻度盘上的刻度线重合，但零线过了刻度的半度线，故读数为 294°40′。

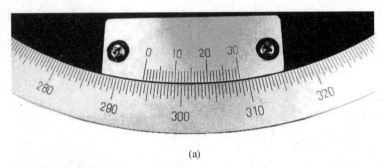

(a)

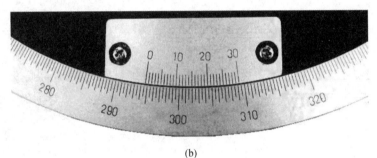

(b)

图 3-20-3　刻度盘示意图

　　由于仪器制造过程中存在一定的公差，刻度盘的中心 O 与仪器的转轴 O' 会有一定的偏移，不会严格重合，因而在测量角度时会引入较大的系统误差。为消除该偏心产生的误差，在刻度盘相隔 180°处特地设置了两个游标。误差消除原理如图 3-20-4 所示。在图 3-20-4 中实际转过的角度 Φ 为圆内角，它既不等于 $|\theta_1-\theta_2|$ 也不等于 $|\theta_1'-\theta_2'|$，但由平面几何的圆内角定理可知

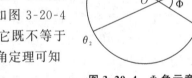

图 3-20-4　Φ 角示意图

$$\Phi=\frac{1}{2}[\,|\theta_1-\theta_2|+|\theta_1'-\theta_2'|\,]\qquad(3\text{-}20\text{-}1)$$

三、分光计的调节

　　由于分光计的装置比较精密，操纵控制部件较多且复杂，使用时必须熟悉其结构，按一定的规则严格调整，方能获得较准确地测量结果。分光计的调节主要包括以下三方面的要求：

a. 使准直管发射平行光。

b. 使望远镜聚焦于无穷远。

c. 使准直管及望远镜的光轴等高共轴，并与仪器转轴垂直。

调节的关键是先调好望远镜，而准直管的调节则以望远镜为基准。具体调节步骤如下：

1. 粗调载物台

以目测进行：调节载物台下面的三个螺丝（B_1、B_2 及 B_3），使载物台平面与仪器转轴基本垂直；调节望远镜水平螺丝⑬和准直管水平螺丝㉖，使望远镜和准直管基本成一直线，

并与分光计的转轴基本垂直。

2. 调节望远镜

第一步：旋转目镜 C，使分划板叉丝通过目镜形成的放大虚像最清晰。

第二步：使望远镜聚焦于无穷远。

将小变压器电源接头插上 220 V 电源，点亮望远镜的小灯。光线通过目镜中的小棱镜将十字叉丝窗照亮。将一平面反射镜垂直放在载物台上，为了便于调节，使平面反射镜与平台任意两个螺丝（如 B_1、B_2）的连线垂直，如图 3-20-5 所示。调节螺丝 B_1 或 B_2 可改变镜面与望远镜的倾斜度，同时转动台盘，从望远镜中找到由平面镜反射回来的绿十字叉丝，这时调节目镜和分划板叉丝（即 B 筒）相对物镜的距离，使反射回来的绿十字叉丝（即下十字叉丝窗的反射像）在分划板上成实像，如图 3-20-6 所示。为了判别十字叉丝与绿色十字是否在同一平面上，可左右移动头部，如发现十字叉丝与绿色十字无相对位移即无视差，这时望远镜已聚焦于无穷远。

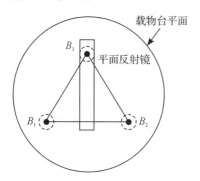

图 3-20-5　平面镜放置示意图

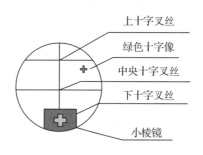

图 3-20-6　绿色十字叉丝成像图

第三步：用各调一半法调节使望远镜的光轴垂直于仪器转轴。

在上一步的基础上旋转平台，使双面平面镜两个反射面分别正对望远镜时都能从望远镜中看到绿十字。此时，可采用下面的方法使绿十字与上十字叉丝重合（十字叉丝中的垂直叉丝和它的像很容易通过旋转平台或望远镜使其重合，关键是水平叉丝和它的像重合的调节）。设从平面镜的一反射面反射回来的绿十字像的

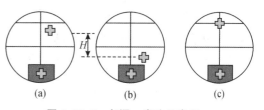

图 3-20-7　各调一半法示意图

位置如图 3-20-7（a）所示，另一反射面反射回来的绿十字像的位置如图 3-20-7（b）所示，即平面镜正反两反射面反射的绿十字高度差为 H，调节平台水平调节螺丝（图 3-20-5 中）B_1 或 B_2，使图 3-20-7（a）中的绿十字下降 $\dfrac{H}{2}$，图 3-20-7（b）中的绿十字上升 $\dfrac{H}{2}$。这时，正反面绿十字像接近等高，然后调节望远镜高低螺丝，使绿字像与上十字叉丝重合，如图 3-20-7（c）所示。（若平台转 180°，绿十字与上十字叉丝还有一点不重合，则再按以上方法调节。如此反复几次，直到望远镜不论对准哪面，反射回来的绿色亮十字与上十字叉丝上部均重合为止。此时望远镜光轴与仪器转轴垂直。注意：这时可固定望远镜的水平位置，以后不再调整。）

3. 调节准直管

第一步：使准直管产生平行光。

用钠光灯照亮准直管的狭缝，并将已聚焦无穷远的望远镜正对准直光管。将狭缝转至竖直位置，使狭缝像与望远镜竖丝平行。松开螺丝②，前后移动狭缝套管，改变狭缝与准直管物镜间的距离。当狭缝位于物镜焦平面上时则从望远镜中将看到清晰的狭缝的像，并且狭缝的像与望远镜中分划板刻线（叉丝）之间无视差，这时准直管发出的光即为平行光，且狭缝平行于仪器的转轴。

第二步：使准直管光轴与仪器转轴垂直。

以调好的望远镜光轴为基准，只要准直管光轴与望远镜光轴平行（以狭缝在望远镜分划板上的像来判断），则这时准直管光轴与仪器的转轴必定垂直。调节时，使铅直放着的狭缝经过叉丝中央交点，然后使狭缝转90°，如果狭缝仍通过叉丝中央交点，即表示准直管光轴与望远镜光轴平行，否则通过调节准直管下的螺丝㉗达到要求。

至此，分光计测量前的准备工作已全部完成，在测量中还要进行测量元件的调节。但必须注意，在动手时需明确调节的目的及有关调节螺丝的作用，不可盲目操作，否则将可能破坏分光计已调好的状态。

四、实验原理

1. 用最小偏向角法测棱镜的折射率

图 3-20-8 是最小偏向法测量三棱镜折射率的光路图。光线 PO 自空气经待测棱镜 AB、AC 的两次折射后光线发生偏转改变方向而沿 $O'P'$ 方向射出，这时产生的偏向角用 σ 表示（σ 是入射光线与出射光线的夹角），偏向角 σ 的大小是随着入射角 i_1' 的改变而改变。当入射光

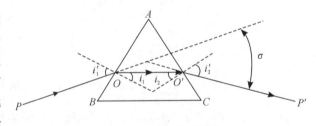

图 3-20-8　三棱镜光路图

线和出射光线处于光路对称时，即 $i_1' = i_2'$，偏向角最小，记为 $\sigma_{\min}$。可以证明，棱镜玻璃的折射率 n 与棱镜角顶角 A、最小偏向角 $\sigma_{\min}$ 有如下关系

$$n = \frac{\sin \dfrac{A + \sigma_{\min}}{2}}{\sin \dfrac{A}{2}} \qquad (3\text{-}20\text{-}2)$$

实验中用分光计测出 A 和 $\sigma_{\min}$ 即可求得玻璃棱镜对光波波长的折射率 n。

透明材料的折射率是光波波长的函数，通常折射率是对波长 589.3 nm 的钠黄光而言的，因而必须采用钠光灯为光源测量最小偏向角。

2. 用掠入射法测棱镜的折射率

这种方法又称为折射极限法，其原理如图 3-20-9 所示。光源前加一块毛玻璃，让光线向各方向散射成扩展光源。并把扩展光源的位置大致调节到棱镜折射面 AB 的延长

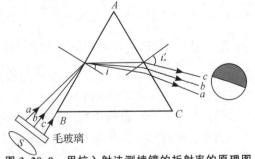

图 3-20-9　用掠入射法测棱镜的折射率的原理图

线上。用望远镜对棱镜的另一折射面 AC 进行观测。毛玻璃散射的光从不同方向照射到 AB 面，总可以得到与法线成 $90°$ 角的入射光线（棱镜中不可能有折射角大于 $90°$ 的光线，因为 BC 面是磨砂面），使此光线经棱镜两次折射后，从 AC 面出射角最小，称为极限角，用 i'_n 来表示。凡入射角小于 $90°$ 的光线，其出射角必大于极限角 i'_n，我们将在 AC 面看到 $i<90°$ 的光产生的各种方向的出射光为一亮视场。由于 $i>90°$ 的光线被挡住，在出射角小于 i'_n 的方向，没有光线射出，形成暗视场。显然，明暗视场的分界线就是极限角 i'_n 的方位。用分光计测出 AC 面的法线及 i'_n 的方位，求出折射的极限角 i'_n，再利用公式（3-20-3），便可求得三棱镜的折射率 n，其中 A 为棱镜顶角。

$$n = \sqrt{1 + \left(\frac{\sin i'_n + \cos A}{\sin A}\right)^2} \tag{3-20-3}$$

五、实验内容

1. 测定三棱镜的顶角 A

（1）三棱镜的放置

三棱镜的两个光学表面应与望远镜光轴垂直。调整方法是运用已调好的望远镜，根据自准直原理进行。为便于调整，三棱镜在载物台上的位置如图 3-20-10 所示放置，使三棱镜的三个边分别垂直于载物台下面的三个螺丝（B_1、B_2 及 B_3）的三条连线。转动望远镜，使之对准 AB 面，调节 B_1 或 B_3 螺丝，使反射回来的绿色十字与上十字叉丝上部重合。然后，再将望远镜转至对准 AC 面，调节 B_2 螺丝，又使得绿色亮十字与上十字叉丝上部重合。（这时能调节 B_1 或 B_3 螺丝吗？）通常经过这两次调节，可以达到要求，但由于目测放置三棱镜时，不可能严格做到 $AB \perp$

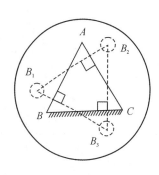

图 3-20-10　三棱镜置载物台位置

B_1B_3，$AC \perp B_1B_2$，还会出现相互干扰，因此要反复调节，逐步靠近，直到 AB 面及 AC 面均能与望远镜光轴垂直为止。

（2）顶角 A 的测量方法

a. 自准直法

使望远镜分别对准三棱镜的两个光学平面 AB 及 AC，并仔细调节使绿色亮十字与上十字叉丝完全重合，三棱镜的位置如图 3-20-11 所示，记下它们之间的夹角 Φ，则顶角

$$A = 180° - \Phi \tag{3-20-4}$$

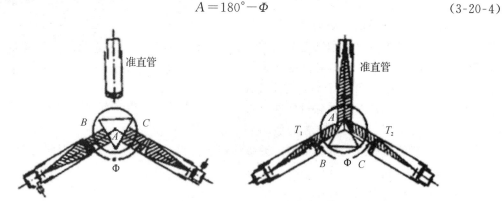

图 3-20-11　自准直法　　　　　　　图 3-20-12　反射法

b. 反射法

将光源置于准直管的狭缝前，待测顶角 A 对准准直管，如图 3-20-12 所示，则从准直管出射的平行光束被三棱镜的两表面分别反射。固定分光计的其余可动部分，转动望远镜至 T_1 及 T_2，分别使狭缝的像与望远镜的竖直叉丝重合，并记下它们的位置。则 T_1 和 T_2 之间的夹角为 Φ，则顶角

$$A = \frac{\Phi}{2} \tag{3-20-5}$$

注意：顶角 A 不要放得太前，应靠载物台中心处，否则从棱镜两光学面反射的光线不能进入望远镜。同时 Φ 角的测量均应由两游标读数，并按式（3-20-1）进行计算。实验时可任选一种顶角的测量方法，但必须重复测量六次，求顶角 A 的平均值及其标准误差。

2. 测量最小偏向角 σ_{min}

将钠光灯放于准直管的狭缝之前，并使三棱镜、望远镜和准直管的相对位置如图 3-20-13 所示。

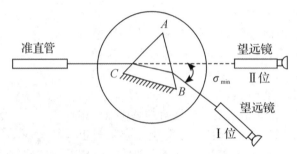

图 3-20-13　测量最小偏向角时三棱镜、望远镜和准直管的相对位置

放置好三棱镜后，固定分光计内盘，并把外盘和望远镜固定在一起（整个操作过程望远镜和外盘始终固定在一起）。转动望远镜，当从望远镜内看到钠谱线后，固定望远镜，松开分光计内盘螺丝㉕，转动平台使入射角逐渐变小，此时钠谱线往偏向角变小方向移动。当平台继续往原方向转动到某一位置时，钠谱线刚刚开始反向移动，此转折点（也称为极限点）就是偏向角最小位置。这时固定内盘，松开望远镜止动螺丝，并调节望远镜位置，使叉丝垂直线和钠光谱线重合（可调节望远镜微调螺丝使得重合更准确），并记下两游标读数 α_1 和 α_1'。转动望远镜，使它从最小偏向角的位置 I 转到对准准直管的位置 II（取下三棱镜），使狭缝的像刚好

图 3-20-14　测量最小偏向角实物示意图

与望远镜叉丝垂直重合（同样调节望远镜微调螺丝使得重合更准确），记下此时游标的读数 α_2 和 α_2'，则最小偏向角

$$\sigma_{min} = \frac{1}{2} \left[|\alpha_1 - \alpha_2| + |\alpha_1' - \alpha_2'| \right]$$

注意：该公式在两次测量读数存在 $0°$ 和 $360°$ 跨越的时候，最小偏向角的位置在跨越 $0°$ 和 $360°$ 那边的游标读数必须加上 $360°$ 后才能和望远镜对准准直管且狭缝像与望远镜叉丝垂直重合时的游标读数相减，得到的才是平台真实转过的角度。公式可如下表示：

$$\sigma_{\min} = \frac{1}{2}\left[\,|\alpha_1 - \alpha_2| + |(360° + \alpha_1') - \alpha_2'|\,\right]$$

重复测量六次，计算 $\sigma_{\min}$ 的平均值及其标准误差。将 A 及 $\sigma_{\min}$ 值代入式 (3-20-2)，求出棱镜的折射率 n，并以几何合成法求 n 的不确定度（折射率没有单位）。

3. 测量极限角 i_n'

(1) 按图 3-20-9 所示，调节好光源、毛玻璃、三棱镜的位置。

(2) 用望远镜在 AC 出射面找到明暗视场的分界线，仔细调节望远镜垂直叉丝与分界面重合，记下两游标读数 v_1、v_2，重复 6 次，取其平均值。

(3) 利用自准直法，测出 AC 面的法线的方位角，记下两游标的读数 v_1'、v_2'，重复 6 次，取其平均值，则极限角 $i_n' = \frac{1}{2}\left[(\overline{v_1'} - \overline{v_1}) + (\overline{v_2'} - \overline{v_2})\right]$。

本实验可采用最小偏向角法和极限法中的任意一种来测量三棱镜的折射率。折射率的计算公式分别为式 (3-20-2) 和式 (3-20-3)。

六、数据处理

实验后要求利用不确定度理论处理数据，计算出折射率 n 的平均值及其不确定度。下面列出一些相关注意事项：

(1) 处理数据过程中测量结果以弧度单位进行计算，才能决定其有效数字的位数。

例如：测三棱镜顶角 A，测量结果 $\overline{A} = 59°58'$，$\sigma_{\overline{A}} = 3'$，一般表示成 $A = 59°58' \pm 3'$，这里 $59°58'$ 不表示 A 有四位有效数字，将它们化为弧度 $\overline{A} = 59°58' = 1.0466$ 弧度，$\sigma_{\overline{A}} = 3' = 0.0009$ 弧度，结果表示成 $A = (1.0466 \pm 0.0009)$ 弧度。

(2) 计算转角时，如遇 $|\theta_1 - \theta_2|$ 或 $|\theta_1' - \theta_2'| > 180°$，则应以 $360°$ 减去该值。

七、思考题

1. 调节望远镜时，若找不到平面镜反射回来的绿色亮十字，估计有哪些原因？

2. 本实验三棱镜在载物台上的位置为什么不可以任意放置？

3. 为什么掠入射法测棱镜折射率时不用分光计上的平行光管所产生的平行光，而另外用扩展光源？

4. 试比较分析最小偏向角法与折射极限法的相同点与不同点。

实验二十一　衍射光栅

光的衍射现象是光波动性的一种表现。光栅是根据多缝衍射原理制成的一种分光元件，它能产生谱线间距较宽的匀排光谱。利用光栅分光原理可制成单色仪、光谱仪等，对研究谱线结构、谱线的波长和强度、尤其是研究物质的结构及其做定量分析等方面有着广泛的应用。

一、实验目的

1. 熟悉分光计的调节和使用（详细介绍见实验二十）。
2. 观察光的衍射现象，了解光栅分光的原理。
3. 掌握测定衍射光栅常量、角色散及分辨本领的方法。

二、实验仪器

1. 仪器用具

分光计、水银灯、透射式平面光栅、钠光灯、平面镜。

2. 仪器描述

本实验所用分光计为 JJY 型，测量精度 1′，仪器装置如图 3-21-1 所示。

图 3-21-1　应用光栅作分光器件的测量装置图
①汞灯；②平行光管部分；③光栅；④望远镜部件；⑤阿贝式自准直目镜；⑥目镜视度调节手轮；⑦载物台调节螺钉（3 只）；⑧载物台锁紧螺钉；⑨转座与度盘止动螺钉；⑩望远镜光轴高低调节螺钉

三、实验原理

光栅和棱镜一样，是重要的分光光学元件，它可以把入射光中不同波长的光分开。应用透射光工作的光栅称为透射光栅，用反射光工作的光栅称为反射光栅。本实验用平面透射光栅（它相当于一组数目极多、排列紧密均匀的平行狭缝）。图 3-21-2 中 G 为光栅，L_1 及 L_2

分别为分光计准直管的会聚透镜和望远镜的物镜，而 S 为准直管的狭缝，P 是接收屏。S 位于 L_1 的焦平面上，复色光通过 L_1 后形成一束平行光，垂直入射到 G 平面上，不同波长的光经 G 后被分开，若波长为 λ 的单色光经过 G 平面后，成为一束衍射角为 θ 的平行光，再经 L_2，

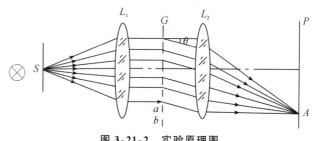

图 3-21-2　实验原理图

汇聚到接收屏 P 上的 A 点。因 S 是狭缝，所以衍射像是一条亮线。狭缝越窄，亮线就越细。

根据夫琅禾费衍射理论，当一束平行光垂直投射到透射光栅平面上时，光通过每条狭缝都发生衍射，所有狭缝的衍射光又彼此发生干涉，形成一系列明线，这些明线称为谱线。产生衍射亮条纹的条件为

$$d \sin\theta = \pm k\lambda \qquad (3-21-1)$$

$k = 0，1，2，\cdots$（$k=0$ 时，中间极大，也叫中央亮纹）称为衍射光谱级次，λ 为光波波长，θ 为衍射角，缝距 $d = a + b$，即相邻两狭缝上相应点之间的距离，称为光栅常量。对不同波长的光，同一级谱线将有不同衍射角 θ，因此在透镜的焦平面上出现波长次序及谱线级次。自第 0 级开始左右两侧由短波向长波依次排列的各种颜色的谱线，该谱线称为光栅衍射光谱。图 3-21-3 是水银灯的部分光栅衍射光谱示意图。从式（3-21-1）可知，若波长 λ 已知，测出光谱级 k 对应的衍射角 θ，便可以求 d。反之，若光栅常量 d 已知，测出 k 级对应的衍射角 θ，便可求出光波波长 λ。

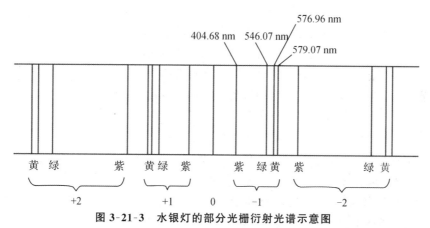

图 3-21-3　水银灯的部分光栅衍射光谱示意图

光栅是一种色散元件，其基本特性可以用角色散率 ψ 和分辨本领 R 来表示。角色散率 ψ 定义为同一级光谱中，单位波长间隔的两束光被分开的角度，即 $\psi = \dfrac{\Delta\theta}{\Delta\lambda}$。如果入射角 i 不变，由光栅方程式（3-21-1）对波长微分，得角色散率的理论值

$$\psi = \frac{d\theta}{d\lambda} = \frac{k}{d\cos\theta} \qquad (3-21-2)$$

可见，①ψ 愈大，越容易将两束靠近的谱线分开；②光栅常量 d 愈小（即每毫米所含光栅刻度线的数目越多），其角色散率越大；③衍射级 k 愈大，则色散角愈大，单位波长差的两谱线分得愈开，所以光栅具有很好的色散能力。

　　能否观察到两波长差的光谱线被分开，不仅取决于角色散率，更重要的是其分辨能力。它定义为两条刚能被光栅分开的谱线的最小波长差 $d\lambda$ 除该波长 λ，即分辨本领 $R = \dfrac{\lambda}{d\lambda}$。$R$ 越大，表明刚能被分辩开的波长 $d\lambda$ 越小，光栅分辩细微结构的能力就越高。根据瑞利判据，两条刚能被光栅分开的谱线被规定为：一条谱线的强度极大值落在另一条谱线强度极小值上。由此可导出，光栅的分辨本领

$$R = kN \tag{3-21-3}$$

其中 k 为谱线级次，而 N 为被平行光照射的光栅刻度线的总缝数。光栅与棱镜相比，光栅缝数 N 值很大，在分辨本领上，光栅优于棱镜。

四、实验内容

　　1. 调节分光计，使其处于正常工作状态

　　按实验二十分光计调节的方法，使望远镜聚焦于无穷远；使望远镜的光轴垂直仪器的转轴；使准直管产生平行光及准直管光轴垂直仪器转轴。不同之处在于光栅面会反射光线，因此可以直接用光栅正反两面代替反射镜进行调节。光栅在载物台上的位置如图 3-21-4 所示，使光栅面与某两个调节螺丝（如 B_1 及 B_3）的连线垂直，且通过第三个螺丝（B_2）。

　　2. 光栅的调节

　　光栅的调节必须满足：

　　(1) 其平面垂直于平行光管的光轴。

　　(2) 光栅狭缝与平行光管狭缝平行。

　　光栅按图 3-21-4 放置在载物台上，光栅的两个平面分别对准望远镜时，绿色亮十字均能与分划板中上十字叉丝重合，这只表明望远镜光轴垂直于仪器转轴，光栅平面平行于仪器转轴，但光栅刻线还未必平行于仪器转轴。这时可打开准直管前的低压水银灯，调节平行光管狭缝宽度，固定内转盘，转动望远镜，仔细观察衍射光谱分布情况，即观察分列于零级（中间为白亮线）其两边的 ±1 级、±2 级谱线，看谱线的中心是否都在分划板中间水平叉丝上。若不等高，说明狭缝与光栅不平行，应调节光栅通过的螺丝（B_2），直至使所有光谱线高度一致为止。

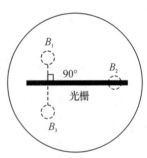

图 3-21-4　光栅放置位置

　　附：本实验要求入射光束垂直衍射光栅，为此应先转动望远镜，使准直管狭缝的像（零级）对准望远镜的垂直叉丝，然后转动分光计内转盘，使从光栅面反射回来的绿色十字像再与分划板上十字叉丝重合，以保证自准直管射出的平行光垂直入射于衍射光栅。

　　3. 衍射角的测量

　　光路调整后，固定内转盘。调节准直管狭缝宽度，使各谱线宽度尽可能锐细。转动望远镜，分别测量绿谱线（$\lambda_1 = 546.07$ nm）、黄双线（$\lambda_2 = 576.96$ nm，$\lambda_3 = 579.07$ nm）三条光谱线 $k = \pm 1$ 级的衍射角六次。

　　注意：记录谱线位置时，应记录两窗口个游标的读数；同一谱线 ±1 级的衍射角 θ 等于同一游标分别测 +1 级和 -1 级时两次读数差的一半。

　　*4. 观察被平行光照射的光栅缝数 N 和光栅分辨本领的关系

　　以钠光灯代替水银灯，且在准直管和光栅之间放置一个宽度可以调节的狭缝，并使狭缝

的方向和准直管狭缝的方向一致。望远镜对准钠黄光的一级、二级黄线（$\lambda_{D1}=588.99$ nm，$\lambda_{D2}=589.59$ nm），由大到小改变可调狭缝的宽度。实验时将会看到，随着被平行光照射缝数（有效缝数）的减少，钠光双线的谱线宽度将渐为增大。当加入的可调狭缝缩小至两黄线刚刚能被分辨开时，取下狭缝，用测量显微镜测其宽度 A。光栅的有效缝数 $N=A/L$，则光栅分辨本领的理论值为 $R=kN$。

五、数据处理

　　1. 列表记录水银灯三条谱线±1级的位置，重复测量六次，分别求出它们的衍射角，由光栅方程式（3-21-1）分别求出光栅常量，再求其平均值。

　　2. 以水银灯黄双线 λ_2 及 λ_3 的夹角计算光栅的角色散 $\psi=\dfrac{\Delta\theta}{\Delta\lambda}$，并与理论值 $\psi=\dfrac{k}{d\cos\theta}$ 比较（θ 值以 λ_2、λ_3 的衍射角的平均值代入），并求出相对误差。

　　注意：两公式计算角色散 ψ 取同样的单位，例如用 rad/nm。

　　＊3. 以测得刚能分辨钠光灯两黄线时的有效光栅数 N 计算分辨本领 $R=kN$ 之值，并与定义式 $R=\dfrac{\lambda}{\Delta\lambda}$ 比较（$\lambda=589.29$ nm，$\Delta\lambda=0.60$ nm）。

六、思考题

　　1. 实验时光栅狭缝太宽或太窄对观察有何影响？

　　2. 如果平行光不垂直入射光栅面，光栅方程将怎样改变？

　　3. 光栅的光谱与棱镜光谱有哪些不同之处？

　　4. 同一块光栅，不同波长同一衍射级的谱线宽度是否一致？同一波长不同衍射级的谱线的宽度是否相同？为什么？

实验二十二　用牛顿环测定透镜的曲率半径

牛顿环是用分振幅方法产生的干涉现象，是典型的等厚干涉，最早为牛顿所发现。其原理在科研和工业生产技术上有着广泛的应用。它可用于检测透镜的曲率半径及其表面平整度，精确地测量微小长度、厚度和角度，测量光波波长等。

一、实验目的

1. 观察等厚干涉现象，加深对光的干涉原理的理解。
2. 掌握用牛顿环测定透镜曲率半径的方法。
3. 熟悉读数显微镜的正确使用。
4. 学会用逐差法处理实验数据。

二、实验仪器

1. 仪器用具

牛顿环仪、钠光灯（$\overline{\lambda}=589.3\ \text{nm}$）、读数显微镜（带 45°平面反射玻璃片）。

2. 仪器描述

牛顿环实验装置如图 3-22-1 所示。

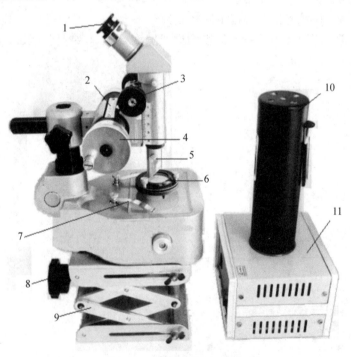

图 3-22-1　牛顿环实验装置图

①目镜；②读数标尺；③调焦手轮；④测微鼓轮；⑤物镜；⑥牛顿环；⑦压片弹簧；⑧底架升降旋钮；⑨底架；⑩钠光灯；⑪钠光灯电源

三、实验原理

牛顿环装置如图 3-22-2 所示。在一块平面玻璃板 P 上面放一块曲率半径 R 很大（待测）的平凸透镜 L，除接触点以外，两玻璃之间就形成一个上表面为球面、下表面为平面的变厚度的空气间隙，其厚度从中心接触点到边缘逐渐增加。离接触点等距离的地方，厚度相同，即等厚度的空气间隙的轨迹是以接触点为中心的圆。若以波长为 λ 的平行单色光垂直入射到这装置上，则空气间隙的上下表面反射的光波将互相干涉，在空气间隙表面附近产生等厚干涉条纹，它是以接触点为中心的一组明暗相间的同心圆环，这些圆环称为牛顿环。

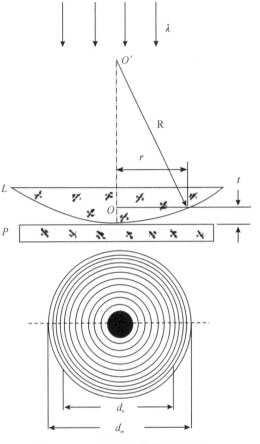

设所用单色光的波长为 λ，若离接触点 O 距离为 r 的空气间隙厚度为 t，由空气间隙上表面和下表面反射的光所产生的光程差

$$\delta = 2t + \frac{\lambda}{2} \qquad (3\text{-}22\text{-}1)$$

式中 $\frac{\lambda}{2}$ 是由于光在空气间隙下表面反射时由半波损失所引起的附加光程差（光从光疏媒质到光密媒质的交界面上反射时产生的）。设 R 为透镜凸面的曲率半径，从图 3-22-1 的几何关系可得

$$t = R - \sqrt{R^2 - r^2} \approx \frac{r^2}{2R} \qquad (3\text{-}22\text{-}2)$$

图 3-22-2 牛顿环仪装置及视场图

当 $\delta = (2m+1)\frac{\lambda}{2}$（$m = 0, 1, 2, \cdots$）时满足相消条件，产生暗条纹，其中 m 为干涉条纹的级次。由式（3-22-1）和式（3-22-2）得第 m 级暗条纹的半径为

$$r_m = \sqrt{mR\lambda} \qquad (3\text{-}22\text{-}3)$$

同理可导出第 m 级亮条纹的半径为

$$r'_m = \sqrt{(2m-1)R\frac{\lambda}{2}} \qquad (3\text{-}22\text{-}4)$$

由式（3-22-3）和式（3-22-4）可知，只要测出 r_m 或 r'_m 值即可算出透镜的曲率半径 R。但由于玻璃的弹性形变，以及接触处不干净等原因，平凸透镜与平面玻璃板不可能很理想地只以一个几何点相接触，而是一个圆斑，近圆心处干涉条纹比较模糊且粗阔，因此难以精确测定其半径 r_m 值。

实际测量时我们直接测量距中心较远的第 m 级暗条纹与第 n 级暗条纹的直径 d_m 和 d_n，然后由它们的平方差来计算透镜的曲率半径 R，便可克服因难以确定条纹中心位置而带来的较大误差，从而得到较准确的结果。由式（3-22-3）可得

$$\frac{d_m^2}{4}=mR\lambda \ \text{和} \frac{d_n^2}{4}=nR\lambda$$

由上面两式相减可得

$$R=\frac{d_m^2-d_n^2}{4(m-n)\lambda}=\frac{(d_m-d_n)(d_m+d_n)}{4(m-n)\lambda}\qquad(3\text{-}22\text{-}5)$$

可见，R 只与干涉的级次差 $(m-n)$ 有关，而与干涉级次 $(m，n)$ 本身无关，故不必确定牛顿环的中心。

四、实验内容

1. 牛顿环装置固定在金属框架中，框架上有三个螺丝，用以改变干涉条纹的形状和位置，称为牛顿环仪。调节牛顿环仪上的三个螺丝，用肉眼观察，使干涉条纹呈圆形环，而且中心暗纹较小，并将圆环的圆心调至透镜中心（注意螺丝不要旋得太紧，以免透镜变形）。

2. 将牛顿环仪放在读数显微镜载物台上，用压片弹簧夹紧。实验装置如图 3-22-3（1）所示。点亮钠光灯，调节 45°玻璃片 G 或者调整钠光灯位置，使钠黄光经分光玻璃片反射入牛顿环仪，这时显微镜视场呈一片均匀钠黄光，即基本上满足入射光垂直投射于牛顿环仪上。

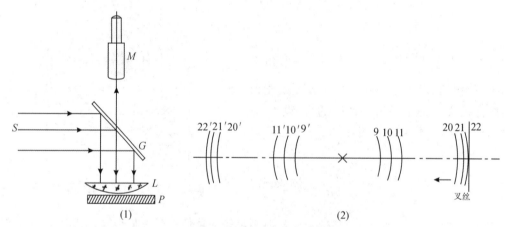

(1)　　　　　　　　　　　　　　(2)

图 3-22-3　牛顿环实验装置及俯视图

3. 将读数显微镜 M 对准牛顿环中心。调节目镜使叉丝像最清晰，并转动目镜，使纵叉丝垂直于标尺。然后自下而上移动镜筒至能够看到清晰的牛顿环为止。如果接触点（牛顿环中心）看到是亮点而不是暗点，表示透镜与平面玻璃板的接触面间有灰尘，应用透镜纸擦干净，再重新开始以上步骤。

4. 转动读数显微镜的测微鼓轮，使显微镜镜筒向牛顿环直径某一方向移动。注意转动测微鼓轮时不能进进退退，以避免测微螺距间隙，引起回程误差。例如向右移动，以使叉丝对准距牛顿环中心较远的一暗条纹（如第 22 圈），再将读数显微镜的测微鼓轮旋退至与第 20 圈暗纹相切的位置，开始测量，记下测微鼓轮及主尺上的读数。然后使叉丝对准第 19，18，…，11 等圈暗纹的切线位置，同样记下对应的读数。读数时注意消除空程的影响。

由于牛顿环近圆心处的干涉条纹比较模糊，又粗阔，不易测准，因此靠中心的一些圈可以不测量。当跨过这些不必测量的圆圈后，再按原来直径方向继续测量，即从低圈次第 11 圈向左一直测量到第 20 圈为止，如图 3-22-3（2）所示。计算时，为提高准确性，可把第

20 圈与第 15 圈组合，第 19 圈和第 14 圈组合等等；即用逐差法分组求出 R 值，再计算其平均值，求出 R 的不确定度，写出测量结果的表达式。

五、注意事项

1. 读数显微镜对牛顿环调焦时，应把读数显微镜筒降到最低点，然后自下而上慢慢调焦，以防止与玻璃板碰撞，损坏物镜和待测物。转动读数显微镜测微鼓轮时不可频繁快速旋转，尽量减少摩擦。

2. 测量过程中，牛顿环装置应保持不动。测量过程中测微鼓轮不得反转，若暗纹记错或读数记错，必须重新从头开始测量以免螺纹中的空程引起误差。

3. 钠光灯点燃后等待片刻（5 分钟左右）才能正常发光，一经点燃不要随意熄灭，忽燃忽灭易损坏灯管。

4. 实验完毕，应旋松牛顿环仪上的螺丝，以防透镜长期受压变形。

六、思考题

1. 若测量牛顿环时，叉丝中心没有通过圆环中心，这对测量结果有无影响？
2. 测量时，为什么叉丝的交点应对准暗条纹的中心？
3. 若用白光代替单色光照射，则所观察的牛顿环将变成怎样？
4. 为什么相邻两暗纹（或者亮纹）的间距靠近中心要比边缘的大？
5. 为什么读数显微镜测量的是牛顿环的直径，而不是显微镜内牛顿环的放大像的直径？

附：测量数据表

表 3-22-1　测量牛顿环直径（d_m，$m=11$，…，20）

环级数	20	19	18	17	16	15	14	13	12	11
左读数（mm）										
右读数（mm）										
环直径 d_m（mm）										

表 3-22-2　用逐差法计算透镜曲率半径 R

分组	$(d_m^2-d_n^2)$（mm²）	曲率半径 R（m）		平均值 $\overline{R}$（m）
d_{20} 与 d_{15}		R_1		
d_{19} 与 d_{14}		R_2		
d_{18} 与 d_{13}		R_3		
d_{17} 与 d_{12}		R_4		
d_{16} 与 d_{11}		R_5		

实验二十三　迈克尔逊干涉仪

　　干涉仪(interferometer)是美国物理学家 A. A. Michelson 在 1881 年为研究光速问题而设计的。1887 年著名的迈克尔逊-莫雷实验就是利用此干涉仪企图测量地球相对"以太"的运动速度，结果证明了绝对参照系不存在，为 1905 年爱因斯坦提出的狭义相对论提供了有利的实验证据。后来，人们又将干涉仪的基本原理推广到许多方面，例如用它可以观察光的干涉现象，研究许多物理因素如温度、压强、磁场等对光传播的影响，测定单色光的波长、光源的相干长度以及透明介质的折射率等。

一、实验目的

　　1. 了解迈克尔逊干涉仪的原理与结构。
　　2. 学习迈克尔逊干涉仪的调节和使用方法，并使用迈克尔逊干涉仪测定氦-氖激光的波长。
　　3. 测定钠光源的相干长度。

二、实验仪器

　　1. 仪器用具
　　迈克尔逊干涉仪、氦-氖激光器、短焦距透镜。
　　2. 仪器描述
　　迈克尔逊干涉仪的构造如图 3-23-1 所示。

图 3-23-1　迈克尔逊干涉仪

①微调手轮；②粗调螺旋；③M_2 水平微调螺丝；④分光板 P_1；⑤补偿板 P_2；
⑥位置固定的平面反射镜 M_2；⑦可移动的平面反射镜 M_1；⑧M_2 垂直微调螺丝

可移动的平面反射镜 M_1 采用了蜗轮蜗杆传动系统，转动粗调螺旋②一周，M_1 移动 1 mm，可准确读到 0.01 mm；转动微调手轮①一周，M_1 移动 0.01 mm，可准确读到 0.0001 mm。

因此，M_1 的位置由以下三个读数装置来确定：

（1）主尺——在导轨的侧面，最小刻度为毫米，如图 3-23-2（a）所示；

（2）读数窗——可读到 0.01 mm，如图 3-23-2（b）所示；

（3）带刻度盘的微调手轮，可读到 0.0001 mm，估读到 0.00001 mm，如图 3-23-2（c）所示；

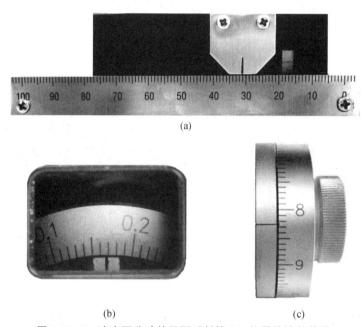

(a)

(b)　　　　　　　(c)

图 3-23-2　确定可移动的平面反射镜 M_1 位置的读数装置

最后读数为：31.16825 mm。

迈克尔逊干涉仪是一种利用分振幅法产生双光束干涉的仪器。它的实物图及光路图分别如图 3-23-1 和图 3-23-3 所示。其主要由精密的机械传动系统和四片光学镜片组成。P_1 与 P_2 是两块材料相同、厚薄和几何形状也完全相同的平行平面玻璃板。其中 P_1 的第二面镀有半透明铬膜，称其为分光板，它可使入射光分成振幅（即光强）近似相等的一束透射光和一束反射光。P_1 与 P_2 互相平行且与两臂轴均成 45°。M_1 和 M_2 是两块表面镀铬加氧化硅保护膜的反射镜。M_2 固定在仪器上，称其为固定平面反射镜，M_1 装在可沿导轨前后移动的拖板上，称其为可移动的平面反射

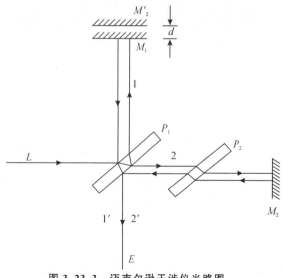

图 3-23-3　迈克尔逊干涉仪光路图

镜。M_1 和 M_2 镜架背后各有两个调节螺丝，用来调节 M_1 和 M_2 的倾斜方位。这两个调节螺丝在调整干涉仪前均应先均匀地拧松几圈，以便有可调整范围；调节过程中不能拧过紧，以免损坏螺丝（每次实验后，为保证其不受应力影响而损坏平面反射镜，都应将调节螺丝拧松）。同时也可通过调节 M_2 水平微调螺丝与垂直微调螺丝来调节 M_2 的倾斜度，从而使干涉图样在观察圆屏的上下和左右方向移动。干涉仪整体的水平还可通过调整底座上的底脚螺丝来达到。

　　来自光源的光线，进入 P_1 后，一部分在 P_1 上反射，如光线 1 传播至 M_1，并经 M_1 反射后，再穿过 P_1 向 E 处传播；另一束光为透射光，如光线 2 穿过镀铬膜及 P_2，向 M_2 传播，经 M_2 反射后，再经 P_2 和 P_1 的镀铬膜透射，也向 E 处传播。由于光线 1 通过 P_1 三次，而光线 2 仅通过一次，为了使到达 E 处的两束光的光程相等，仪器在 P_1 和 M_2 的光路中加了 P_2 玻璃板，所以 P_2 也称为补偿板。

三、实验原理

1. 干涉条纹的形成原理

单色扩展光源 L 射来的光经分光板 P_1 分成 1、2 两束光，反射光 1 向 M_1 前进，透射光 2 向 M_2 前进，这两束光分别在 M_1、M_2 上反射后逆着各自的入射方向返回并会合形成两束相干光；在 E 处即能观察到这两束光的干涉现象。M_2 镜由于 P_1 板背面的反射，在 M_1 附近形成一个平行于 M_1 的虚像 M_2'，因此光来自 M_2 和 M_1 的反射等效于来自 M_2' 和 M_1 的反射（M_1 和 M_2' 的距离为 d），其产生的干涉图样与厚度为 d 的空气膜所产生的干涉图样一样。当 M_1 和 M_2' 不平行时（即 M_1 和 M_2 不完全相互垂直）所产生的干涉是等厚干涉；当 M_1 和 M_2' 平行时（即 M_1 和 M_2 相互垂直）所产生的干涉是等倾干涉。图 3-23-4 显示当 M_1 与 M_2' 平行移动时，出现的等倾干涉图。

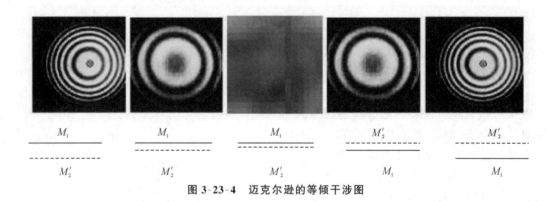

图 3-23-4　迈克尔逊的等倾干涉图

　　在调节迈克尔逊干涉仪的过程中，M_1 和 M_2 之间有一个从不完全互相垂直到严格垂直的过程，因此，相应的干涉条纹也就有一个从等厚干涉到等倾干涉的变化过程。所以，我们在观察条纹变化的时候会发现从直条纹→弧形条纹→同心圆环的变化现象。从图 3-23-5 上看，自 M_1 和 M_2' 反射的倾角同为 θ 的光线 1 和光线 2 存在着光程差，它们的光程差为

$$\Delta = AC + CB - AD = \frac{d}{\cos\theta} + \frac{d}{\cos\theta} - 2d\,\mathrm{tg}\theta\sin\theta$$

$$= 2d\left(\frac{1}{\cos\theta} - \frac{\sin^2\theta}{\cos\theta}\right) = 2d\cos\theta \qquad (3\text{-}23\text{-}1)$$

由式（3-23-1）可知，光程差 Δ 由 d 和 θ 所决定，当 M_2' 与 M_1 的间隔 d 一定时，光程差 Δ 仅由 θ 决定，对于具有相同入射角的光线在垂直观察方向平面上的等倾干涉图样轨迹是由一组同心圆条纹组成，条纹中心的亮、暗由两束光的光程差决定。当光程差 $\Delta=2d\cos\theta=k\lambda$（$k=1$，$2$，…）时，条纹中心出现的是亮斑；当光程差 $\Delta=2d\cos\theta=(2k+1)\dfrac{\lambda}{2}$（$k=1$，$2$，…）时，条纹中心出

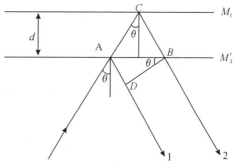

图 3-23-5　自 M_1 和 M_2' 反射的两路光波的光程差

现的是暗斑。d 一定时，θ 愈小，k 愈大，干涉圆环的中心处对应着 $\theta=0$ 的光线，即圆心处对应干涉级的级数 k 最高。当 d 增加 $\dfrac{\lambda}{2}$ 时，k 对应增加一级，光程差 Δ 相应增加一个波长。对于某一确定的干涉级 k 对应的入射角 θ_k 变大，该级干涉条纹向 θ_k 变大的方向移动，圆环好像从中心向外"冒出"，每当 d 增大 $\dfrac{\lambda}{2}$ 时，从中心"冒出"一个圆环；反之，当 d 减少时，圆环向中心"陷入"，且每当 d 减少 $\dfrac{\lambda}{2}$ 时，向中心"陷入"一个圆环。因而只要数出"冒出"或"陷入"的圆环数目 Δm，即可得到平面反射镜 M_1 移动的距离 Δd。

$$\Delta d=\Delta m\frac{\lambda}{2} \tag{3-23-2}$$

2. 光源的相干长度

光源存在一定的相干长度有两种解释。一种解释是：实际光源发射的光波不是无穷长的谐波波列，当两相干波列的光程差等于零时，两波列的相遇处全部重叠，产生干涉条纹最清晰（设两波列光强相等），可见度最大；当两波列的光程差不大时，两波列部分重叠，这时干涉条纹的可见度下降。当两波列的光程差大于波列长度时，一波列已全部通过，而另一波列却尚未达到，两波列没有机会重叠，这时干涉条纹消失。因此两相干波列的光程差等于波列长度时，该光程差是产生干涉的最大光程差，我们称这最大的光程差为此光源的相干长度 $L_{max}=2l$。

相干长度的另一种解释是：实际光源发射的单色光源不是绝对的单色光，而是有一定的波长范围。假设光波的中心波长为 λ_0，单色光是由波长 $\lambda_0\pm\dfrac{\Delta\lambda}{2}$ 范围的光波所组成，由波的干涉原理可知，每一波长的光对应着一套干涉条纹，随着 d 的增大，$\lambda_0+\dfrac{\Delta\lambda}{2}$ 和 $\lambda_0-\dfrac{\Delta\lambda}{2}$ 两套干涉条纹逐渐错开，当错开一个条纹时，干涉条纹完全消失，即

$$L_{max}=k(\lambda_0+\frac{\Delta\lambda}{2})=(k+1)(\lambda_0-\frac{\Delta\lambda}{2}) \tag{3-23-3}$$

得到 $k\approx\dfrac{\lambda_0}{\Delta\lambda}$，即相干长度

$$L_{max}\approx\frac{\lambda_0^2}{\Delta\lambda} \tag{3-23-4}$$

相干时间

$$t_{max} = \frac{\lambda_0^2}{c\Delta\lambda} \tag{3-23-5}$$

可见，光源的单色性越好，$\Delta\lambda$ 越小，相干长度就越长，相干时间也越长。对于钠光双黄线 589.0 nm 和 589.6 nm 两条谱线，可表示为：$\lambda_1 = \lambda_0 - \dfrac{\Delta\lambda}{2}$，$\lambda_2 = \lambda_0 + \dfrac{\Delta\lambda}{2}$，$\lambda_0 = 589.3$ nm，则

$$\Delta\lambda = \frac{\lambda_0^2}{2(d_2 - d_1)} \tag{3-23-6}$$

上式中 d_1、d_2 为钠光双黄线干涉条纹相邻两次最模糊时所对应的 M_1 读数，可由式（3-23-6）求出钠光谱线的精细结构。

四、实验内容

1. 测量氦-氖激光的波长

（1）读数系统的调整：因为微调手轮时粗调螺旋随之转动，而转动粗调螺旋时微调手轮不随之转动，所以为使读数指示正确需"调零"。"调零"之前需先消除空程误差。调整方法是，沿某一方向（如顺时针）转动微调手轮，使"0"刻度线和准线对齐，然后沿同一方向转动粗调螺旋，从读数窗内观察使某一刻线和其准线对齐。在以后的测量中必须按上述方向转动，否则将带入空程误差。

（2）粗调反射光点位置，先观察平面镜反射光点是否落在激光器出射口附近。若反射光点离激光器出射口太远，应先调节激光器位置及干涉仪底座水平调节螺丝，使反射光点分布在激光器的出射口附近。如图 3-23-6 所示使氦-氖激光束大致垂直 M_2 入射到干涉仪上，观察分别由 M_1、M_2 平面镜反射的两组光点，同时调节 M_1 及 M_2 平面镜背后的两个螺丝，使两组光点中间最亮的反射光点重合，此时 M_1 与 M_2 大致互相垂直。

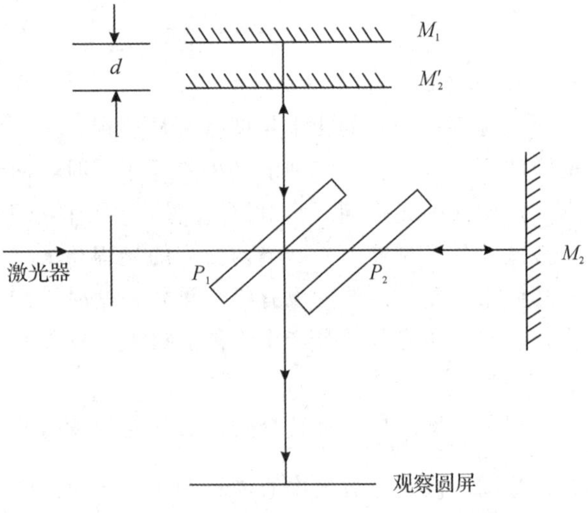

（3）微调干涉仪的位置及底脚螺丝，使最亮的反射光点落入激光器的出射口。

图 3-23-6　测量氦-氖激光器的波长示意图

（4）放上短焦距透镜（将激光扩束，使光源成为扩展光源），用毛玻璃作为观察屏，即可观察到直（或弧形）的干涉条纹，然后再调节 M_2 的微调螺丝③或⑧，使光斑中心出现清晰的同心圆环的干涉条纹，如图 3-23-7 所示，这时说明 M_1 与 M_2' 严格平行。

（5）移动 M_1 使 d 改变，数出"冒出"或"陷入"的条纹数 Δm，算出 d 的变化值 Δd，代入公式 $\lambda = \dfrac{2\Delta d}{\Delta m}$ 即可求出波长值，测量取 $\Delta m = 50$ 为一组，连续测量六次。最后，测量结果用不确定度的标准形式表示。

2. 测量钠光源的相干长度

在测量氦-氖激光波长的基础上，移动 M_1 的距离，使 M_1 与 M_2' 基本上重合（如何判断？），去掉氦-氖激光器和透镜，换上钠光灯，则可直接观察到清晰的干涉条纹，记下此时 M_1 的位置。慢慢转动粗调螺旋，可以看到条纹可见度呈周期性变化，同时可看到条纹越来越密，可见度越来越小。当 M_1 移动到某位置时，再也看不见条纹了，记下这时 M_1 的位置。前后两次位置的读数相减，得到 Δd，便可计算得到钠光源相干长度 $L_{\max} = 2l = 2\Delta d$。

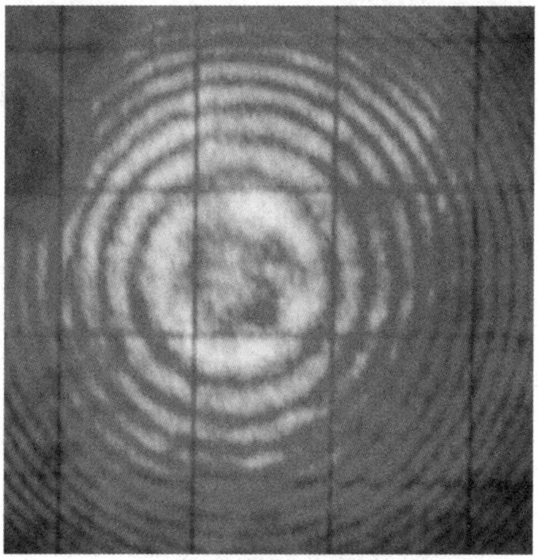

图 3-23-7　以氦-氖激光器作光源的干涉图

五、注意事项

1. 严禁触摸激光器电源箱背后的正、负电极，防止触电。

2. 严禁手摸所有光学表面，防止污损。

3. 不要用眼睛直视激光。

4. 测量前一定要先调整好读数系统，然后再开始读数。

5. 测量时，细调螺旋只能向一个方向转动，中途不能反向。

6. 尽量避免桌面震动，造成圆环晃动不清。

六、思考题

1. 为什么在迈克尔逊干涉仪调节的过程中，会出现干涉条纹从直条纹──➤弧形条纹──➤同心圆环条纹的变化现象？

2. 调节迈克尔逊干涉仪 M_1 和 M_2 镜倾斜状态时，为什么会出现几个反射像？应如何调节？

3. 如何确定两束光等光程时 M_1 的位置？

实验二十四　　单缝衍射光强分布的测定

　　衍射现象是指光（或其它波动）在传播过程中遇到障碍物时（其尺寸可与波长相比拟），偏离直线传播，产生光强度不均匀分布的明暗相间条纹。光衍射现象是光波动性的典型特征之一。研究光衍射，不仅有助于加深对光的本质理解，也有助于进一步学习近代光学实验技术，如光谱分析、全息照相、光信息处理等。

一、实验目的

　　1. 测量夫琅禾费单缝衍射光强分布曲线，加深对光衍射的现象和理论的认识。
　　2. 验证夫琅禾费单缝衍射条纹宽度与缝宽的关系。
　　3. 掌握使用光电探测器测量相对光强的方法。

二、实验仪器

　　1. 仪器用具
　　半导体激光器、可调狭缝、带进光狭缝的光电探测器及其调节读数装置、光电流放大器。

　　2. 仪器描述
　　单缝衍射实验仪器装置如图 3-24-1 所示。

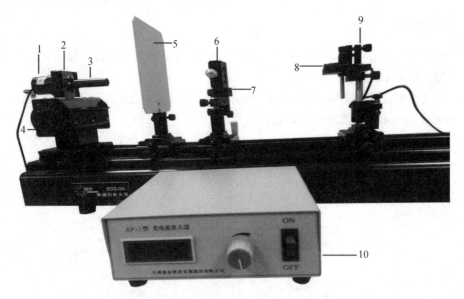

图 3-24-1　单缝衍射实验仪器装置图
①光电探测器；②光电探测器进光狭缝；③光靶；④百分鼓轮；⑤观察屏；
⑥可调狭缝；⑦干板架；⑧半导体激光器；⑨二维调节架；⑩光电流放大器

三、实验原理

光的衍射现象是光波动性的一种表现，可分为菲涅耳衍射与夫琅禾费衍射两类。菲涅耳衍射是近场衍射，夫琅禾费衍射是远场衍射，又称平行光衍射。

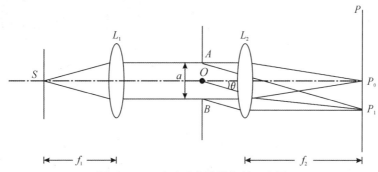

图 3-24-2　夫琅禾费单缝衍射示意图

如图 3-24-2 所示，将单色点光源 S 放置在透镜 L_1 的前焦平面上，经透镜后的光束成为平行光垂直照射在单缝 AB 上，按惠更斯-菲涅耳原理，位于狭缝的波阵面上的每一点都可以看成一个新的子波源，他们向各个方向发射球面子波，这些子波相叠加经透镜 L_2 会聚后，在 L_2 的后焦平面上形成明暗相间的衍射条纹，其光强分布规律为

$$I_\theta = I_0 \frac{\sin^2 \varphi}{\varphi^2} \qquad\qquad (3-24-1)$$

其中 $\varphi = \dfrac{\pi}{\lambda} a \sin\theta$，$a$ 是单缝宽度，θ 是衍射角，λ 为入射光波长。

如图 3-24-3 所示，由式（3-24-1）可得如下结论：

1. 当 $\theta = 0$ 时，$I_\theta = I_0$，为中央主极大的强度，光强最强，绝大部分的光都落在中央明纹上。

2. 当 $\sin\theta = \dfrac{K\lambda}{a}$（$K = \pm 1$，$\pm 2$，…）时，$I_\theta = 0$，为第 K 级暗纹。由于夫琅禾费衍射时，θ 很小，有 $\theta \approx \sin\theta$，因此暗纹出现的条件为

$$\theta = \frac{K\lambda}{a} \qquad\qquad (3-24-2)$$

3. 从式（3-24-2）可知，当 $K = \pm 1$ 时，$\theta_1 = \dfrac{\lambda}{a}$ 为主极大两侧第一级暗条纹的衍射角，由此决定了中央明纹的角宽度 $\Delta\theta_1 = \dfrac{2\lambda}{a}$，其余各级明纹角宽度 $\Delta\theta_K = \dfrac{\lambda}{a}$，所以中央明纹角宽度是其他各级明纹角宽度的两倍。

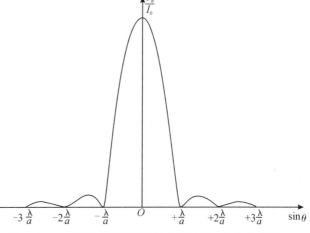

图 3-24-3　夫琅禾费单缝衍射光强的归一化分布曲线

4. 除中央主极大外，相邻两暗纹之间存在着一些次极大，这些次极大的位置可以从式 (3-24-1) 求导并使之等于零而得到，如下表所示。

级数 K	次极大的位置 θ	相对光强 $\dfrac{I_\theta}{I_0}$
± 1	$\pm 1.43\dfrac{\lambda}{a}$	0.047
± 2	$\pm 2.46\dfrac{\lambda}{a}$	0.017
± 3	$\pm 3.47\dfrac{\lambda}{a}$	0.008

四、实验内容

1. 测定单缝衍射光强的分布

(1) 衍射图样的调节：如图 3-24-1 和图 3-24-4 所示，安排好实验仪器，打开半导体激光器，在离可调狭缝距离为 D 【注：由于光电探测器接收面距导轨上的刻度尺有一固定距离，所以在读刻度尺的读数时要加上约 6.00 cm】的位置放置带进光狭缝的光电探测器。光电探测器的进光狭缝应先调节到导轨中轴，以保证左右两端均有可调余地。然后调整激光器、可调狭缝、光电探测器的进光狭缝在同一直线上。接着调节可调狭缝与光电探测器的进光狭缝平行，调节激光器使光垂直入射到可调狭缝及光电探测器的进光狭缝中。在光电探测器的前方放置观察屏，小心调节可调狭缝宽度，使落在观察屏上衍射条纹清晰明亮、各级分开的距离适中。观察衍射图样，微调可调狭缝垂直旋钮，使衍射图样水平（同学自己设计水平参照线）。

(2) 保持光电探测器进光狭缝位于衍射条纹中央主极大的水平位置不变，调节进光狭缝宽度【为 0.2 mm 左右】，并调节光电流放大器的放大倍数，使输出值在 600～900 左右。

(3) 转动百分鼓轮，使光电探测器的进光狭缝对准衍射条纹不同的位置，大致测量中央主极大光强和两边的第一级次极大光强的比值是否都在 20 倍左右，如果是，则表明衍射条纹图像已基本对称；如果不是，则说明激光器与可调狭缝不垂直或进光狭缝与可调狭缝不平行，这时需要小心地改变激光器和可调狭缝的角度，继续调节直至衍射条纹图像清晰、对称。

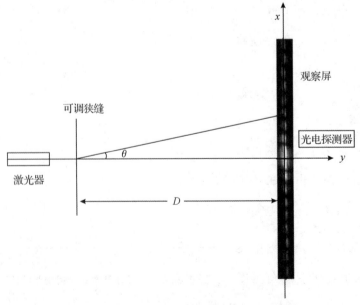

图 3-24-4　用光电探测器测量光强分布示意图

（4）衍射光强分布的测量：首先对光电探测器进行校准（即去掉本底光），测出仪器本底值或对其进行调零，可以通过遮断激光光线，或者关掉激光器的方法进行调零。

转动光电探测器的百分鼓轮，将光电探测器的进光狭缝调到衍射图样左边（或右边）第三个极小的位置以外，然后从衍射图样左边（或右边）第三个极小的位置至右边（或左边）第三个极小的位置进行逐点扫描（这相当于改变衍射角），并记录光强值 I_θ（检流计的读数）及相应的位置 x（从光电探测器背面的游标卡尺读出）。为了能够做出比较精确圆滑的光强分布曲线图，要求至少测 21 个点（应在极大极小附近多取一些点）。

注意：

a. 在测量过程中，光电探测器面板上的水平调节旋钮只能朝着同一个方向旋转，以避免引入回旋误差。

b. 在扫描之前，通过光路调整，使进光狭缝有足够的移动范围，确保可测量完整的衍射图样。

c. 在逐点扫描过程中，不要将主极大、各次极大以及各极小的位置漏掉了！

以光电探测器进光狭缝的位置 x 为横坐标，对应的相对光强值 $\dfrac{I_\theta}{I_0}$ 为纵坐标，作出单缝衍射光强的归一化分布曲线。

2. 求衍射单缝的缝宽 a

测量光电探测器至衍射单缝之间的距离 D，并从归一化的单缝衍射光强分布图中求出左右两边第二级光强极小位置之间的距离 $2d$，因为 $D \gg d$，衍射角 $\theta = \dfrac{K\lambda}{a} \approx \dfrac{d}{D}$，可得公式

$$a = K\dfrac{\lambda D}{d} \ (K=2)，$$把测得的数据代入该式，即可得衍射狭缝的宽度 a。

五、注意事项

1. 调节可调狭缝和进光狭缝宽度时动作要慢，避免刀口相碰。

2. 特别要注意的是，测量开始前，应该检查光电探测器的进光狭缝是否位于其基座的中央，以保证在测量过程中进光狭缝有足够的位置可移动。

实验二十五　光速的测量

　　从 16 世纪伽利略第一次尝试测量光速以来，各个时期人们都采用最先进的技术来测量光速。现在，光在一定时间中走过的距离已经成为一切长度测量的单位标准。光速不仅直接用于距离测量，还是物理学中一个重要的基本常数。许多其他常数都与它相关，例如光谱学中的里德堡常数，普朗克黑体辐射公式中的第一辐射常数、第二辐射常数，质子、中子、电子、u 子等基本粒子的质量。

一、目的要求

　　1. 掌握用差频检相法测量光速。

　　2. 了解和掌握光调制的一般性原理和基本技术。

　　3. 进一步掌握示波器的基本使用。

二、实验仪器

　　1. 仪器用具

　　光速测量仪、双踪示波器（带光标测量功能）、频率计。

　　2. 仪器描述

　　光速测量仪结构如图 3-25-1 所示。

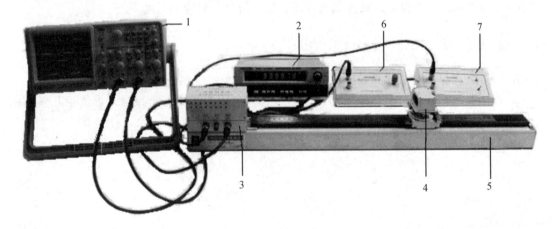

图 3-25-1　光速测量仪

①示波器；②频率计；③光学电路箱；④棱镜小车；⑤带刻度尺燕尾导轨；⑥音频发送器；⑦音频接收器

　　3. 仪器结构

　　（1）光学电路箱

　　光学电路箱采用整体结构，端面安装有收、发透镜组，内置收、发电子线路板，侧面有两排 Q9 插座，如图 3-25-2 所示。Q9 插座输出的是将收、发正弦波信号整形后的方波信号，为的是便于用示波器来测量相位差。

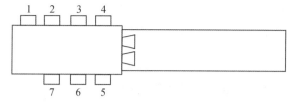

图 3-25-2　Q9 插座接线图

①测频；②调制信号输入（模拟通信用）；③基准信号（方波）；④基准信号（正弦波）；⑤接收测相信号（方波）；⑥接收测相信号（正弦波）；⑦接收电平信号

（2）棱镜小车

棱镜小车上有供调节棱镜左右转动和俯仰的两只调节把手。由直角棱镜的入射光与出射光的相互关系可以知道，其实左右调节时对光线的出射方向不起什么作用，在仪器上加此左右调节装置，只是为了加深对直角棱镜转向特性的理解。

在棱镜小车上有一只游标，使用方法与游标卡尺相同，通过游标可以读至 0.1 mm。

（3）光源和光学发射系统

采用 GaAs 发光二极管作为光源。这是一种半导体光源，当发光二极管上注入一定的电流时，在 PN 结两侧的 P 区和 N 区分别有电子和空穴的注入，这些非平衡载流子在复合过程中将发射波长为 0.65 μm 的光，即为载波。用机内主控振荡器产生的 100 MHz 正弦振荡电压信号控制加在发光二极管上的注入电流。当信号电压升高时注入电流增大，电子和空穴复合的机会增加而发出较强的光；当信号电压下降时注入电流减小，复合过程减弱，所发出的光强度也相应减弱。用这种方法实现对光强的直接调制。图 3-25-3 是发射、接收光学系统的原理图，发光管的发光点 S 位于物镜 L_1 的焦点上。

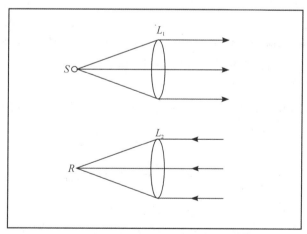

图 3-25-3　发射、接收光学系统原理图

（4）光学接收系统

用硅光电二极管作为光电转换元件，该光电二极管的光敏面位于接收物镜 L_2 的焦点 R 上。光电二极管所产生的光电流的大小随载波的强度而变化。因此在负载上可以得到与调制波频率相同的电压信号，即被测信号。被测信号的位相对于基准信号落后了 $\varphi = \omega t$，t 为往返一个测程所用的时间。

三、实验原理

1. 利用波长和频率测量速度

物理学告诉我们，任何波的波长是一个周期内波传播的距离。波的频率是 1 秒钟内波的振动次数，用波长乘频率得 1 秒钟内波传播距离，即波速

$$c = \lambda f \tag{3-25-1}$$

在图 3-25-4 中，第一列波在 1 秒内经历 3 个周期，第二列波在 1 秒内经历 1 个周期，在 1 秒内两列波传播距离相同，所以波速相同，它们的区别是第二列波波长是第一列的 3 倍。

利用这种方法，很容易测得声波的传播速度。但直接用来测量光波的传播速度，还存在很多技术上的困难，主要是光的频率高达 10^{14} Hz，目前的光电接收器无法测到响应频率如此高的光强变化（迄今仅能测到响应频率在 10^8 Hz 左右的光强变化及产生相应的光电流）。

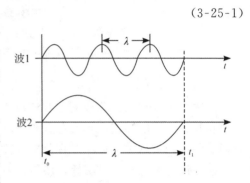

图 3-25-4　两列不同的波

2. 利用调制波波长和频率测量速度

如果直接测量河中水流的速度有困难，可以采用一种方法，周期性地向河中投放小木块（f），再设法测量出相邻两小木块间的距离（λ），依据公式（3-25-1）即可算出水流的速度。

周期性地向河中投放小木块，为的是在水流上做一些特殊标记。我们也可以在光波上做一些特殊标记，称作"调制"。调制波的频率可以比光波的频率低很多，因此就可以用常规器件来接收。木块的移动速度与水流流动的速度一样，调制波的传播速度等于光波传播的速度。调制波的频率可以用频率计精确的测定，所以测量光速就转化为如何测量调制波的波长，然后利用公式（3-25-1）即可算得光传播的速度。

3. 位相法测定调制波的波长

波长为 0.65 μm 的载波，其强度受频率为 f 的正弦型调制波的调制，其表达式为

$$I = I_0 \left[1 + m \cos 2\pi f \left(t - \frac{x}{c} \right) \right]$$

式中 m 为调制度，$\cos 2\pi f \left(t - \dfrac{x}{c} \right)$ 表示光在测线上传播的过程中，其强度的变化犹如一个频率为 f 的正弦波以光速 c 沿 x 方向传播，我们称这个波为调制波。调制波在传播过程中其位相是以 2π 为周期变化的。设测线上两点 A 和 B 的位置坐标分别为 x_1 和 x_2，当这两点之间的距离为调制波波长 λ 的整数倍时，该两点间的位相差为

$$\varphi_1 - \varphi_2 = \frac{2\pi}{\lambda}(x_2 - x_1) = 2n\pi$$

式中 n 为整数。反过来，如果我们能在光的传播路径中找到调制波的等位相点，并准确测量它们之间的距离，那么这距离一定是波长的整数倍。

设调制波由 A 点出发，经时间 t 后传播到 A' 点，AA' 之间的距离为 $2D$，则 A' 点相对于 A 点的相移为 $\varphi = \omega t = 2\pi f t$，如图 3-25-5（a）所示。为了测量光传播一段距离后的相

移，较方便的办法是在 AA' 的中点 B 设置一个反射器，由 A 点发出的调制波经反射器反射返回 A 点，如图 3-25-5（b）所示。由图显见，光线由 $A \longrightarrow B \longrightarrow A$ 所走过的光程亦为 $2D$，而且在 A 点，反射波的位相落后 $\varphi = \omega t$。如果我们以发射波作为参考信号（以下称之为基准信号），将它与反射波（以下称之为被测信号）分别输入到位相计的两个输入端，则由位相计可以直接读出基准信号和被测信号之间的位相差。当反射镜相对于 B 点的位置前后移动半个波长时，这个位相差的数值改变 2π。因此只要前后移动反射镜，相继找到在位相计中读数相同的两点，该两点之间的距离即为半个波长。

(a)　　　　　　　　　　　　　　　　　　　　　(b)

图 3-25-5　相位法测波长原理图

调制波的频率可由数字式频率计精确地测定，由 $c = \lambda f$ 可以获得光速值。

4. 差频法测量位相

在实际测相过程中，当信号频率很高时，测相系统的稳定性、工作速度以及电路分布参量造成的附加相移等因素都会直接影响测相精度，因此对电路的制造工艺要求也较苛刻。高频下测相困难较大。例如，BX21 型数字式位相计中检相双稳电路的开关时间是 40 ns 左右，如果所输入的被测信号频率为 100 MHz，则信号周期 $T = \dfrac{1}{f} = 10$ ns，比电路的开关时间要短，可以想象，此时电路根本来不及动作。为使电路正常工作，就必须大大提高其工作速度。为了避免高频下测相的困难，人们通常采用差频的办法，把待测高频信号转化为中、低频信号处理。因为两信号之间位相差的测量实际上被转化为两信号过零的时间差的测量，而降低信号频率 f 则意味着拉长了与待测的位相差 φ 相对应的时间差。下面证明差频前后两信号之间的位相差保持不变。

我们知道，将两频率不同的正弦波同时作用于一个非线性元件（如二极管、三极管）时，其输出端包含有两个信号的差频成分。非线性元件对输入信号 X 的响应可以表示为

$$y(x) = A_0 + A_1 x + A_2 x^2 + \cdots \tag{3-25-2}$$

忽略上式中的高次项，我们将看到二次项产生混频效应。

设基准高频信号为

$$u_1 = U_{10} \cos(\omega t + \varphi_0) \tag{3-25-3}$$

被测高频信号为

$$u_2 = U_{20} \cos(\omega t + \varphi_0 + \varphi) \tag{3-25-4}$$

现在我们引入一个本振高频信号

$$u' = U_0' \cos(\omega' t + \varphi_0') \tag{3-25-5}$$

式（3-25-3）～式（3-25-5）中，φ_0 为基准高频信号的初位相，φ_0' 为本振高频信号的初位相，φ 为调制波在测线上往返一次产生的相移量。将式（3-25-4）和式（3-25-5）代入式（3-25-2），有（略去高次项）

$$y(u_2+u')\approx A_0+A_1u_2+A_1u'+A_2u_2^2+A_2u^2+2A_2u_2u'$$

展开交叉项

$$2A_2u_2u'\approx 2A_2U_{20}U_0'\cos(\omega t+\varphi_0+\varphi)\cos(\omega't+\varphi_0')$$
$$=A_2U_{20}U_0'\{\cos[(\omega+\omega')t+(\varphi_0+\varphi_0')+\varphi]+\cos[(\omega-\omega')t+(\varphi_0-\varphi_0')+\varphi]\}$$

由上面推导可以看出，当两个不同频率的正弦信号同时作用于一个非线性元件时，在其输出端除了可以得到原来两种频率的基波信号以及它们的二次和高次谐波之外，还可以得到差频以及和频信号，其中差频信号很容易和其他的高频成分或直流成分分开。同理，基准高频信号 u_1 与本振高频信号 u' 混频，其差频项为

$$A_2U_{10}U_0'\cos[(\omega-\omega')t+(\varphi_0-\varphi_0')]$$

为了便于比较，我们把这两个差频项写在一起：

基准信号与本振信号混频后所得差频信号为

$$A_2U_{10}U_0'\cos[(\omega-\omega')t+(\varphi_0-\varphi_0')] \tag{3-25-6}$$

被测信号与本振信号混频后所得差频信号为

$$A_2U_{20}U_0'\cos[(\omega-\omega')t+(\varphi_0-\varphi_0')+\varphi] \tag{3-25-7}$$

比较以上两式可知，当基准信号、被测信号分别与本振信号混频后，所得到的两个差频信号之间的位相差仍保持为 φ。

本实验就是利用差频检相的方法，将 $f=100\ \mathrm{MHz}$ 的高频基准信号和高频被测信号分别与本机振荡器产生的高频振荡信号混频，得到两个频率为 $455\ \mathrm{kHz}$、位相差依然为 φ 低频信号，然后送到位相计或示波器中去比相。仪器方框图如图 3-25-6 所示，图中的混频 I 用以获得低频基准信号，混频 II 用以获得低频被测信号。低频被测信号的幅度由示波器或电压表获得。

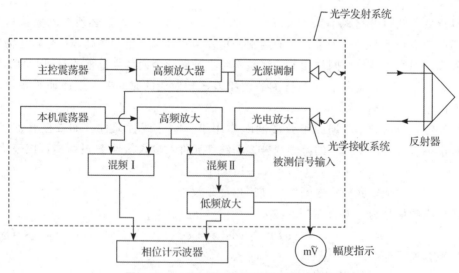

图 3-25-6　位相法测光速实验装置方框图

5. 数字测量相位

可以用数字测量相位的方法来检测"基准"和"被测"这两路同频正弦信号之间的位相差 φ。如图 3-25-7 所示，我们用

$$u_1=U_{10}\cos\omega_L t$$

和

$$u_2 = U_{20}\cos(\omega_L t + \varphi)$$

分别代表差频后的低频基准信号和低频被测信号。
将 u_1 和 u_2 分别送入通道Ⅰ和通道Ⅱ，进行限幅放
大，整形成为方波 u_1' 和 u_2'。然后用这两路方波信
号上升沿去启闭检相双稳态触发器，使检相双稳输
出一列频率与两待测信号相同、宽度等于两信号过
零的时间差（因而也正比于两信号之间的位相差 φ）
的矩形脉冲 u_0，将此矩形脉冲积分（在电路上即是
令其通过一个平滑滤波器）得到

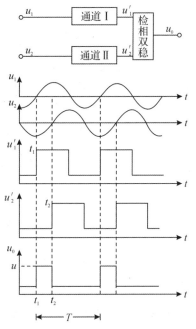

$$\overline{u} = \frac{1}{T}\int_0^T u\,\mathrm{d}t = \frac{1}{2\pi}\int_0^{2\pi} u\,\mathrm{d}(\omega_L t)$$

$$= \frac{1}{2\pi}\int_0^{\varphi} u\,\mathrm{d}(\omega_L t) = \frac{u}{2\pi}\varphi$$

$$(3\text{-}25\text{-}8)$$

式中 u 为矩形脉冲的幅度，其值为常数。由式
(3-25-8)可知，检相双稳态触发器输出的矩形脉冲
的积分电压（我们称之为模拟直流电压）与待测的
位相差 φ 有一一对应的关系。BX21 型数字式位相
计，是将这个模拟直流电压通过一个模数转换系统

图 3-25-7　数字测相电路方框图及各点波形

换算成相应的位相值，其角度数值用数码管显示出来。因此我们可以由位相计读数直接得到
两个信号之间的位相差的读数。

6. 示波器测量相位

(1) 单踪示波器法

将示波器的扫描同步方式选择在外触发同步，极性为＋或一，"参考"相位信号接至外
触发同步输入端，"信号"相位接至 Y 轴的输入端。调节"触发电平"，使波形稳定；调节 Y
轴增益，得到一个适合的波幅；调节"时基"，使在屏上只显示一个完整的波形，并尽可能
地展开，如一个波形在 X 方向展开为 10 大格，即 10 大格代表为 $360°$，每 1 大格为 $36°$，可
以估读至 0.1 大格，即 $3.6°$。

开始测量时，记住波形某特征点的起始位置，移
动棱镜小车，波形移动，移动 1 大格即表示参考相位
与信号相位之间的相位差变化了 $36°$。

有些示波器无法将一个完整的波形正好调至 10
大格，此时可以按下式求得参考相位与信号相位的变
化量 $\Delta\varphi$，如图 3-25-8 所示。

$$\Delta\varphi = \frac{r}{r_0}360°$$

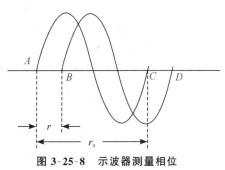

图 3-25-8　示波器测量相位

(2) 双踪示波器法（李萨如图形法）

将"参考"相位信号接至"CH1"输入端，"信号"相位信号接至"CH2"输入端，并
用"CH1"触发扫描，显示方式为"断续（CHOP）"。

与单踪示波法操作一样，调节"时基"档，使在屏幕上显示一个完整的大小适合的波

形。用李萨如图形法可以很方便地测得两列波的相位差，其相位差如图 3-25-9 所示。示波器使用方法可参考"示波器的使用"相关内容。

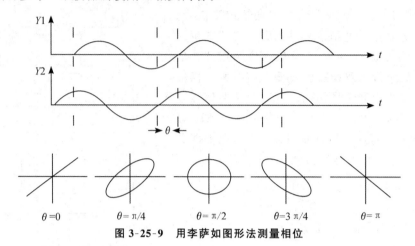

图 3-25-9　用李萨如图形法测量相位

（3）带光标测量的示波器用法

若示波器具有光标测量功能，移动光标，很容易进行 ΔT 测量，然后按 $\Delta\varphi = \dfrac{\Delta T}{T}360°$ 求得相位变化量，比数屏幕上格子的精度要高得多。信号线连接等操作同上。

四、实验内容与数据处理

1. 预热

电子仪器都有一个温漂问题，光速仪和频率计须预热半小时再进行测量。

2. 线路连接

示波器"CH1"接"③基准信号（方波）"，"CH2"接"⑤接收测相信号（方波）"，频率计"通道 A"接"①测频"。

3. 示波器定标

按前述的示波器测相方法将示波器调整至有一个适合的测相波形。

4. 测量光速

由频率、波长乘积来测定光速的原理和方法前面已经作了说明。在实际测量时主要任务是如何测得调制波的波长，其测量精度决定了光速值的测量精度。一般可采用等距测量法和等相位测量法来测量调制波的波长。在测量时要注意两点：一是实验值要取多次多点测量的平均值；二是我们所测得的是光在大气中的传播速度，若是为了得到光在真空中传播速度，需精密地测定空气折射率后作相应修正。

（1）测调制频率 f_0，从频率计上直接读取。为了匹配好，尽量用频率计附带的高频电缆线。调制波是用温补晶体振荡器产生的，频率稳定度很容易达到 10^{-6}，所以在预热后正式测量前测一次就可以了。

（2）等距离测量法测量 λ

在导轨上任取若干个等间隔点（如图 3-25-10 所示），它们的坐标分别为 x_0，x_1，x_2，x_3，$\cdots$，x_i；$x_1-x_0=D_1$，$x_2-x_0=D_2$，$\cdots$，$x_i-x_0=D_i$。

移动棱镜小车，由示波器依次读取与距离 D_1，D_2，$\cdots$相对应的 ΔT。由

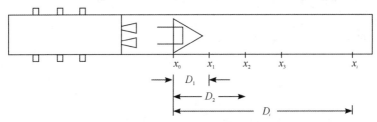

图 3-25-10　根据相移量与反射镜距离之间的关系测定光速

$$\Delta\varphi = \frac{\Delta T}{T}360°$$

及 D_i 与 φ_i 间有

$$\frac{\varphi_i}{2\pi} = \frac{2D_i}{\lambda}$$

故

$$\lambda = \frac{2\pi \times 2D_i}{\varphi_i} = \frac{360° \times 2D_i}{\frac{\Delta T}{T}360°} = \frac{2D_i T}{\Delta T} = \frac{2D_i}{\Delta T f}$$

其中 ΔT、f 在示波器上直接读取。由

$$c = \lambda f_0 = \frac{2D_i}{\Delta T f}f_0$$

用作图法，以 D 为横坐标，ΔT 为纵坐标，作 ΔT-D 图，通过拟合直线斜率，求解光速 c。

为了减小由于电路系统附加相移量的变化给位相测量带来的误差，应采取 $X_0 \rightarrow X_1 \rightarrow X_0$ 及 $X_0 \rightarrow X_2 \rightarrow X_0$ 等顺序进行测量。

操作时移动棱镜小车要准，要求两次 X_0 位置的读数值误差不要超过 1 mm，否则须重测。

由上所述，D 取 8.00 cm，每组数据重复测量两次，将实验数据填入下表。用作图法求出光速 c，并计算相对误差。

$f_0 =$ _____ MHz，$f =$ _____ kHz

次 数	1	2	3	4	5	6
x_0（mm）						
D_i（mm）	0.0	80.0	160.0	240.0	320.0	400.0
ΔT（μs）						
$\overline{\Delta T}$（μs）	0					

（3）等相位法测量 λ

调节"TIME/DIV－VAR"控制旋钮，使显示屏上只显示一个完整的波形，并尽可能地展开。通过示波器光标测出波的周期 T，移动棱镜小车，找到与原波形相差 $\frac{\pi}{2}$ 的波形（即移动 $\frac{T}{4}$）。记下导轨的读数，重复测量三次。

次　　数	1	2	3
x_0 (mm)			
x_1 (mm)			
$D=x_1-x_0$ (mm)			
$\overline{D}=\dfrac{(D_1+D_2+D_3)}{3}$ (mm)			

此时，$\lambda=\dfrac{2\pi\times2\overline{D}}{\varphi}=\dfrac{2\pi\times2\overline{D}}{\dfrac{\pi}{2}}=8\,\overline{D}$，计算光速值 c，并求出其相对误差。

五、思考题

1. 通过实验观察，你认为波长测量的主要误差来源是什么？为提高测量精度需做哪些改进？

2. 本实验所测定的是 100 MHz 调制波的波长和频率，能否把实验装置改成直接发射频率为 100 MHz 的无线电波并对它的波长进行绝对测量？为什么？

3. 如何将光速仪改成测距仪？

实验二十六　夫兰克-赫兹实验

在原子物理学的发展中，丹麦物理学家玻尔因在 1913 年发表了原子物理模型而获得了 1922 年度诺贝尔物理学奖。在玻尔发表原子模型理论的第二年，德国科学家夫兰克（J. Frank）和赫兹（G. Hertz）用慢电子与稀薄汞气体原子碰撞的方法，利用两者的非弹性碰撞将原子从低能级激发到较高能级，通过测量电子与原子碰撞时交换一定的能量，直接证明了原子能级的存在，即证明了原子发生跃迁时吸收和发射的能量是确定的、不连续的。夫兰克和赫兹的实验验证了玻尔理论的正确性，并由此获得了 1925 年的诺贝尔物理学奖。

一、实验目的

1. 用实验的方法测定氩气体原子的第一激发电势，证明原子能级的存在，研究原子能量的量子化现象。

2. 通过了解夫兰克-赫兹实验的设计思想和基本实验方法，学习用实验检验物理假说和验证理论的方法，体会设计新实验的物理构思和设计技巧。

3. 学会用最小二乘法处理实验数据的技巧。

二、实验仪器

1. 仪器用具

夫兰克-赫兹实验仪、示波器。

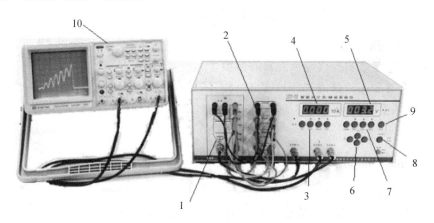

图 3-26-1　夫兰克-赫兹实验装置图

①夫兰克-赫兹管；②供应夫兰克-赫兹管各路工作电压；③电流量程选择；④电流数字显示；⑤F-H 管各路工作电压数字显示；⑥电压调节按键；⑦F-H 管各路工作电压设定选择；⑧自动/手动切换按键；⑨启动按键；⑩示波器

2. 仪器描述

(1) *F-H* 管各级的电压

V_F：灯丝电压，DC，0.0～6.3 V 连续可调。

V_{G1K}：第一栅极与阴极之间的电压，DC，0.0～7.0 V 连续可调。

V_{G2A}：拒斥电压，即第二栅极与阳极之间的电压，DC，0.0～12.0 V 连续可调。

V_{G2K}：加速电压，DC，0.0～100.0 V，手动连续可调或自动扫描。

实验时按各仪器上左上角标示的厂家测试电压设置 *F-H* 管各级电压。

在充氩的夫兰克-赫兹管中，电子由阴极 K 发出，阴极 K 和第二栅极 G_2 之间的加速电压 V_{G2K} 使电子加速。在阳极 A 和第二栅极 G_2 之间可设置减速电压 V_{G2A}，管内空间电位分布如图 3-26-3 所示。

图 3-26-2　夫兰克-赫兹管

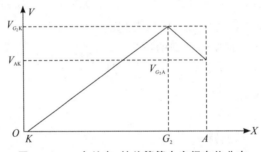

图 3-26-3　夫兰克-赫兹管管内空间电位分布

(2) 微电流测量范围：10^{-6}～10^{-9} A（三位半数显）

(3) 夫兰克-赫兹实验仪与示波器的连接

将夫兰克-赫兹实验仪的"信号输出"和"同步输出"分别连接到示波器的信号通道和外同步通道，调节好示波器的同步状态和显示幅度，可以通过示波器显示观测夫兰克-赫兹实验波形。

三、实验原理

1. 玻尔的原子理论概要

原子只能处在一些不连续的稳定状态中，每一状态对应于一定的能量值 E_i（$i=1$，2，3，…），这些能量值是彼此分立的，不连续的。

原子从一个定态过渡到另一个定态称为跃迁，当原子从一个稳定状态跃迁到另一个稳定状态时，就吸收或辐射出一定频率的电磁波，辐射频率的大小取决于原子所处两定态之间的能量差，辐射频率 ν 符合如下关系

$$\Delta E = h\nu = E_m - E_n \qquad (3\text{-}26\text{-}1)$$

其中 h 为普朗克常数，$h = 6.6260755 \times 10^{-34}$ J·s。

2. 原子的跃迁、激发电势和能级差

原子在正常情况下处于最低能态，即基态，当原子吸收电磁辐射或受其他粒子碰撞发生能量交换时，可由基态跃迁到能量较高的激发态。本实验就是利用具有一定能量的电子与氩原子相碰撞发生能量交换来实现氩原子状态的改变。

设初速度为零的电子在电位差为 V_0 加速电场的作用下，获得能量 eV_0。当具有这种能量的电子与稀薄气体的原子（如氩原子）发生碰撞时，就会发生能量交换。设氩原子基态能量为 E_0，氩原子的第一激发态能量为 E_1，如果电子传递给基态氩原子的能量恰好为

$$eV_0 = E_1 - E_0 \qquad\qquad (3\text{-}26\text{-}2)$$

则氩原子就会从基态跃迁到第一激发态，其相应的电势差称为氩原子的第一激发电势，测出这个电势差 V_0，根据式（3-26-2）就可求出氩原子基态和第一激发态的能量差，亦称能级差。如果给予氩原子足够大的能量 eV_i，可以使原子中的电子离去，这就叫电离，V_i 称为电离电势。具有能量 eV_n 的电子，如果足以使原子跃迁到更高的第 n（$n=2$，3，…）激发态，则相应的电势差 V_n 称为第 n 激发电势。其它气体的激发电势也可依此方法得出。

表 3-26-1　几种元素的第一激发电势

元素	钠（Na）	钾（K）	锂（Li）	镁（Mg）	氖（Ne）	氩（Ar）	汞（Hg）
V_0（V）	2.12	1.63	1.84	3.2	18.6	13.1	4.9

3. 夫兰克-赫兹实验原理

如图 3-26-4 所示，夫兰克-赫兹管是一个具有双栅极结构的柱面型充氩四极管，第一栅极 G_1 的作用主要是消除空间电荷对阴极电子发射的影响，提高发射效率，第一栅极 G_1 与阴极 K 之间的电压由电源 V_{G_1K} 提供，改变 V_{G_1K} 可控制阴极 K 发射电子流的强弱。灯丝电源 V_F 加热灯丝 F，使阴极 K 被加热而发射电子，控制灯丝电压 V_F 的大小可改变灯丝的温度，从而控制发射电子的多少。阴极 K 和第二栅极 G_2 之间加一可变加速正电压 V_{G_2K}，建立一个加速场，使电子获得能量，从而使得从阴极发出的电子被加速，穿过管内氩蒸气朝栅极 G_2 运动。由于阴极和栅极 G_2 之间的距离比较大，在适当的氩蒸气压下，这些电子与氩原子可以发生多次

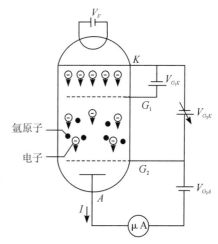

图 3-26-4　夫兰克-赫兹实验原理图

碰撞。在阳极 A 与栅极 G_2 之间建立一个称为拒斥电压的负电压 V_{G_2A}，它使到达 G_2 附近而能量小于 eV_{G_2A} 的电子不能到达阳极。到达阳极电路中的电流强度用微电流放大器来测量，其值大小反映了从阴极到达阳极的电子数。实验中保持 V_{G_1K} 和 V_{G_2A} 不变，直接测量阳极电流 I_A 随加速电压 V_{G_2K} 变化的关系。调节 V_{G_2K}，使加速电压从 0.0 V 变化到 80.0 V，阳极电流 I_A 随之升高，当 V_{G_2K} 等于或稍大于氩原子的第一激发电势时，在栅极 G_2 附近电子与氩原子发生非弹性碰撞，把几乎全部的能量交给氩原子，使氩原子激发。这些损失了能量的电子不能超过 V_{G_2A}，使产生的到达阳极的电子数减少，电流开始下降；继续增加 V_{G_2K}，电子在与氩原子碰撞后还能在到达 G_2 前被加速到足够的能量，克服拒斥电压 V_{G_2A} 的阻力而到达阳极 A，这时电流又开始上升；直到 V_{G_2K} 的电压是两倍于氩原子的第一激发电势时，电子在 G_2 附近又会因第二次非弹性碰撞而失去能量，并且受到拒斥场的阻力而不能到达阳极 A，I_A 再度下降。同理，随着 V_{G_2K} 的增加，同样的情况还会发生，逐渐增加加速电压

V_{G_2K}，观测阳极电流 I_A 随 V_{G_2K} 的变化，形成具有规则起伏的 $I_A\text{-}V_{G_2K}$ 图。每两峰之间的电势差等于氩原子的第一激发电势 V_0，如图 3-26-5 所示。

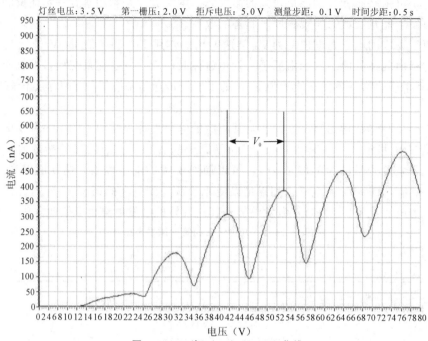

图 3-26-5　氩 (A_r) $I_A\text{-}V_{G_2K}$ 曲线

四、实验内容

1. 手动测试

（1）认真阅读实验教程，理解实验内容。

（2）连接面板上的连接线（按实验原理图 3-26-4，在仪器面板上连线跨接，注意电源的正负极性，务必反复检查，切勿连错！）。

（3）检查连接无误后按下电源开关。

a. 初始值设定，夫兰克-赫兹实验仪的面板图如下所示。

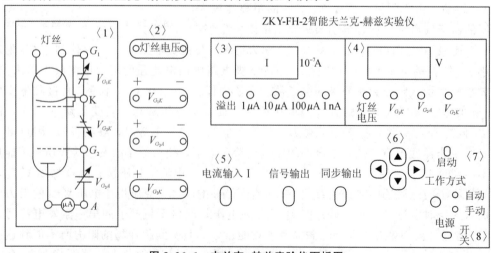

图 3-26-6　夫兰克-赫兹实验仪面板图

区〈1〉是夫兰克-赫兹管各输入电压连接插孔和阳极电流输出插孔。

区〈2〉是夫兰克-赫兹管所需激励电压的输出连接插孔，其中左侧输出孔为正极，右侧为负极。

区〈3〉是测试电流指示区：采用四位七段数码管指示电流值，四个电流量程选择按键用于选择不同的电流量程。如果想变换电流量程，则按下在区〈3〉中的相应电流量程按键，对应的量程指示灯点亮，同时电流指示的小数点位置随之改变，表明量程已变换。比如，当实验仪的"1 μA"电流量程指示灯亮，表明此时电流的量程为 1 μA。

区〈4〉是测试电压指示区：采用四位七段数码管指示当前选择电压源的电压值，四个电压源选择按键用于选择不同的电压源。按下在区〈4〉中的相应电压源按键，对应的电压源指示灯随之点亮，表明电压源变换选择已完成，可以对选择的电压源进行电压值设定和修改。如实验仪的"灯丝电压"位指示灯亮，表明此时修改的电压为灯丝电压，电压显示值为000.0 V，最后一位在闪动，表明现在修改位为最后一位。

按下区〈6〉上的←/→键，当前电压的修改位将进行循环移动，同时闪动位随之改变，以提示目前修改的电压位置。按下面板上的↑/↓键，电压值在当前修改位递增/递减一个增量单位。

区〈5〉是测试信号输入输出区：电流输入插孔输入夫兰克-赫兹管阳极电流；信号输出和同步输出插孔可将信号送示波器显示。

区〈6〉是电压调整按键区：改变当前电压源电压设定值；设置查询电压点。

区〈7〉是工作状态指示区：通信指示灯指示实验仪与计算机的通信状态。启动按键与工作方式按键共同完成多种操作，详细说明见相关栏目，如"手动"指示灯亮，表明此时实验操作方式为手动操作。

区〈8〉是电源开关。

b. 选择工作状态范围

因 F-H 管很容易因电压设置不合适而遭到损害，所以，一定要按照规定的实验步骤和适当的状态进行实验。

电流量程：1 μA

灯丝电压：2.3～3.6 V

V_{G_1K} 电压：1.0～3.0 V

V_{G_2A} 电压：5.0～7.0 V

V_{G_2K} 电压：$\leqslant$80.0 V

由于 F-H 管的离散性以及使用中的衰老过程，每一只管的最佳工作状态是不同的，对具体的管应在上述范围内找出其较理想的工作状态。

c. 重新启动

在手动测试的过程中，按下区〈7〉中的启动按键，V_{G_2K} 的电压值将被设置为零，内部存储的测试数据被清除，示波器上显示的波形被清除，但 V_F、V_{G_1K}、V_{G_2A}、电流量程等的状态不发生改变。这时，操作者可以在该状态下重新进行测试，或修改状态后再进行测试。

2. 测试操作与数据记录

测试操作过程中每改变一次电压源 V_{G_2K} 的电压值，F-H 管的阳极电流值随之改变。此时记录下区〈3〉显示的电流值和区〈4〉显示的电压值数据，以及环境条件，待实验完成后，进行实验数据分析。

3. 示波器显示输出

测试电流也可以通过示波器进行显示观测。本实验将夫兰克-赫兹实验仪与示波器连接：用夫兰克-赫兹实验仪配备的连接线将"信号输出"与示波器 CH1 或 CH2 端相连，"同步输出"与示波器 EXT TRIG 端相连，用同步信号作为触发信号。

调节好示波器的同步状态和显示幅度，按上述的方法操作实验仪，在示波器上可看到 F-H 管阳极电流的即时变化波形。

4. 自动测试

夫兰克-赫兹实验仪除了可以进行手动测试外，还可以进行自动测试。进行自动测试时，实验仪将按设定值自动产生 V_{G2K} 加速电压，完成整个测试过程。如第一栅压 $V_{G1K}=1.5$ V；拒斥电压 $V_{G2A}=7.0$ V；灯丝电压依 F-H 管性能不同各有差异，一般为 $2.3\sim3.6$ V，并已标注在铭牌上；加速电压 $V_{G2K}=80.0$ V；按启动按键，则加速电压从 0.0 V 开始，大约每 0.4 秒递增 0.2 V，直到终止电压 80.0 V，在示波器上可即时看到 F-H 管阳极电流 I_A 随 V_{G2K} 电压变化的波形。

5. 中断自动测试过程

在自动测试过程中，只要按下手动按键，手动测试指示灯亮，实验仪就中断了自动测试过程，回复到开机初始状态，所有按键都被再次开启工作，这时可进行下一次的测试准备工作。

本次测试的数据依然保留在实验仪主机的存储器中，直到下次测试开始时才被清除。所以，示波器仍会观测到部分波形。

五、数据处理

1. 实验数据

表 3-26-2　阳极电流 I_A 与加速电压 V_{G2K} 测试记录

V_{G2K} （V）	1.0	1.5	2.0	2.5	3.0	3.5	4.0	4.5	5.0	5.5
I_A （10^{-7} A）										
V_{G2K} （V）	6.0	6.5	7.0	7.5	8.0	8.5	9.0	9.5	10.0	10.5
I_A （10^{-7} A）										
V_{G2K} （V）	11.0	11.5	12.0	12.5	13.0	13.5	14.0	14.5	15.0	15.5
I_A （10^{-7} A）										
V_{G2K} （V）	16.0	16.5	17.0	17.5	18.0	18.5	19.0	19.5	20.0	20.5
I_A （10^{-7} A）										
V_{G2K} （V）	21.0	…								
I_A （10^{-7} A）		…								
V_{G2K} （V）	75.5	76.0	76.5	77.0	77.5	78.0	78.5	79.0	79.5	80.0
I_A （10^{-7} A）										

根据表 3-26-2 的数据，作 I_A-V_{G2K} 关系图，并从所作图中，读取各峰点位置对应的加

速电压 V_{G_2K}，填入表 3-26-3。

表 3-26-3　峰点位置与对应扫描电压 V_{G_2K} 一览表

峰点位置	1	2	3	4	5	6
加速电压 V_{G_2K}（V）						

2. 实验数据处理

（1）作图法

以 Excel 为工具作图，打印 I_A-V_{G_2K} 曲线，并在图上标出第一激发电势 V_0。

（2）解析法

用最小二乘法原理处理所得数据，求出金属电极的接触电势差 V_C 以及氩原子的第一激发电势 V_0 值。为此，令 $V_C=a$，第一激发电势 $V_0=b$，若以峰点位置为 x、各峰点对应的加速电压 V_{G_2K} 为 y，则存在线性函数关系

$$y=a+bx \qquad (x=0，1，2，\cdots)$$

即

$$V_{G_2K}=V_C+V_0x \qquad (3\text{-}26\text{-}3)$$

用 Excel 作直线拟合，从而求得第一激发电势 V_0 和接触电势差 V_C 以及线性相关系数 R，并求出 V_0 相对误差。

补充说明：按照更为精确的氩原子能量模型，在氩原子的第一激发态和基态之间还存在着两个亚稳态，它们和基态的能量差值分别为 11.55 eV 和 11.72 eV，而且电子在这两个亚稳态上的停留时间（10^{-3} s）要比在第一激发态的停留时间（10^{-8} s）长得多。当电子和氩原子碰撞后，激发到第一激发态上的氩原子很快就跃迁到这两个寿命较长的亚稳态上；因此实验测得的激发电位应为基态与这两个亚稳态的电势差。即测得的激发电位应介于 11.55 V 和 11.72 V 之间。所以实验测量得到的激发电位本质上应为第一亚稳态的激发电位，或是两个亚稳态激发电位的一定概率比。这里，我们取 11.7 V 作为理论值。

六、注意事项

1. 灯丝电压 V_F 对 F-H 管的工作状态影响最大，调节时以每次改变 0.1 V 为宜。在测量过程中，逐步增加加速电压时，电压表指针应出现最大、最小的电流信号。若发现电流表指针突然超出量程（电流表严重过载），说明 F-H 管中有发生电离击穿，可马上减少加速电压 V_{G_2K}，并将灯丝电压减少。

2. 测试时，A、G_1、G_2、K 及灯丝接线柱不要接错或短路，以免损坏仪器。

七、思考题

1. 灯丝电压的改变对夫兰克-赫兹实验有何影响？

2. 拒斥电压和第一栅极电压的改变对夫兰克-赫兹实验有何影响？

3. 你从夫兰克-赫兹实验的构想和设计中受到什么启迪？

4. 你对用最小二乘法处理夫兰克-赫兹实验数据有什么联想和体会？

实验二十七　光电效应与普朗克常数的精确测定

一定频率的光照射到金属表面时，金属表面会有光电子逸出，这种现象称为光电效应。当光的频率低于某个阈值时，无论光多么强，也不会有光电子逸出；当光的频率高于某个阈值时，弱光也能打出光电子，光越强，逸出的光电子越多。当光传播时，显示出光的波动性；当光和物质发生作用时，又显示出光的粒子性。爱因斯坦把光量子化，用于解释光电效应。光的波粒二象性是一切微观物体的固有属性。对于认识光的本质及早期量子理论的发展，光电效应实验具有里程碑式的意义。

一、实验目的

1. 了解光电效应的基本特性，加深对光的量子性的认识。
2. 验证爱因斯坦方程，并求出普朗克常数。

二、实验仪器

1. 仪器用具

光电效应（普朗克常数）实验仪、汞灯及电源、光电管、光阑孔 3 个（直径 Φ 分别为 2 mm、4 mm、8 mm）、滤光片 5 片（波长 λ 分别为：365 nm、405 nm、436 nm、546 nm、577 nm）、计算机一套。

2. 仪器描述

光电效应实验装置如图 3-27-1 所示。

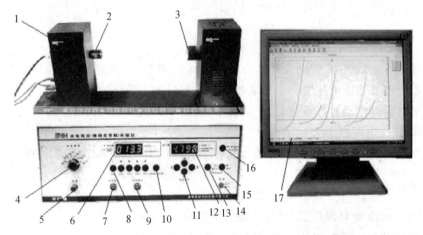

图 3-27-1　光电效应实验装置图

①光电管；②滤光片；③汞灯；④电流量程选择；⑤调零旋钮；⑥电流指示；⑦信号输出；⑧数据存储选择按钮，从左至右 5 个；⑨同步输出；⑩调零确认/系统清零按钮；⑪电压调节按钮；⑫电压指示；⑬手动/自动切换按钮；⑭电源开关；⑮查询按钮；⑯截止电压/伏安特性切换按钮；⑰计算机

三、实验原理

光电效应是指一定频率的光照射到金属表面时会有电子从金属表面逸出的现象。光电效应实验原理如图 3-27-2 所示。

按照爱因斯坦的光量子理论，当光与物质相互作用时，其能流并不像波动理论所想象的那样，是连续分布的，而是集中在一些叫做光子（或光量子）的粒子上。每个光子都具有能量 $h\nu$，其中 h 是普朗克常量，ν 是光的频率。根据这一理论，在光电效应中，金属中的电子要么吸收一个光子，要么完全不吸收。当金属中的自由电子从入射光中吸收一个光子的能量时，一部分消耗于电子从金属表面逸出时所需要的逸出功 W，其余部分转变为电子的动能，根据能量守恒有

$$h\nu = \frac{1}{2}mV_{max}^2 + W \qquad (3\text{-}27\text{-}1)$$

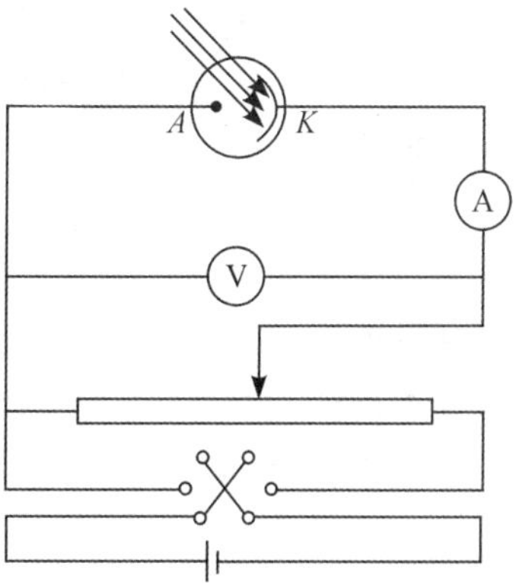

图 3-27-2 光电效应实验原理图

上式称为爱因斯坦方程，其中 m 是光电子的质量，V_{max} 是光电子离开金属表面时的最大速率。式（3-27-1）成功地解释了光电效应的规律。

①光子能量 $h\nu < W$ 时，不能产生光电效应。

②光电子的能量取决于入射光的频率。只有当入射光的频率大于阈频率 $\nu_0 = W/h$ 时，才能产生光电效应。ν_0 称为截止频率（又称为红限），不同的金属材料有不同的逸出功 W，所以 ν_0 也不相同。

③入射光的强弱意味着光子密度的大小，即光强只影响光电子形成光电流的大小。

④电子吸收光子的全部能量，几乎不需要积累能量的时间，延迟时间不超过 10^{-13} 秒。

由式（3-27-1）可知，入射到金属表面的光频率越高，逸出的电子动能越大，所以即使阳极电位比阴极电位低时也会有电子落入阳极形成光电流，直至阳极电位等于截止电压 U_0，光电流才为零，此时有关系式

$$eU_0 = \frac{1}{2}mV_{max}^2 \qquad (3\text{-}27\text{-}2)$$

阳极电位高于截止电压后，随着阳极电位的升高，阳极对阴极发射的电子的收集作用越来越强，光电流 I 随之上升；当阳极电压高到一定程度，已把阴极发射的光电子几乎全收集到阳极，再增加阳极电位时 I 不再变化，光电流 I 出现饱和，饱和光电流 I_m 的大小与入射光的强度 P 成正比。

将式（3-27-2）代入式（3-27-1）可得

$$eU_0 = h\nu - W \qquad (3\text{-}27\text{-}3)$$

此式表明截止电压 U_0 是频率 ν 的线性函数，直线斜率 $k = h/e$；只要用实验方法得出不同的频率对应的截止电压，求出直线斜率，就可算出普朗克常量 h。其中电子电量 $e = -1.60 \times 10^{-19}$ C，普朗克常量 h 的公认值为 $h = 6.6260755 \times 10^{-34}$ J·s。

四、实验内容

光电效应实验仪面板结构如图 3-27-1 所示。

光电效应实验仪有手动和自动两种工作模式，具有自动采集和储存数据、实时显示采集

数据、动态显示采集数据及采集完成后查询数据等等功能。

　　1. 测试前准备

　　a. 将光电效应实验仪、汞灯电源接通（汞灯及光电管暗盒的遮光盖盖上），预热 20 分钟。

　　b. 调整光电管与汞灯距离为 40 cm 并保持不变。

　　c. 用专用线将光电管暗盒的电压输入端与光电效应实验仪的电压输出端连接起来（红-红，蓝-蓝）。

　　d. 将"电流量程"置于 10^{-13} A 档，接着进行系统调零。将光电管暗盒电流的输出端 K 与光电效应实验仪微电流的输入端断开，旋转"调零"旋钮使电流指示为"000.0"。调节好以后，用高频匹配电缆将电流输入连接起来，按"调零确认/系统清零"按钮一次，系统进入测试状态。

　　2. 测定普朗克常量 h

　　a. 手动测量

　　使"手动/自动"模式按钮处于手动模式。

　　将直径 4 mm 的光阑孔及 365.0 nm 的滤光片装在光电管暗盒的输入口上，打开汞灯遮光盖，此时电压表显示阳极电位 U_{AK} 的值，单位为伏；电流表显示与 U_{AK} 对应的电流值 I，单位为所选择的"电流量程"。用电压调节键←、→、↑、↓可调节 U_{AK} 的值，←、→键用于选择调节，↑、↓键用于调节电压值的大小。

　　从低到高调节电压，观察电流值的变化，寻找电流为零时对应的 U_{AK}，以其绝对值作为该波长对应的 U_0 的值，并将数据填入表中。

　　依次换上 405 nm、436 nm、546 nm、577 nm 的滤光片，重复以上测量步骤。注意无论手动或是自动模式，更换滤光片时要先盖上汞灯遮光盖。

　　b. 自动测量

　　使"手动/自动"模式按钮处于自动模式。

　　此时电流表左边的指示灯闪烁，表示系统处于自动测量扫描范围设置状态，用电压调节键可设置扫描起始电压和终止电压。

　　对各条谱线扫描范围，建议设置为：365 nm，-1.99 V～-1.60 V；405 nm，-1.60 V～-1.20 V；436 nm，-1.35 V～-0.95 V；546 nm，-0.80 V～-0.40 V；577 nm，-0.65 V～-0.25 V。

　　设置好扫描起始电压和终止电压后，按动相应的存储区按键，仪器将先清除存储区原有数据，等待约 30 秒，然后按 4 mV 的步长自动扫描，并显示、存储相应的电压、电流值。

　　3. 数据测量

　　由于本实验仪器的电流放大器灵敏度较高，稳定性好；光电管阳极反向电流，暗电流水平也比较低。因此在测量各谱线的截止电压 U_0 时，不必采用传统的拐点法，可采用零电流法，即直接将各谱线照射下测得的电流为零时对应的电压 U_{AK} 的绝对值作为截止电压 U_0。

　　在严格按照实验要求的情况下，共进行了六次较为精确的测量。其中三次为自动测量，三次为手动测量。实验曲线如图 3-27-3 所示。

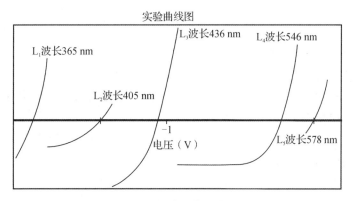

图 3-27-3　自动测量实验曲线图

U_0-ν 关系　　　　　　　　　测量距离 $L = 400$ mm　　光阑孔 $\Phi =$ ____ mm

波长 λ（nm）		365	405	436	546	577
频率 ν（$\times 10^{14}$ Hz）		8.213	7.402	6.876	5.491	5.196
截止电压 U_0（V）	手动					
	自动					

测量距离 $L = 400$ mm　　光阑孔 $\Phi =$ ____ mm

	斜率 k（$\times 10^{-15}$ V/Hz）	普朗克常数 h（$\times 10^{-34}$ J·s）	相对误差 E（%）
手动			
自动			

五、数据处理

1. 将实验现场所做的截止电压与频率关系实验曲线图用网络发到自己 E-mail 邮箱，打印后附在实验报告上。

2. 用最小二乘法求普朗克常数，以 Excel 为工具作直线拟合，得出直线方程，求出斜率 k，列式计算普朗克常数 h，计算相对误差。（注意：列式写出详细计算过程）

六、注意事项

1. 严禁手摸滤光片表面，防止污损；滤光片装在光电管暗盒的输入口时要平整，以免因折光带来误差。

2. 更换滤光片时，应先盖上汞灯遮光盖，实验完毕后用遮光盖盖住光电管暗盒，避免强光直接照射阴极而缩短光电管寿命。

3. 汞灯需预热 15～20 min，微电流放大器也必须充分预热才能正常工作。

4. 汞灯光源外壳加热后温度较高，实验过程中不要接触到光源外壳，以免烫伤。

七、思考题

1. 关于光电效应有下列说法

(1) 任何波长的可见光照射到任何金属表面都能产生光电效应；

(2) 若入射光的频率均大于给定金属红限，则该金属分别受到不同频率、强度相等的光照射时，释出的光电子的最大初动能也不同；

(3) 若入射光的频率均大于给定金属红限，则该金属分别受到不同频率、强度相等的光照射时，单位时间释出的光电子数一定相等；

(4) 若入射光的频率均大于给定金属的红限，则当入射光频率不变而强度增大一倍时，该金属的饱和光电流也增大一倍。

其中正确的是（   ）

(A)（1），（2），（3）

(B)（2），（3），（4）

(C)（2），（3）

(D)（2），（4）

2. 列举 5 项光电效应在现今科学技术中的应用。

附表 常用物理量常数

表一 基本物理常数（1986 年国际推荐值）

物理量	符号	数值	不确定度	单位
真空中光速	c	2.99792458	（精确）	$10^8 \text{ m} \cdot \text{s}^{-1}$
真空磁导率	μ_0	$4\pi \times 10^{-7}$	（精确）	$\text{N} \cdot \text{A}^{-2}$
真空电容率	ε_0	8.854187817…	（精确）	$10^{-12} \text{ F} \cdot \text{m}^{-1}$
牛顿引力常数	G	6.67259（85）	128	$10^{-11} \text{ m}^3 \cdot \text{kg}^{-1} \cdot \text{s}^{-2}$
普朗克常数	h	6.6260755（40）	0.60	$10^{-34} \text{ J} \cdot \text{s}$
基本电荷	e	1.60217733（49）	0.30	10^{-19} C
精细结构常数	a	7.29735308（33）	0.045	10^{-3}
里得堡常数	R_∞	10973731.534（13）	0.0012	m^{-1}
波尔半径	a_0	0.529177249（24）	0.045	10^{-10} m
电子质量	m_e	0.91093897（54）	0.59	10^{-30} kg
电子荷质比	$-e/m_e$	-1.75881962（53）	0.30	$10^{11} \text{ C} \cdot \text{kg}^{-1}$
质子质量	m_p	1.6726231（10）	0.59	10^{-27} kg
质子荷质比	$-e/m_p$	95788309（29）	0.30	$\text{C} \cdot \text{kg}^{-1}$
中子质量	m_m	1.6749286（10）	0.59	10^{-27} kg
阿伏伽得罗常数	$N_A \cdot L$	6.0221367（36）	0.59	10^{23} mol^{-1}
法拉第常数	F	96485.309（29）	0.30	$\text{C} \cdot \text{mol}^{-1}$
摩尔气体常数	R	8.314510（70）	8.4	$\text{J} \cdot \text{mol}^{-1} \cdot \text{K}^{-1}$
波尔兹曼常数	K	1.380658（12）	8.5	$10^{-23} \text{ J} \cdot \text{K}^{-1}$

表二　固体的线膨胀系数

物质	温度或温度范围（℃）	$a \times 10^{-6}$（C^{-1}）
铝	0～100	23.8
铜	0～100	17.1
铁	0～100	12.2
金	0～100	14.3
银	0～100	19.6
钢（碳 0.05%）	0～100	12.0
康铜	0～100	15.2
铅	0～100	29.2
锌	0～100	32
铂	0～100	9.1
钨	0～100	4.5
石英玻璃	20～200	0.56
窗玻璃	20～200	9.5
花岗岩	20	6～9
瓷器	20～700	3.4～4.1

表三　某些液体的粘滞系数与温度的关系

液体	温度（℃）	η（10^{-2} P）*	液体	温度（℃）	η（10^{-2} P）
酒精	0	1.773	甘油	6	6.26×10^3
	10	1.466		15	2.33×10^3
	20	1.200		20	1.49×10^3
	30	1.003		25	954
	40	0.834		30	626
	50	0.702	蓖麻油	10	2420
	60	0.592		20	986
甘油	－4.2	1.49×10^4		30	451
	0	1.21×10^4		40	231

＊1P＝1（dyn・s）/cm^2＝0.1 Pa・s

参考文献

［1］吴思诚，王祖铨. 近代物理实验［M］. 北京：北京大学出版社，1986

［2］吴泳华、霍剑青、熊永红. 大学物理实验［M］. 北京：高等教育出版社，2001

［3］厦门大学物理系大学物理实验编写组. 大学物理实验［M］. 厦门：厦门大学出版社，1998

［4］苏登记. 大学物理实验指南［M］. 厦门：厦门大学出版社，1986

［5］吕斯骅、段家怔. 新编基础物理实验［M］. 北京：高等教育出版社，2006

［6］李相银. 大学物理实验［M］. 北京：高等教育出版社，2004

［7］柴成钢. 大学物理实验［M］. 北京：科学出版社，2004

［8］朱伯申. 21 世纪大学物理实验［M］. 北京：北京理工大学出版社，2003

［9］汪建章等. 大学物理实验［M］. 杭州：浙江大学出版社，2004

［10］董有尔. 大学物理实验［M］. 合肥：中国科学技术出版社，2006